우리는 모두 짐승이다

동물, 인간, 질병

우리는
모두
짐승이다

동물, 인간, 질병

E. 풀러 토리, 로버트 H. 율켄 지음 | 박종윤 옮김

이음

우리는 모두 짐승이다

동물, 인간, 질병

지은이	E. 풀러 토리, 로버트 H. 욜켄
옮긴이	박종윤
펴낸곳	이음
펴낸이	주일우
편집	홍원만
디자인	김형재

초판 발행 2010년 7월 23일

등록번호 제313-2005-000137호
등록일자 2005년 6월 27일

주소 서울시 마포구 서교동 326-26번지 혜원빌딩 202호(121-836)
전화 (02) 3141-6126~7
팩스 (02) 3141-6128
전자우편 editor@eumbooks.com
홈페이지 www.eumbooks.com

ISBN 978-89-93166-24-8 03470

종이 공급 일급지류(주)
인쇄 제본 삼성인쇄(주)

한국어판 © 이음, Printed in Seoul, Korea

우리 두 사람의 아내,
바바라와 페이스에게…

하느님께서 "땅은 온갖 동물을 내어라! 온갖 집짐승과 길
짐승과 들짐승을 내어라!" 하시자 그대로 되었다. 하느님
께서는 이렇게 온갖 들짐승과 집짐승과 땅 위를 기어 다니
는 길짐승을 만드셨다. 하느님께서 보시니 참 좋았다.

—〈창세기〉, 1장 24~25절

그리고 보니 푸르스름한 말 한 필이 있고 그 위에 탄 사은
죽음이라는 이름을 가진 사람이었습니다. 그리고 그 뒤는
지옥이 따르고 있었습니다. 그들에게는 땅의 사분의 일을
지배하는 권한 곧 칼과 기근과 죽음, 그리고 땅의 짐승들을
가지고 사람을 죽이는 권한이 주어졌습니다.

—〈묵시록〉, 6장 8절

서론

«우리는 모두 짐승이다 — 동물, 인간, 질병»은 전염성 질병과 그 원인균에 대한 책이다. 근래의 에이즈, 결핵, 인플루엔자 발생에서 볼 수 있듯이 감염은 아직도 우리 사회에서 질병 및 사망의 주요 원인이며, 전염성 병원체는 암이나 심장질환, 정신분열증 같은 여러 가지 만성 질환에도 관여한다. 따라서 전염성 질병을 유발하는 미생물은 일상생활의 중요한 일부다.

이 미생물의 대부분은 동물에서 사람으로 전파되었고, 지금도 전파되고 있다. 헤르페스나 간염 바이러스가 유발하는 질병과 같은 몇 가지 상속 감염은 원래 인류의 조상인 영장류에서 시작되었으며 초기 인류를 거쳐 호모 사피엔스까지 이어져왔다. 홍역이나 결핵 등 대다수의 질병은 가축을 기르기 시작하면서 사람에게 전파된 미생물이 원인이다. 에이즈나 사스[중증 급성호흡기증후군. 이하 SARS], 광우병, 원두猿痘[실험실원숭이에게 일어나는 두창과 흡사한 경한 질환], 조류 독감 같은 질병들 역시 동물과 인간의 관계가 변화해온 최근 몇 년 사이에 동물에서 사람으로 옮겨왔다. 결국 사람과 동물의 관계 변화에는 동물의 미생물이 사람에게 전파될 위험이 수반된다고 볼 수 있다.

일반적으로 우리는 동물을 친구로 생각할 뿐 질병의 원인 제공자로는 보지 않는다. 이솝, 그림 형제, 베아트릭스 포터, 월트 디즈니의 영향 덕분인지, 도널드 덕과 똑같은 동물이 전 세계에서 200만 명의 목숨을 앗아간 인플루엔자의 근원이라고 생각하기는 어렵게 되었다. 미키 마우스가 치명적인 한타 바이러스를 퍼트릴 수 있다든가, 암소 클라라벨이 광우병을 유발하는 프리온을 보유한다든가 또는 플루토가 리슈만 편모충증을 옮길 수 있다는 사실도 실감하기 어렵기는 마찬가지이다. 아무도 밤비와 라임병을, 빅 버드와 웨스트 나일 바이러스를, 너구리 록키와 공수병을, 가필드와 톡소플라스마증을 연결시키지 않는다. 꼬마 친구들의 사랑을 받는 바니조차 다른 모든 파충류와 마찬가지로 살모넬라 박테리아의 매개체다.

지난 200년 사이에 사람과 동물의 관계는 크게 달라졌다. 동물을 애완용으로 기르기 시작하면서 인간과 동물은 친밀한 관계를 맺게 되었고, 식품 공급원으로서의 동물을 처리하는 방식도 변화했다. 지금 진행 중인 사람과 동물의 관계 변화는 1만 년 전에 인간이 가축을 기르기 시작했던 이래로 가장 획기적인 변화일 것이다. 이처럼 관계가 변하면서 동물에서 사람으로 전파되는 새로운 질병이 출현했다.

사람과 동물의 관계가 변하고, 기술이 변하고, 사람들이 상호 행위하는 방식도 달라졌다. 성적 관습의 변화, 주사기의 사용, 도시화, 비행기 및 다양한 교통기관의 이용 증가는 사람에서 사람으로 미생물이 확산되는 데 일조한다. 이러한 변화를 바탕으로 동물에서 사람으로 전파된 미생물의 영향은 증폭되고, 한 사람의 감염은 결국 끝없는 인체 감염의 사슬로 이어진다.

우리는 모두 짐승이다—동물, 인간, 질병

우리에게는 사람과 동물의 복잡한 관계를 정확히 이해해야 할 필요가 있다. 한편으로 동물은 인간에게 중요한 자원 공급원이고, 근래에 들어서는 정신적인 요구도 충족시켜주는 존재이다. 하지만 다른 한편으로는 여러 가지 무서운 질병의 근원이기도 했다. 바로 이것이 이 세상 동물들이 갖고 있는 두 개의 얼굴이다.

차례

미생물이 들어오다
위궤양, 백일해, 천연두
결핵

어떻게 해야 할 것인가?

1

노아의 방주에
오른 초미니 승객

The Smallest Passengers on Noah's Ark

동식물 학자가 벼룩을 관찰한 바
더 작은 벼룩이 붙어서 뜯어먹고 있더라.
그 작은 벼룩에는 더 작은 벼룩이 붙어서 뜯어먹으니
그렇게 끝도 없이 이어지더라.
—조너선 스위프트Jonathan Swift, 1733

동물이 사람에게 옮기는 질병을 결코 하찮게 보아서는 안 된다.
2003년 6월, 이 1개월 동안 미국에서 보고된 동물원성 질병은 다
음과 같다. 원두 감염의 79건이 애완동물 프레리도그에 의해 사
람에게 전파, 전 세계 8,398건의 SARS 감염 중 미국 내에서 발생
한 7건이 사향고양이 혹은 다른 동물에 의해 사람에게 전파, 절기
최초로 발생한 웨스트 나일 바이러스 질병을 모기가 새에서 사람
으로 전파, 절기 최초로 발생한 동부 말뇌염을 모기가 말을 비롯
한 기타 동물에서 사람으로 전파, 가족 구성원 2명이 감염된 한타
바이러스를 쥐를 비롯한 설치류가 전파, 상반기 중 2,820건의 라
임병을 진드기가 사슴에서 사람으로 전파, 상반기 중 에이즈 1만
9,482건 발생(시초에는 영장류가 전파), 북아메리카 최초로 소 해
면상 뇌병증[광우병]에 감염된 소 발견(사람에게 전파될 경우 이
병은 거의 치명적인 결과로 귀결된다).[1]
　위의 동물원성 질병들은 모두 미생물에 의해 발생하며 사람에
게 영향을 미칠 수 있다. 의학 용어로는 동물원성 감염증이라고
한다(새로운 용어는 용어 해설 참고). 근래에 들어 이런 질병에 대
한 소식이 계속해서 들려오면서 동물원성 감염증의 확산에 대한

의문이 제기되고 있다. ≪워싱턴 포스트Washington Post≫는 2003년 6월 15일자 1면에서 <전염병 확산—동물이 사람에게 전파>라는 제목의 기사를 다루었다. 동물 관련 질병의 발생률이 증가하고 있다는 사실을 뒷받침할 만한 증거가 있을까? 이제부터 살펴보겠지만, 증거는 있다.

위와 같은 기사를 접할 때는 인간이 미생물과 동물의 상호행위에서 비교적 작은 역할을 감당할 뿐이라는 사실을 간과하기 쉽다. 신학적 관점에서 볼 때는 인간이 신의 형상을 본떠 창조된 존재지만, 생물학적으로 본다면 인간이란 척색동물문 포유류에 속하는 하나의 종에 불과하다. 인간 외에도 4,500여 종의 포유류가 존재하는데, 여기에는 땅돼지에서부터 박쥐, 고양이, 쥐, 얼룩말 그리고 영장류에 이르기는 수없이 많은 동물들이 포함된다. 인간 중심적 사고방식으로 보면 인간이 가장 중요한 종이지만 포유류를 전부 합친다 해도 3,000만여 종에 이를 것으로 추정되는 전체 동물종의 0.1%에도 미치지 못한다.[2] 기생할 동물을 찾아다니는 미생물의 시각으로 볼 때 인간이란 온갖 먹잇감이 즐비한 잔칫상에 부수적으로 따라 나오는 전채요리에 불과하다.

미생물은 어떻게 생겨났는가?

동물 관련 질병을 이해하기 위해서는 우선 미생물을 이해해야 한다. 미생물은 박테리아, 바이러스, 균류, 원생동물로 구성되는 미소 기생동물과 연충, 촌충과 같은 거대 기생동물로 나뉜다. 미소 기생동물은 중증 질환의 원인으로서는 상대적으로 중요도가 떨어진다. 프리온은 새롭게 발견되어 밝혀내야 할 부분이 많은 단백질인데, 8장에서 다룰 예정이다.

스티븐 제이 굴드Stephen Jay Gould는 박테리아란 "지구상에서 언제나 가장 우세한 생명체였고, 현재에도 그러하며, 미래에도 그럴 것"이라고 이야기했다.[3] 현재 박테리아는 30만~100만종 정도가 존재하는 것으로 추정된다.[4] 현대 박테리아의 조상은 약 35억 년 전 지구상에 출현했던 최초의 생명체다(생명체 진화 연대표는 부록 참고). 원시적인 박테리아 세포에는 핵이 존재하지 않았다. 유전자는 세포질을 떠다니다가 박테리아가 분할할 때 한데 모였다. 박테리아의 구조는 놀랄 만큼 견고했다. 2억 5,000만 년 동안 암염 속에 잠들어 있다가 최근에 부활했다는 박테리아에 관한 소식이 그 사실을 입증해준다.[5]

박테리아가 출현하고 20억 년이 흐른 후 다른 생명체가 생겨났을 때 박테리아는 이들을 즉각 점령해버렸다. 10억 년 전에 곰팡이와 식물, 동물이 출현했을 때에도, 5억 7,000만 년 전에 동물의 종류가 폭발적으로 증가했던 캄브리아기 대번성 때에도, 4억 2,500만 년 전 육지에 식물이 나타났을 때에도, 3억 년 전 파충류가 나타났을 때에도, 2억 년 전 공룡이 출현하고 대륙이 갈라져 분리되었을 때에도, 1억 5,500만 년 전 포유류가 나타났을 때에도, 6,000만 년 전 영장류가 나타났을 때에도, 600만 년 전 인류가 영장류에서 분리되었을 때에도, 13만 년 전 현대적인 신체 구조의 호모 사피엔스가 나타났을 때에도 박테리아는 이미 기나긴 세월에 걸친 적응을 통해 새롭게 출현한 생명체를 차지할 준비를 끝낸 상태였다.

그리고 그들은 점령했다. 사람의 구강과 대장에는 각각 400여

종의 박테리아가 서식하고 있다고 한다. 대장에 존재하는 박테리아의 수는 밀리리터당 1조~10조 개 사이로 추측된다.[6] 박테리아는 사람의 눈, 귀, 코, 위, 소장, 생식기 그리고 피부에서도 발견된다. 인체에는 세포 수의 10배에 달하는 박테리아가 존재하며,[7] 인간의 체중에서도 무시 못 할 비중을 차지하고 있다.[8] 연구에 따르면, 신생아는 출생할 때까지 몸에 박테리아를 갖지 않지만 태어남과 거의 동시에 박테리아의 식민지가 되며 생후 몇 주 이내에는 어른과 동일한 정상 상재균 분포를 나타내게 된다.[9] 다른 동물들도 모두 이와 비슷하게 박테리아에게 점령당하면서 박테리아 보균자가 된다.

인간을 포함한 동물의 유전자에 통합되어 있다는 점에서도 박테리아는 중요한 존재다. 이 놀라운 사실은 인간 유전자 배열 순서 규명 프로젝트에서 우연히 발견되었다. 보고에 따르면 "113~223개 사이의 유전자가 진화 과정에서 박테리아에서 인간으로 (혹은 인간의 척추동물 조상으로) 이동했다."[10] 이후의 분석을 통해 박테리아가 실제로 옮겨준 유전자 수가 더 적을 수도 있다는 사실이 밝혀지기는 했지만, 어쨌든 그러한 이동이 있었다는 점에서는 인간에 대한 박테리아의 중요성과 인간과 박테리아 조상 사이의 관계를 새로이 인식하게 된다. 모든 포유류의 세포에서 발견되는 미토콘드리아에 대해 그것이 원래 초기 인류의 세포를 감염시켰던 박테리아에게서 왔을 가능성을 제시하는 과학자도 많다.

박테리아와 달리, 바이러스의 기원 및 기능에 대해서는 밝혀진 바가 거의 없다. 바이러스는 살아 있는 세포가 아니라 한두 가닥의 DNA 혹은 RNA를 단백질이나 지질 단백질이 둘러싸고 있는 구조물에 불과하며 반드시 살아 있는 세포 안으로 뚫고 들어가야 복제 가능한 상태가 된다. 과학자들 중에는 바이러스가 옛날 박테리아의 퇴화된 형태이며 원래는 식물에서 유래되었으리라고 믿는 이들도 있다. 일각에서는 바이러스란 세포에서 탈출한 동물 유전자의 일부로서 일종의 '반항적 인간 DNA'라는 주장도 제기된다. 영국의 한 천문학자는 바이러스가 외계에서 지구로 떨어졌다는 주장을 펼치기도 했다.[11]

분명한 것은 바이러스가 도처에 분포해 있으며 인간 및 다른 동물들과 복잡하고 밀접한 관계를 맺고 있다는 사실이다. 지금까지 알려진 바이러스의 종류만도 5,000종이 넘고 이 모두가, 특히 RNA 타입은 매우 불안정하기 때문에 끊임없이 돌연변이를 일으키면서 자신의 유전자 물질을 다른 세포 속으로 집어넣는다. 루이스 토머스Lewis Thomas는 기념비적인 저작 ≪세포의 생애The Lives of a Cell≫에서 바이러스란 '이동식 유전자'와 비슷하다고 설명했다. "우리는 바이러스가 춤추는 망 속에서 살고 있다. 바이러스는 유기체에서 유기체로 벌처럼 빠르게 날아다니며 여기저기에서 유전자 줄을 끌어다가 성대한 파티라도 하듯이 유전 형질을 나누어 준다."[12] 적어도 한 종류의 RNA 바이러스, 다시 말해 내인성(체내) 레트로바이러스는 인간의 유전자와 한 몸이 될 수 있을 뿐만 아니라 유전자가 전달되듯이 세대에서 세대로 이동하기도 한다(2장 참고).

세 번째로 중요한 미생물은 원생동물이다. 일반적으로 박테리아, 바이러스, 원생동물을 한데 뭉뚱그려 '세균'이라고 부른다. 원생동물은 '기생충'으로 불리는 경우가 많은데 이는 단순히 언어습관 때문에 그렇게 굳어진 것이다. 실제로 기생충이지만 그렇게

‹네덜란드에서의 우역 대유행›, 18세기

불리지 않는 박테리아나 바이러스도 많기 때문이다. 원생동물은 약 20억 년 전에 박테리아로부터 갈라져 나왔다. 박테리아와 마찬가지로 원생동물 역시 단세포 유기체지만, 박테리아보다 구조가 복잡하고 핵이 있으며 미토콘드리아와 같은 세포 내 요소들도 갖추고 있다. 원생동물도 박테리아 못지않게 오래된 생명체로서 인간이나 동물 같은 새로운 생명체가 출현할 때마다 그들은 지체 없이 점령해왔다.

인간이나 동물이 태어나자마자 박테리아나 바이러스, 원생동물의 식민지가 된다는 사실이 밝혀진 것은 이미 100년 전의 일이다. 미국의 재기 넘치는 작가 마크 트웨인Mark Twain은 사후에 출판되도록 해둔 수필에서 노아의 방주에 오른 미생물을 이렇게 풍자하고 있다.

노아의 가족은, 그렇다, 목숨을 건졌다. 하지만 편치는 않았다. 미생물이 잔뜩 달라붙어 있었기 때문이다. 눈썹에 이르기까지 온몸에 미생물이 득시글거려 사람이 잔뜩 부풀어오른 풍선처럼 보일 지경이었다. 유쾌한 상태는 아니었지만 어쩔 도리가 없었다. 미래의 인류에게 음울한 질병을 선사하기 위해서는 수많은 미생물이 목숨을 부지해야 하는데 배 안에는 그들이 숙박시설로 삼을 만한 인간이 여덟 명밖에 없었기 때문이다. 그들이란 장티푸스 균, 콜레라 균, 공수병 균, 파상풍 균, 폐결핵 균, 흑사병 균 그리고 수백 마리의 귀족들 — 특히 인간에 대한 신의 사랑을 담뿍 담고 있는 소중한 금빛 생명체들 — 이다. 그들이 가장 선호하는 휴양지는 대장이었다. 그들은 그곳에서 감사와 찬

양을 노래했다. 조용한 밤이면 그 감미로운 속삭임을 들을 수 있었다. 인간의 대장이 그들에게는 천국이었다.[13]

그러니 미생물이 사람의 질병을 일으킨다는 것은 어제 오늘의 이야기가 아니다. 미생물과 질병의 관계에 대한 발견은 "역사상 가장 위대한 업적 중 하나"로 일컬어질 정도다.[14] 새로운 점이 있다면 이러한 미생물의 (대부분은 아닐지라도) 다수가 본래 다른 동물로부터 사람에게로 전파되었다는 인식이 확산되었다는 사실이다. 그리고 이러한 전파는 지금도 계속해서 일어나고 있다.

미생물은 어떻게 번성하게 되었는가?

모든 살아 있는 유기체는 부단히 진화한다. 이는 삶 속에 내재된 과정이다. 포유류처럼 복잡한 생명체보다는 박테리아나 바이러스, 원생동물처럼 진화 속도가 빠르고 단순한 생명체에서 진화 과정이 보다 분명하게 드러난다. 어쨌든 모든 생명체는 진화한다. 한스 진서Hans Zinsser도 대표 저작인 《쥐, 이 그리고 역사Rats, Lice, and History》에서 "세상 모든 생명체 중 고정 불변의 존재는 없다. 현존하는 생명체 사이의 관계를 통해 확인하거나 고생물학 혹은 발생학적 역사로만 확인할 수 있을 만큼 변화의 속도가 느릴지라도 진화가 걸음을 멈추는 법은 없다"고 말했다.[15]

미생물이 진화하는 가장 흔한 방법 중 하나가 인간을 포함한 동물의 조직 속으로 침투하는 것이다. 이 과정에서 미생물은 살아남거나 죽거나, 둘 중 하나를 택해야 하는 상황에 놓이게 된

우리는 모두 짐승이다―동물, 인간, 질병

다. 따라서 동물이나 사람의 전염성 질병은 살아남기 위한 미생물의 몸부림이다. 제레드 다이아몬드Jared Diamond는 《총, 균 그리고 쇠Guns, Germs, and Steel》에서 "질병이 있다는 것은 진화가 진행되고 있다는 뜻이다. 미생물은 자연 선택에 의해 새로운 숙주 혹은 벡터에 적응한다. […] 새로운 환경에서 미생물은 생명을 보존하고 번식시키기 위해 새로운 방법으로 진화해야 한다"고 쓰고 있다.[16]

미생물의 관점으로 볼 때 인간이나 동물은 번식하고 진화하는 데 유용한 주거지에 불과하다. 인간이나 동물이 질병에 걸리는 것은 그 과정에 어쩔 수 없이 수반되는 사건이다. 대부분의 박테리아나 바이러스, 원생동물에게 숙주의 죽음은 최선의 선택이 아니다. 숙주가 죽으면 자신도 죽어야 하기 때문이다. 아노 칼렌Arno Karlen은 《인간과 미생물Man and Microbes》에서 "숙주와 기생충이 종국에 합의하게 되는 상태는 상살이 아니라 상생이다. 그렇다면 우리는 감염성 질환을 자연이 인간에게 부리는 짜증이 아니라 백년해로를 위한 말다툼으로 보아야 한다"고 설명했다.[17]

하지만 결혼의 결과는 생각만큼 명확하지가 않다. 지금까지는 미생물과 인간이 느린 학습 과정을 통해 함께 살아가는 법을 터득한다고 생각했다. 다시 말해 미생물이 숙주의 온순한 동거자로 진화한다는 생각이었다. 매독을 일으키는 박테리아만 보더라도 16세기에 사람들 사이에 퍼졌던 처음에는 치명적이었으나 이후 300년에 걸쳐 점차 독성이 약해졌다는 것이다. 하지만 이처럼 미생물의 역사를 안온하게 보는 관점에 대해 최근 폴 이왈드Paul Ewald를 비롯한 여러 학자들은 이견을 제시하고 있다. 이들은 미생물이 반드시 숙주와 장기간 동거하는 방향으로 진화할 필요가 있는가에 대해 의문을 제기한다. 이왈드의 주장에 따르면 "숙주에게 해를 입히는 [⋯] 착취(예를 들면 질병)를 통해 해로운 변종이 보다 온순한 병원체에 대해 경쟁력을 제고할 수 있는 특정한 상황에서는 자연선택에 의해 극단적으로 해로운 방향으로 진화하도록 유도되기도 한다."[18] 이 경우 '결혼'의 결과는 한 배우자의 다른 배우자에 대한 살해다. 종말신학의 용어로 표현하자면 HIV나 SARS 같은 미생물은 인류를 싹 쓸어버릴 수도 있는 셈이다.

미생물은 동물에서 사람으로 이동하는 방법을 찾아내는 데 놀라운 재주가 있다. 28쪽의 [그림 1-1]에서 볼 수 있듯이 미생물은 다양한 방법을 이용하여 동물에서 사람으로 이동한다. 미생물은 호모 사피엔스가 진화하기 전 먼 옛날 원시 동물에서 초기 인류로 전파된 뒤 초기 인류에서 인간으로 옮겨갔다(a). 이를 상속 감염이라고 한다(2장 참고). 직접 전파는 동물이 사람에게 미생물을 직접 전달하는 방법이다(b). 고양이가 할퀴어 묘소병에 걸리거나, 개가 물어 공수병이 옮거나, 쥐가 분무한 비말을 흡입하여 한타 바이러스에 감염되는 경우가 여기에 속한다. 간접 전파는 동물과 사람 사이에 매개체가 있는 경우를 말한다(c). 소 해면상 뇌병증(즉, 광우병)에 걸린 소가 사후에 쇠고기버거를 통해 사람에게 프리온을 전달하는 경우나 감염된 소가 오염된 음식이나 식수를 통해 유독성 대장균 박테리아를 전파하는 경우가 여기에 속한다. 또 다른 전파 방법인 벡터 전파에서는 미생물이 모기나 진드기, 벼룩, 파리 등의 벡터를 이용한다(d). 모기를 이용해 새에서 사람으로 옮겨가는 웨스트 나일 바이러스나 진드기를 이용해 사슴에서 사람으로 이동하여 라임병을 일으키는 보렐리아 버그도페리

우리는 모두 짐승이다―동물, 인간, 질병

borrelia burgdorferi, 벼룩을 이용해 쥐에서 사람으로 이동하는 흑사병 박테리아를 예로 들 수 있다. 어떤 교통수단을 선택하든 미생물의 목적은 늘 하나, 증식하여 많은 열매를 맺는 것이다.

동물에서 사람으로 옮겨간 최초의 미생물은 대부분 그냥 죽거나 자신의 존재조차 인식시키지 못한 채 조용히 스쳐 지나갔다. 증상이나 죽음을 초래할 만한 감염을 유발하는 미생물은 거의 없었다. 다음 쪽의 [그림 1-1]의 b, c, d에서 볼 수 있듯이, 혹 그런 일이 있다 해도 사람 대 사람 전파는 일어나지 않았다. 하지만 유전자 구성을 약간 바꾸는 돌연변이를 통해 미생물이 사람에게 적응하고 나면 그 다음부터는 사람 대 사람 전파가 가능해진다(e). 동물 대 사람 전파가 꾸준히 계속되면서 사람 대 사람 전파도 이루어지는 것이다. 인플루엔자와 SARS가 그 예다.

마지막으로, 그다지 흔한 사례는 아니지만, 미생물이 오랜 세월에 걸쳐 인간에게 적응하여 유전자 구성을 변화시킨 결과더 이상 동물 대 사람 전파가 발생하지 않으면서 사람 대 사람 전파만 이루어지는 경우가 있다(f). 원래는 소가 사람에게 옮겼던 홍역이나 영장류가 최초로 전파했던 에이즈, 새가 옮겨준 장티푸스를 예로 들 수 있다. 이러한 동물 대 사람 전파는 최초의 전파가 호모 사피엔스가 진화한 뒤, 다시 말해 최근 13만 년 이내에 일어났다는 점에서 상속 감염과는 다르다.

많은 미생물들은 뛰어난 지략을 발휘하여 다양한 전파 방식을 개발해왔다. 예를 들어 수면병을 일으키는 원생동물은 성병의 형태로 말 사이에서 전파되다가 파리를 벡터로 이용해서 사람에게 옮겨갔고, 벼룩을 벡터로 삼아서는 쥐로 옮겨갔다.[19] 미생물은 한 동물에서 다른 동물로 이동하는 새로운 방법을 진화 과정에서 찾

[그림 1-1] 미생물의 동물 대 사람 전파 유형

a. 상속 감염

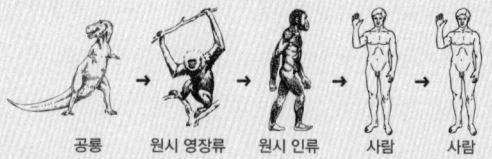

공룡 → 원시 영장류 → 원시 인류 → 사람 → 사람

선사 시대 동물에서 원시 영장류로, 이어 원시 인류로, 마지막으로 인간으로 미생물이 전파. (예: 인간 헤르페스 바이러스, A형 및 B형 간염, 말라리아)

b. 직접 전파

고양이 → 사람

동물이 깨물거나 할퀴어서 피부에 상처가 나거나 동물이 내뿜은 비말을 호흡하는 등 직접적인 접촉을 통해 동물에서 사람으로 미생물이 전파. 사람 대 사람 전파는 없음. (예: 공수병, 묘소병, 탄저병)

c. 간접 전파

소 → 쇠고기버거 → 사람

음식이나 식수 오염을 통해 동물에서 사람으로 미생물이 전파. 사람 대 사람 전파는 없음. (예: BSE [광우병], O157 대장균)

d. 벡터 전파

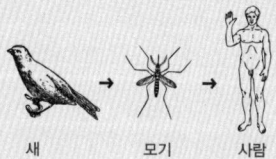

새 → 모기 → 사람

다른 매개 동물을 통해 동물에서 사람으로 미생물이 전파. 사람 대 사람 전파는 드문 편. 예를 들면 수혈. (예: 라임병, 웨스트 나일 바이러스)

e. 동물 대 사람 대 사람

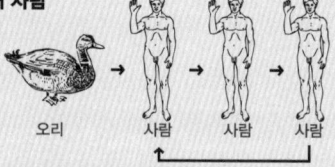

오리 → 사람 → 사람 → 사람

동물에서 사람으로 반복 전파된 뒤 사람에서 사람으로 미생물이 전파. (예: 독감, SARS)

f. 사람 대 사람

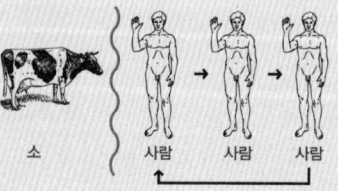

소 → 사람 → 사람 → 사람

과거에는 동물에서 사람으로 전파되었으나 돌연변이를 통해 미생물이 사람에게만 적합하도록 바뀌어 현재는 사람에서 사람으로만 전파. (예: 홍역, 에이즈, 장티푸스)

아내곤 한다. 최근 SARS를 유발하는 바이러스가 말레이 사향고양이나 다른 동물에서 사람으로 이동하는 길을 찾아낸 데 이어 사람에서 사람으로 옮겨가게 된 경우를 예로 들 수 있다.

모든 미생물이 지리와 종의 경계를 넘어 끊임없이 번식하고자 노력한다. 따라서 인간은 다른 동물로부터 쏟아지는 박테리아와 바이러스, 원생동물의 세례를 피할 길이 없다. 이처럼 지속적인 노출을 생각한다면 현재의 동물원성 질병 발생률은 대단한 양호한 수준이라고 볼 수 있다.

미생물과 잠재적인 새로운 숙주, 예를 들어 인간이 만났을 때 그 결과에 영향을 미치는 세 가지의 결정적인 요소가 있다. 바로 유전자와 면역계, 미생물의 독성이다. 유전자는 사람마다 다르게 발현하며 미생물의 질병 유발 여부를 결정하는 데 중요한 역할을 한다. 예를 들면 이 세상 사람의 절반은 헬리코박터 파이롤리 Helicobacter pylori라는 박테리아에 감염되어 있다. 하지만 이 박테리아가 위궤양이나 위암 같은 질병을 유발할 수 있는 사람은 헬리코박터 감염자의 1/5에도 미치지 못한다. 이 박테리아가 질병을 일으킬 수 있을지를 판가름하는 한 가지 요소는 감염자가 특정 유전자, 특히 babA2, cagA, vacA 유전자형을 갖고 있는지 여부다.[20] 이 유전자가 있다고 해서 헬리코박터가 반드시 질병을 일으키는 것은 아니지만 발병 확률은 증가한다. 이러한 유전자를 취약 유전자라고 부르는데, 미생물이 유발하는 모든 질병에 대해 취약 유전자는 수십 개, 어떤 경우에는 수백 개에 달한다.

또 다른 예는 수많은 사람이 보유하고 있는 결핵균이다. 하지만 이 박테리아에 감염된 열 명 중 결핵에 걸리는 사람은 한 명에 불과하다. NRAMP-1나 특정 타입의 비타민 D 수용체(VDR) 유

전자를 가진 사람이 결핵에 걸릴 확률이 높다고 알려져 있다.[21]

유전자는 사람을 미생물이 유발하는 질병에 대해 취약하게 만들 수도 있지만 강하게 만들 수도 있다. 가장 널리 알려진 예는 겸상 질환과 관련된 유전자가 있으면 말라리아에 대한 저항성이 높아진다는 사실이다. 겸상 적혈구 유전자를 가진 사람은 중증 말라리아를 유발하는 원생동물인 플라스모듐 팔시파룸Plasmodium falciparum 감염에 대해 저항력이 있다. 또 다른 보호 유전자인 PRT-1은 개를 통해 전파되는 리슈만 편모충증을 유발하는 원생동물로부터의 손상을 억제한다(7장 참고).[22]

미생물과 조우한 개인을 약하게 혹은 강하게 만드는 대다수의 유전자는 두 번째 결정 요소인 면역계에 영향을 미치는 방법을 이용한다. 면역계는 림프구와 백혈구, 사이토카인, 미생물에 대한 항체로 구성된 대단히 복잡한 체계이다. 면역계가 약화되면 감염에 취약해진다. 반대로 면역계가 강화되면 저항력이 생긴다. 전자의 예로는 에이즈 감염자를 들 수 있다. 이들은 림프구의 수가 감소하면서 감염에 대해 점차 취약해져간다.

미생물과 새로운 숙주의 만남에 영향을 미치는 세 번째의 결정적인 요소는 미생물의 힘, 즉 독성이다. 박테리아나 바이러스, 원생동물 모두는 더 치명적이거나 덜 치명적인 균주를 갖고 있다. 이러한 차이를 일반적으로 독성이라고 일컫는다. 널리 알려진 예가 인플루엔자 바이러스다. 어떤 균주는 경미한 질환을 일으키지만, 1918년의 인플루엔자 대유행을 야기했던 바이러스처럼 매우 치명적인 균주도 존재한다.

때로는 상이한 종류의 미생물이 힘을 합해 질병을 유발하기도 한다. 쥐간염 바이러스는 단독으로는 유해하지 않고, 원생동물인

우리는 모두 짐승이다—동물, 인간, 질병

에페리트로준 코코이드Eperythrozoon coccoides 역시 그 자체로는 무해하다. 하지만 이 둘에 한꺼번에 감염된 쥐는 중증 간염을 일으켜 사망하게 된다.[23] 이러한 동시 감염은 사람에게서도 발생하는 것으로 알려져 있다. 예를 들어 간염 D 바이러스hepatitis D virus는 무해하지만 간염 B 바이러스와 동시에 숙주를 감염시킬 경우에는 중증 질환을 유발할 수 있다.

미생물과 잠재적 숙주의 만남은 스타워즈에서 벌어지는 전쟁과도 비슷하다. 전쟁 결과는 침략자(미생물)의 수와 힘(독성)에 따라 달라지지만 방어력(저항력을 부여하는 유전자)과 특수무기(면역계)에 따라서도 달라질 수 있다. 방위군 전략가(취약 유전자)가 침략자에게 유리하도록 저울을 기울여놓기도 한다. 또는 트로이의 목마처럼, 면역계 세포들이 감염되지 않은 신체 부위로 미생물을 운반해가기도 한다. 인간을 비롯한 모든 동물에서는 이러한 전쟁이 끊임없이 벌어지고 있다.

지금은 미생물이 사람에게 미치는 영향에 초점을 맞추어 이야기를 진행하고 있지만, 미생물이란 인간이 아닌 종에도 비슷한 영향을 미치며 때로는 재앙을 가져오기도 한다는 사실을 잊어서는 안 된다. 19세기의 마지막 해에 아프리카 동물들 사이에서 대유행했던 우역 바이러스는 에티오피아와 소말리아에 있는 자국 병사들의 식량 공급을 위해 이탈리아 군대가 1889년에 인도에서 소를 수입했던 사건이 발단이 되었다. 인도 소 풍토병의 원인균이었던 이 바이러스는 아프리카에서 사육되던 소들을 빠르게 감염시키면서 7년 만에 대륙을 휩쓸었고, 그 과정에서 소들이 남김없이 몰살된 지역도 적지 않았다. 소는 마사이족 같은 아프리카 부족들의 주요 식량 공급원이었기 때문에 기근이 그 뒤를 이었다. 우역 대유행에 대한 어느 마사이족의 증언에 따르면 "헤아릴 수 없이 많은 소와 사람의 시체가 산처럼 쌓여 있었기에 독수리들은 도무지 날 생각을 하지 않았다."[24] 우역 바이러스가 소와 가까운 야생동물로까지 퍼지면서 물소와 영양, 기린, 야생돼지, 일런드 영양, 쿠두 영양들도 떼죽음을 당했다.

아프리카 우역 대유행은 미생물이 동일종 내에서 확산된 예(인도 소에서 아프리카 소로)이자 동일목에 속하는 다른 종(소, 물소, 영양 등은 모두 우제류)으로 옮겨간 예다. 그보다 최근의 예로는 북해 회색바다표범의 30% 이상이 바다표범 디스템퍼 바이러스에 감염되어 죽은 사건을 들 수 있다. 이 바이러스는 원래 극지방에 서식하는 하프 물범에서만 찾아볼 수 있었으나 상업적인 남획으로 극지방 어족이 고갈되자 하프 물범이 북해로 이동하면서 퍼트린 것이다.[25]

흔한 일은 아니지만 미생물이 한 종에서 다른 목에 속하는 종으로 옮겨가는 경우도 있다. 개 디스템퍼 바이러스가 바다표범에게 전파된 것이 그 예다. 개는 포유류 육식동물문에 속하고 바다표범은 기각류에 속한다. 개 디스템퍼 바이러스는 극지방 탐험에 사용했던 썰매개를 통해 바다표범에 전파된 듯하다.[26] 개 디스템퍼 바이러스는 카스피해의 바다표범에게도 막대한 피해를 입혔다. 인근에 거주하던 사람들이 개 디스템퍼가 유행하던 시기에 이 병으로 죽은 개를 바다에 던져버렸다는 사실이 밝혀지면서 바이러스의 출처는 명확해졌다. 이 개들이 바다표범의 먹이가 되었던 것이다.[27] 최근에는 북캘리포니아 해안에서도 육식 동물에서 기각류로(고양이에서 해달로) 바이러스가 전파되었다. 고양이가 배설하는 원생동물인 톡소플라스마 곤디Toxoplasma gondii가 고양이가 많

〈남아프리카공화국에서 벌어진 우역의 참상〉, 1899

이 서식하는 지역의 시냇물에 씻겨 지하수를 따라 바다로 흘러들어갔고, 이로 인해 많은 해달이 목숨을 잃었다.[28]

일반적으로 미생물이 확산될 때에는 동일종의 다른 구성원이나 밀접한 관련을 갖는 종의 구성원으로 확산될 확률이 가장 높다. 따라서 사람은 다른 사람을 통해 미생물에 감염될 가능성이 가장 크고, 다음에는 영장류, 다음에는 포유류 등의 순서로 나아가게 된다. 밀접하게 관련된 동물일수록 미생물을 주고받기 쉽기 때문이다.

우리가 사람이기 때문에 다른 동물이 사람에게 전파하는 미생물에 초점을 두고 있지만, 미생물이란 양방향으로 자유롭게 움직일 수 있다는 사실을 잊어서는 안 된다. 인간은 부지불식간에 영장류에 미생물을 전파함으로써 소아마비, 결핵, 말라리아, 인플루엔자, 폐렴, 뇌수막염, 홍역을 유발했다.[29] 항생제 내성을 갖는 포도상구균이 사람에서 고양이, 개, 말로 퍼지면서 질병을 일으켰다는 기록도 있다.[30]

기존 미생물이 여러 종 사이를 오가며 확산해가는 와중에 다른 한편에서는 새로운 미생물이 부단히 진화하고 있다. 진화는 기존 미생물의 유전자 구조가 약간 달라질 때 발생한다. 최근의 예로는 20세기 초에 처음 출현한 고양이 바이러스, 즉 고양이 범백혈구 감소증 바이러스FPV의 돌연변이를 들 수 있다. 1940년대에 밍크에서 새로운 바이러스 질환이 발견되었는데 조사해본 결과 원인은 FPV의 변종인 파보 바이러스MPV로 밝혀졌다. 1970년대에는 개에서 새로운 질병이 발견되었는데 그 원인으로 밝혀진 개 파보 바이러스CPV 역시 FPV의 변종이었다. 유전자 지도 연구에 따르면 FPV, MPV, CPV는 뉴클레오티드 몇 개의 차이로 달라지는 것으로 나타났다.[31] FPV 바이러스는 돌연변이를 통해 한 종에서 다른 종으로 이동하고 새로운 질병을 일으키면서 진화하고 있었던 것이다.

얼마나 많은 전염성 질병이 동물에서 비롯되었는가?

동물이 옮긴 미생물에 의한 전염성 질병은 얼마나 될까? 최근에 에든버러 대학 연구진은 인체에서 질병을 유발하는 것으로 알려진 1,415개 미생물의 목록을 작성했다. 그중 868개, 즉 61%가 동물에서 사람으로 전파되는 것이라고 한다.[32] 그런데 50년대 후반에 침팬지가 전파했던 HIV[인간 면역결핍 바이러스]처럼 가까운 과거, 즉 지난 50년 안에 전파된 바이러스나 소가 전파했던 홍역 바이러스처럼 그보다 더 먼 과거, 즉 지난 1만 년 이전에 전파된 미생물은 이 목록에 포함되지 않았다. 현재에 이르기까지 동물이 사람에게 전파한 미생물을 모두 목록에 포함시킨다면 인체 감염의 3/4 이상이 동물원성 미생물에 의한 것이 된다. 나머지 1/4 역시 대부분 상속 감염으로서 호모 사피엔스가 진화하기 전에 동물이 초기 인류에게 전파했던 것들이다.

인체에서 질병을 유발하는 미생물은 어느 동물에게서 왔을까? 스코틀랜드 연구진에 따르면 대다수가 개(43%)와 고양이, 말, 소, 양, 염소, 돼지 같은 가축에서 비롯되었다고 한다(우제류 39%). 그밖에도 쥐(23%), 영장류(3%), 새(10%), 바다 포유류(5%), 박쥐(2%) 등이 있다. 이를 전부 합했을 때 100%가 넘는 이유는 일부 미생물이 하나 이상의 동물에서 사람으로 전파되었기 때문이다. 예를 들면 공수병은 개, 고양이, 너구리, 박쥐가 옮길 수 있다. 이 연구는 "사람 및 가축의 병원균 중 1/4 이상이 매우 넓은 범위의 숙주를 대상으로 하며 사람, 가축, 야생동물 숙주를 감염시킨다"고 결론지었다.[33]

얼마나 많은 전염성 질병이 동물의 미생물에 의해 발생했는가 하는 문제에 더해, 연구진은 얼마나 많은 '신종' 전염성 질병이 동물이 전파한 미생물에 의해 발생할 것인가를 질문하기도 했다. 연구진에 따르면 '신종' 질병이란 지난 20년 사이에 "사람에게서 최초로 발생했거나, 이전부터 있던 질병이지만 새롭게 발생률이 증가하거나 발생 사실이 보고되지 않았던 지역에서 발생하는" 질병을 의미한다.[34] SARS나 조류 독감이 좋은 예다. '신종' 전염병 문제가 제기된 것은 "지난 몇 년 사이에 미국을 비롯한 전 세계에서 신종 전염병 발생이 증가했으며 그 대부분이 동물원성 병원체와 관련되어 있다"는 데 전문가들의 광범위한 합의가 이루어져 있기 때문이다.[35]

신종 전염병의 발생량을 측정하기 위해, 스코틀랜드 연구진은 인체에서 신종 전염병을 유발하는 것으로 알려진 175개 미생물을 가려냈다. 그중 132개, 즉 75%가 동물이 전파하는 미생물이다.[36] 바이러스가 동물원성 미생물의 44%, 박테리아가 30%, 원생동물이 11%를 차지하며, 연충과 곰팡이가 나머지 15%를 차지한다. RNA 바이러스가 특히 많은 이유는 이들의 돌연변이율이 다른 미생물보다 크게 높아 새로운 숙주에 보다 신속하게 적응할 수 있기 때문이다.[37] 이제 동물원성 미생물이 신종 전염병의 원인으로서 중요한 역할을 한다는 사실은 확고히 입증되었다. 2004년 질병 통제 예방 센터Centers for Disease Control and Prevention, CDC의 줄리 거버 딩Julie Gerberding 박사는 "최근에 사람의 건강에 영향을 미치는 것으로 나타난 12개 신종 전염병 중 11개는 그 원인이 동물에서 비롯된 듯하다"고 말했다.[38] 의학원Institute of Medicine의 보고서에는 다음과 같이 요약되어 있다. "인체 감염에서 동물원성 감염이 갖는 중요성은 아무리 강조해도 지나치지 않다."[39]

하지만 동물원성 감염에 대한 데이터를 살펴본다면 이것이 인체 질환에서 차지하는 비중이 과소평가되어 있음을 알 수 있다. 스코틀랜드 연구진에 따르면 이는 "다른 종보다 자신에 대해 더 많이 연구하려는 인간의 타고난 편향" 때문이다.[40] 즉, 동물에 작용하는 미생물보다는 인간에게 영향을 미치는 미생물에 대해 훨씬 많은 내용이 알려져 있다. 앞으로 동물원성 미생물에 대한 연구가 더욱 활발히 진행되면 다양한 인간의 질병이 동물에서 비롯된다는 사실 또한 더욱 또렷이 드러나게 될 것이다.

미생물의 기원에 대한 지식은 갈수록 빠르게 늘어날 것이다. 현재는 바이러스, 박테리아, 원생동물의 핵산 염기 배열을 파악하고 연관 미생물의 배열을 서로 비교할 수 있는 수준에 와 있다. 이를 바탕으로 과학자들은 가정에서 가계도를 만들듯이 미생물의 조상을 배열하여 계통수를 작성할 수 있게 되었다. 일반적으로 핵산의 염기 배열 차이가 크면 클수록 두 개의 연관 미생물은 오래전에 한 뿌리에서 갈라져 나왔을 확률이 높아진다. 그리고 그 간격을 추정하는 데에는 다양한 '분자시계'가 이용된다.[41]

마지막으로, 인간과 미생물 사이에서 늘 벌어지고 있는 전쟁에서는 미생물이 절대적인 우위를 차지하고 있다. 적의 방어선을 면밀히 파악하고 군대를 동원해 그 방어선의 취약점을 뚫는 쪽이 승리를 거두는 것은 어느 전쟁에서나 마찬가지다. 박테리아와 바이러스는 몇 분 안에, 원생동물은 며칠 이내에 새로운 세대를 만들어낼 수 있다. 하지만 인간이 새로운 세대를 구성하려면 20년이 필요하다. 인간과 미생물의 전쟁에서 진화와 적응의 속도가 결정적 요인이라고 한다면 인류의 미래는 결코 밝지 않다. 그러니 살아남기 위해 우리는 항생제와 백신, 감염 예방 조치를 비롯한 다양한 무기를 꾸준히 개발해서 무기고에 비축해두어야만 한다. 국립 알레르기 및 전염병 연구원National Institute of Allergy and Infectious Diseases의 소장이었던 리처드 크라우스Richard Krause의 지적처럼, 미생물은 인간이 탄생하기 20억 년 전부터 이미 지구에 존재했으며 "우리가 지구를 떠난 뒤에도 20억 년은 더 존재할 것이다."[42]

우리는 모두 짐승이다—동물, 인간, 질병

2

상속 감염
인류 이전의 미생물

Heirloom Infections:
Microbes before the Advent of Humans

절망의 시기에는 황금시대에 대한 믿음이 위로가 되어주었다. 황금시대에 대한 확고한 믿음은 완전한 건강과 행복이 인간의 천부적 권리라는 신념을 바탕으로 한다. 그러나 살면서 질병과 고투로부터 완전히 해방되기란 사실상 불가능하다.

—르네 뒤보Rene Dubos, ≪건강의 신기루Mirage of Health≫

에덴동산이 있었다면 분명히 그곳에도 질병이 있었으리라. 아담은 헤르페스 바이러스 때문에 구순 포진과 대상 포진을 앓고 있고, 이브는 B형 간염에 걸려 있었을 것이다. 동산의 모기는 말라리아와 황열을 유발하는 미생물을 옮겼을 테고, 금단의 열매를 따먹으라고 이브를 꼬드겼던 뱀에게는 틀림없이 수백만 년 동안 파충류가 보유해온 살모넬라 박테리아가 있었을 것이다. 이브가 사과를 맛보고 아담에게 내밀기 전에 깨끗하게 씻었기만을 바랄 뿐이다.

동물이 진화하기 수백만 년 전부터 박테리아와 바이러스, 원생동물이 존재했다는 사실을 생각해보면 초기 동물들이 미생물에 감염된 것도 당연한 일이다. 파충류의 뼈에서 발견된 포도상구균 감염의 흔적은 2억 년 전 것으로 추정되고, 새의 화석에서 발견된 바이러스 감염의 흔적은 9,000만 년 전 것으로, 공룡 턱의 박테리아성 농양은 최소 7,500만 년 전 것으로 추정된다.[1] 파충류에서 포유류가 진화했고, 포유류에서 영장류가, 영장류에서 원시인류가, 원시 인류에서 호모 사피엔스가 진화했으니 박테리아와 바이러스, 원생동물에 이들이 노출되었음은 기정사실이다.

초기 동물을 감염시켰던 미생물의 대부분은 초기 동물에서 진화한 종에게도 전해졌다. 따라서 영장류에서 진화한 원시 인류에게는 영장류를 감염시킨 박테리아, 바이러스, 원생동물이 있었다. 이를 상속 감염이라고 한다. 조부모와 부모에게 재산을 물려받듯이 세대에서 세대로 이어지기 때문이다.[2]

상속 감염 미생물은 그 대부분이 무해하다. 우리가 죽을 때까지 피부나 장 속에서 조용히 살아간다. 이러한 미생물을 공생체라고 부르는데, 그 다수는 소화를 돕는 장 내 세균처럼 사람에게 유익하다. 공생체는 분포도가 달라지거나 숙주의 방어 기전이 변화—예를 들어 항생제를 투여하면 미생물의 분포도가 달라지고, 에이즈에 걸리면 신체 면역력이 크게 훼손된다—하지 않는 한 여간해서는 질병을 일으키지 않는다. 상속 감염에서는 우리가 저들을 그냥 내버려두면 저들 역시 우리를 그냥 내버려두는 것이다.

인간의 상속 감염에는 장에서 흔히 발견되는 원생동물도 포함된다. 한 연구에 따르면 사람의 장에 기생하는 원생동물 12종 중 11종이 원숭이의 장에서도 발견되었다고 한다.[3] 여성의 가벼운 질염을 유발하는 원생동물 트리코모나스 바기날리스Trichomonas vaginalis는 야생 및 사육 원숭이에게서도 분리되었으며 이들에게서도 경미한 질환을 일으킨다.[4]

조상에게서 미생물을 물려받았다는 사실은 지구상 곳곳에 사는 인간들이 유사한 미생물을 가지고 있다는 점만 보아도 알 수 있다. 특히 무해한 공생체가 그렇다. 어느 연구자의 설명에 따르면 "고립된 부족 사회의 일원도 인구 밀집 지역에 사는 사람과 동일한 공생체를 갖고 있다."[5] 즉, 파푸아뉴기니 벽지에 사는 사람의

우리는 모두 짐승이다—동물, 인간, 질병

코에서 발견되는 박테리아는 뉴욕이나 파리에 사는 사람의 코에서 발견되는 미생물과 대단히 흡사하다는 말이다.

헤르페스 바이러스와 간염 바이러스

대부분의 상속 감염은 무해하지만 질병을 일으키는 경우도 있다. 헤르페스 바이러스 감염과 간염 바이러스 감염이 그 예다.

헤르페스 바이러스 과에 속하는 바이러스들은 약 4억 년 전에 출현한 헤르페스 바이러스의 조상으로부터 진화했을 것으로 생각된다. 이 조상 바이러스가 두 갈래로 갈라지면서 하나는 어류(얼룩메기 바이러스)와 개구리 같은 양서류(송장개구리 헤르페스 바이러스 1)를 감염시키는 헤르페스 바이러스로 진화했다. 약 1억 8,000만 년 전 조류와 포유류가 진화할 때 나머지 한 갈래의 헤르페스 바이러스는 알파, 베타, 감마로 나뉘었고, 이 세 개의 과가 다시 분열을 거듭하면서 진화가 진행되었다. 예를 들면, 생식기 감염의 원인인 단순 포진 바이러스 2는 구순 포진을 유발하는 단순 포진 바이러스 1에서 약 800만 년 전에 갈라져 나왔다. 전문가들의 견해에 따르면, "헤르페스 바이러스는 척추동물과 동일한 시간적 틀 속에서 진화해왔다."[6] 바이러스와 같은 미생물과 다른 생명체의 동시 진화를 공진화라고 한다. 모든 형태의 생명은 끊임없이 진화하기 때문에 미생물과 동물의 공진화 역시 계통을 생성하는 연속적인 이인무(二人舞), 즉 영원한 다윈의 춤이라고 할 수 있다.

현재 인간의 헤르페스 바이러스는 8종이 알려져 있지만 발견되지 않은 바이러스가 있을 확률이 높다. 이들은 1억 8,000만 년 전에 갈라진 알파, 베타, 감마 과로 분류된다. 헤르페스 바이러스는 포유류 및 조류와 공진화했으므로 다른 종을 감염시킬 수 있다. [표 2-1]에서는 인간 헤르페스 바이러스와 이들이 유발하는 질병을 제시하고 있다. 동물의 헤르페스 바이러스 사례도 선별해서 포함하고 있다.

인간 헤르페스 바이러스에는 몇 가지 공통적인 특성이 있다. 일단 숙주와 일생을 함께 한다. 그리고 오랫동안 증상을 유발하지 않은 채 조용히 침묵하고 있다가 갑자기 폭발적으로 활동한다. 단순 포진 바이러스 1, 2, 수두 바이러스 등이 그 예다. 헤르페스 바이러스는 한 종의 숙주에서 다양한 질병을 유발한다. 예를 들어 사람에게 구순 포진, 돌발 발진, 단핵구증, 그밖에 다양한 형태의 암을 유발한다.

같은 과에 속하는 헤르페스 바이러스 사이의 관계는 다른 과의 바이러스에 대한 관계보다 훨씬 밀접하다. 즉, 인간 단순 포진 바이러스 1은 사람의 거대세포 바이러스나 엡스타인-바 바이러스보다 개 헤르페스 바이러스 1이나 고양이 헤르페스 바이러스 1과 더 가깝다. 1장에서 살펴보았듯이 가까운 종일수록 바이러스가 전파될 가능성도 크다. 짧은꼬리원숭이의 헤르페스 B 바이러스를 예로 들어보자. 원숭이의 헤르페스 B 바이러스는 성교 혹은 구강을 통해 전파되어 사람의 단순 포진 1이나 2가 유발하는 것과 비슷한 가벼운 염증을 일으킨다. 그러나 헤르페스 B 바이러스에 감염된 원숭이에게 물려 바이러스가 옮아온 사람은 중증의, 보통은 치명적인 뇌 감염(뇌염)을 일으킨다. 개나 고양이, 그밖에 사람과

우리는 모두 짐승이다—동물, 인간, 질병

[표 2-1] 인간 및 동물의 헤르페스 바이러스

바이러스의 유형		감염 동물	증상
알파 헤르페스 바이러스	단순 포진 바이러스 1	인간	구순 포진, 가끔 뇌 감염
	단순 포진 바이러스 2	인간	생식기 감염, 신생아 감염
	수두 포진 바이러스	인간	수두, 대상 포진
	헤르페스 B 바이러스	원숭이	수두, 대상 포진
	원숭이 바이러스 8	개코원숭이	
	거미-원숭이 헤르페스 바이러스	원숭이	
	개 헤르페스 바이러스 1	개	
	고양이 헤르페스 바이러스 1	고양이	
	말 헤르페스 바이러스 1	말	
	말 헤르페스 바이러스 4	말	
	소 헤르페스 바이러스 1	소	
	마렉(Marek) 병 바이러스	새	
	전염성 후두기관염 바이러스	새	
베타 헤르페스 바이러스	인간 거대세포 바이러스	인간	일반적으로 무증상이나 태아 및 면역 저하시 선천성 감염 유발
	인간 헤르페스 바이러스 6	인간	인간, 소아기 발진 (돌발 발진)
	인간 헤르페스 바이러스 7	인간	질병 없음
	생쥐 거대세포 바이러스	쥐	
감마 헤르페스 바이러스	엡스타인-바(Epstein-Barr) 바이러스	인간	단핵구증, 버킷 림프종, 코인두 암종
	인간 헤르페스 바이러스 8	인간	카포시 육종, 주로 HIV 감염과 관련
	다람쥐원숭이 헤르페스 바이러스	원숭이	
	말 헤르페스 바이러스 2	말	
	쥐 헤르페스 바이러스 68	쥐	

*고딕 표기는 인간에게 작용하는 바이러스

먼 동물에서도 헤르페스 바이러스가 전파될 수 있는지 여부는 밝혀지지 않았다. 헤르페스 바이러스에서 확인할 수 있는 또 다른 중요한 원칙이 있다. 호모 사피엔스가 진화한 이래 인간에게 존재해온 헤르페스 바이러스 상속 감염은 사람이 변하면 그에 따라 변한다. 예를 들어 단순 포진 바이러스 2는 성교로 전파되는데, 최근 들어 성적 관습이 달라지면서 발생률이 크게 증가했다. 에이즈가 유행하기 전까지는 인간 헤르페스 바이러스 8이 카포시 육종의 원인이라는 사실도 밝혀지지 않았다. 암의 일종인 카포시 육종은 에이즈 환자의 경우처럼 면역계가 약할 때 발생률이 높아진다.

A형 및 B형 간염도 상속 감염이다(C형 간염도 상속 감염일 것이 거의 확실하지만 기원이 아직 깊이 있게 연구되지 않았다). A형 간염 바이러스는 급성 간염의 주요 원인으로서 보통 위생 상태가 불량한 곳에서 대인 접촉 혹은 오염된 음식이나 물을 통해 전파된다.

A형 간염은 침팬지를 비롯한 영장류를 다루는 관리인들 사이에서도 발생했다. A형 간염이 영장류에서 사람으로 퍼질 수 있다는 이야기다. 또한 사람에서 영장류로 퍼질 가능성도 있다. 사람 및 영장류의 A형 간염 균주에 대한 최근 분석에서 두 균주가 밀접하게 관련된 것으로 나타나 동일한 바이러스 조상에서 진화했음을 알 수 있다.[7]

B형 간염은 A형 간염 바이러스와 무관한 바이러스에 의해 발생한다. 발생률은 5% 정도인데, 간경화나 간암으로 발전하여 세계적으로 매년 100만 명의 목숨을 앗아간다. B형 간염 바이러스는 성교, 주삿바늘, 수혈을 통해 전파되며, 출산 과정에서 혈액 접촉을 통해 산모에서 신생아로 전파되기도 한다.

헤파드나 바이러스는 B형 간염 바이러스가 속한 과로서 새나 다람쥐, 우드척다람쥐, 몇몇 영장류를 감염시키는 바이러스들이 이에 포함된다. B형 간염 바이러스와 가장 밀접한 바이러스는 양털원숭이에서 발견된다. 이는 사람의 바이러스와 영장류의 바이러스가 같은 조상에서 진화했음을 의미한다.[8] B형 간염 바이러스가 인공적인 방법을 통해 사람에서 침팬지 같은 영장류로 옮겨갈 수는 있지만 영장류에서 사람으로도 전파되는지 여부는 밝혀지지 않았다.

말라리아와 황열

말라리아는 대표적인 상속 감염으로서 약 6,000만 년 전 진화한 이래로 계속 영장류를 공격해왔다. 말라리아로 목숨을 잃는 이들은 매년 200만 명에 달하는데 그중 절반이 5세 이하의 소아(小兒)들이다. 말라리아로 인한 피해는 그보다 훨씬 심각하다. 수백만 명의 만성 말라리아 환자가 주기적인 열과 극심한 빈혈에 시달려 기력을 잃어가고 있기 때문이다.

말라리아는 역사의 흐름도 바꿔놓았다. 열대병 전문가인 리처드 파인즈Richard Fiennes에 따르면 "문명화된 인간의 진화와 역사에 말라리아가 미친 영향은 이루 헤아릴 수 없다." 파인즈는 말라리아가 "그리스-로마 제국의 쇠퇴와 몰락을 야기한 주요 원인"이며 "사람들의 활력을 앗아간 주범"이었다고 주장한다.[9] 말라리아는 유서 깊은 치명적 질병 중 하나이기도 하다.

플라스모듐Plasmodium 원생동물[말라리아 기생충]은 3일열 원충,

난원형 원충, 4일열 원충, 열대열 원충의 4종으로서 사람을 대상으로 하는데, 25종 이상의 다른 종들이 파충류, 조류, 설치류, 기타 포유동물을 감염시킨다. 말라리아 기생충이 막강한 위력을 떨치는 가장 큰 이유는 이들이 흡혈 모기를 벡터로 이용해 숙주에서 숙주로 이동할 줄 알기 때문이다. 이 방법이 직접 전파보다 훨씬 효율적이었기 때문에 수백만 년에 걸쳐 복잡한 한살이를 발달시켜온 말라리아 기생충은 모기의 몸 안에서 생식 단계의 한 과정을 거치게 되었다.

말라리아를 유발하는 원생동물은 영장류에서 시작해 다양한 초기 인류를 거쳐 호모 사피엔스로까지 이어졌다. 그중에서 3일열 원충, 난원형 원충, 4일열 원충은 약 2,500만~3,000만 년 전에 영장류 원생동물에서 갈라져 나온 반면에, 열대열 원충은 500만~1,000만 년 전에 침팬지의 원생동물에서 분리되었다.[10]

그 후 사람을 감염시키는 플라스모듐 종은 유전자가 바뀌어 4일열 원충을 제외하고는 더 이상 다른 영장류를 자연적으로 침범하지 않게 되었다. 반면 영장류에게서 발견되는 플라스모듐 3종은 매우 드물지만 모기를 통해 사람에게로 자연 전파된다.[11] 따라서 말라리아는 수백만 년 전 영장류에서 초기 인류로 전파되어 현대 인류에까지 이른 상속 감염인 동시에 극히 드물기는 하지만 아직까지도 영장류에서 사람으로 전파되는 동물원성 전염병이라고 할 수 있다.

황열도 말라리아와 마찬가지로 상속 감염인 동시에 동물원성 전염병이다. 황열은 미열에서부터 고열, 장출혈, 황달, 신부전, 사망을 동반하는 중증 질환에 이르기까지 다양한 증상을 유발한다. 황열은 아프리카 노예를 통해 미국에 유입되었다. 1793년 필라델피아에서는 황열의 유행으로 인구의 10%가 사망했고 필라델피아에 자리 잡고 있던 임시 연방 정부가 문을 닫았다. 1878년에는 황열로 인해 멤피스의 인구가 절반으로 줄었고, 미시시피 밸리에서는 2,000명이 사망했다.[12]

황열이 역사의 흐름을 바꾼 경우도 여러 차례였다. 1801년 아이티에서 아프리카 노예 봉기가 성공할 수 있었던 것은 황열로 2만 7,000명의 프랑스 군인이 사망했기 때문이다. 이때 아프리카 태생 노예들은 황열의 피해를 입지 않았다. 출생 초기에 황열에 노출되었던 탓에 비교적 면역력을 갖고 있었기 때문이다. 아이티 식민지를 상실한 나폴레옹은 의기소침한 끝에 미국 대륙에 대한 야욕을 포기했으며 프랑스령 루이지애나를 팔아버렸다. 황열은 말라리아와 힘을 합쳐 아프리카 식민화에도 영향을 미쳤다. "유럽 선교사의 약 절반이 아프리카에 도착한 첫 해에 [이 병으로] 사망했다. 상황이 이러했기에 선교사들은 필요한 물품을 관에 담아 [아프리카로] 싣고 가곤 했다."[13] 황열은 19세기에 프랑스가 파나마 지협에 대서양과 태평양을 잇는 운하를 건설하는 데 실패했던 주요 원인이기도 하다. 20세기 초 미국이 운하 건설에 성공할 수 있었던 것은 모기를 구제함으로써 질병을 통제할 수 있게 되었기 때문이다.

황열 바이러스는 수백만 년 동안 아프리카 원숭이의 풍토병으로 존재하면서 별다른 질병을 일으키지 않았던 듯하다. 그러다가 말라리아 원생동물과 마찬가지로 모기를 벡터로 삼아 숙주에서 숙주로 이동하는 방법을 개발했다. 따라서 황열도 말라리아와 마찬가지로 모기가 근절되어야만 통제가 가능하다.

도시 황열은 원숭이가 더 이상 전파에 관여하지 않는다는 점

‹필라델피아를 덮친 황열의 참상›, 1793

에서 볼 때 상속 감염이며, 바이러스는 사람에서 사람으로 이동하고 고인 물에서 번식하는 모기가 이를 매개한다. 반면 정글 황열은 원숭이에서 사람으로 전파되며 주로 삼림 지대 거주자들을 대상으로 한다.

내인성 레트로바이러스

상속 감염의 특별 유형으로는 내인성 레트로바이러스 질환이 있다. 이들은 에이즈를 유발하는 바이러스인 HIV 및 백혈병의 일종과 신경 장애를 유발하는 바이러스인 HTLV와 동일한 과에 속한다. 내인성 레트로바이러스는 정자 및 난자 속으로 침투해 세대에서 세대로 전해진다. 이러한 통합이 호모 사피엔스와 선조들의 역사에서는 수차례에 걸쳐 일어났다. 신세계 원숭이가 다른 영장류에서 갈라져 나오고 호모 사피엔스가 영장류 사이에서 두각을 드러내기 전인 약 3,500만 년 전, 인간 내인성 레트로바이러스 W(Herv-W)는 유전자에 통합되었다. 인간의 Herv-W 유전자 염기 배열이 레서스원숭이, 긴팔원숭이, 유인원, 침팬지 등의 구세계 영장류와는 일부 동일하지만 짧은꼬리원숭이나 다람쥐원숭이 같은 신세계 영장류와는 다른 점을 보면 이 사실을 알 수 있다.

　그보다 더 근래의 영장류 진화에서도 다른 레트로바이러스가 인간 유전자에 통합된 사례를 찾아볼 수 있다. 특정 레트로바이러스가 사람이나 침팬지, 고릴라에서는 발견되지만 오랑우탄과 긴팔원숭이에서는 발견되지 않기 때문에 약 1,000만 년 전 이 종들이 분리된 이후에 바이러스가 유전자에 통합되었음을 알 수 있다.

또한 Herv-K로 알려진 레트로바이러스는 주로 사람에게서 발견된다. 그런데 특정한 Herv-K 균주가 있는 사람도 있고 없는 사람도 있어, 이 레트로바이러스의 최초 공격 및 유전자 통합이 약 10만 년 전 호모 사피엔스가 여러 무리로 갈라진 뒤에 일어났음을 알 수 있다.

그런데 신기하게도 우리의 조상을 공격했던 전염성 레트로바이러스가 지금은 지구 표면에서 모조리 사라진 듯하다. 이 바이러스들은 이제 인간과 인간의 사촌인 영장류의 유전자 속에서만 존재한다. 어쩌면 바이러스의 통합 과정은 아직까지 진행 중인지도 모른다. 그리고 우리는 HIV나 HTLV-1, HTLV-2처럼 요즘 유행하는 레트로바이러스를 유전자를 통해 미래 세대에 전달하게 될지도 모른다.

레트로바이러스가 영장류의 유전자 속에 수백만 년까지 계속해서 존재했다는 사실을 놓고 과학자들은 바이러스가 어떤 보호 기능을 제공했기 때문에 끈질기게 버틸 수 있었던 것이 아닌가 하고 질문하게 되었다. 실제로 일부 레트로바이러스는 인간의 유전자에 동원되어 중요한 기능을 수행한다. 예를 들어 레트로바이러스 단백질 중 하나는 태반 형성시 중요한 역할을 하는 것으로 보인다. 이 레트로바이러스의 나머지 구성 요소들은 영장류의 유전자 발현, 특히 미생물에 대한 면역 반응에 관여하는 유전자의 발현을 통제하는 데 사용되며, 이로써 번식 속도가 비교적 느린 인간과 영장류는 환경 변화에 보다 신속하게 대응할 수 있게 된다. 즉, 이 레트로바이러스들이 인간의 유전자 안에 존재하면 다른 여러 레트로바이러스에 노출되었을 때 감염을 방지할 수 있다. 원숭이나 고양이, 쥐, 닭 등 우리가 접촉하는 수많은 동물들로부터 레트로바이러스가 옮아오지 않는 이유가 여기에 있는 듯하다. 그러나 최근에 HIV와 HTLV-1이 출현하면서 이러한 보호 기능이 완전하지 않음을 알게 되었다.

인간의 유전자에 존재하는 내인성 레트로바이러스의 잘못된 발현은 다발경화증이나 정신분열증, 전신 루푸스, 그리고 임신중독증 같은 임신 관련 문제들과 관련이 있을 것으로 의심되고 있지만 아직까지는 확인되지 않았다. 어쨌든 내인성 레트로바이러스 상속 감염이 우리에게 제공하는 보호막은 대가를 지불해야 하는 것이다. 이 상속 감염의 발현을 이해하고 통제하는 능력은 인류의 건강을 위해 큰 업적이 될 것이다.

초기 인류는 영장류에서 진화한 이래 끊임없이 미생물에 감염되어왔다. 그중 다수는 영장류의 포유류 조상, 심지어 파충류나 조류 같은 포유류 이전 조상까지 감염시켰다. 헤르페스 감염, A형 및 B형 간염, 말라리아, 황열, 내인성 레트로바이러스 감염 같은 질병은 상속 감염으로서 인간의 생득권과도 같은 것이다.

상속 감염의 문제점은 미지의 영역에 존재한다. 인간으로서 물려받은 유산인 미생물의 대부분은 무해하며, 우리는 그들과 타협한 평화 속에서 살아간다. 하지만 에이즈 환자처럼 면역계가 크게 손상되었을 때 생겨나는 카포시 육종의 원인이 인간 헤르페스 바이러스 8이라는 사실에서는 잠시 걸음을 멈추게 된다. 우리가 물려받은 미생물 중 얼마나 많은 미지의 미생물이 변화하는 생물학적 환경 속에서 우리에게 해를 미치게 될 것인가?

3

사냥하는 인간

동물원성 미생물을
이용한 바이오테러리즘

Humans as Hunters:
Animal Origins of Bioterrorism

현존하는 영장류와 달리 인간은 고기를 먹는 포식자로서 진화해왔다. 인간은 정신적·신체적 기량을 발휘해 다른 동물을 죽여 먹이로 삼았다. 이로 인해 사냥꾼과 먹잇감, 그리고 경쟁 관계에 있는 다른 포식자의 사이에는 복잡한 사회관계가 발달되었다.

—줄리엣 클러턴-브룩Juliet Clutton-Brock, 《원시 시대의 가축 Domestic Animals from Early Times》

초기 인류는 다른 동물과의 접촉이 별로 없었다. 호모 사피엔스의 선조는 약 600만 년 전 아프리카 원숭이에서 갈라져 나온 뒤 주로 곤충이나 과일, 나뭇잎 등을 먹고 살았고 사냥은 거의 하지 않았다.

초기 인류가 무엇을 먹었는지 파악하기에 가장 좋은 방법은 아마도 침팬지의 먹이를 살펴보는 일일 듯하다. 탄자니아에서 침팬지를 연구한 제인 구달Jane Goodall은 침팬지가 50종 이상의 열매, 30종에 달하는 나뭇잎과 순, 꽃봉오리, 씨앗, 껍질, 견과, 개미, 흰개미, 애벌레, 꿀, 벌의 유충, 말벌, 딱정벌레를 먹는다는 사실을 알아냈다. 새알이나 개코원숭이, 원숭이, 어린 영양 혹은 멧돼지 같은 다른 동물의 고기를 먹는 경우도 있지만 이것이 주식은 아니다. 구달은 한 마리의 침팬지가 한 해 동안에 한 마리 반 정도의 고기를 먹는다고 보았다. 제인 구달은 침팬지를 10년 동안 관찰하면서 침팬지가 다른 동물을 죽이는 장면을 딱 두 번 목격했다고 한다.[1]

약 300만 년 전 오스트랄로피테쿠스 아파렌시스Australopithe-cus afarensis가 아프리카 평원을 두 발로 걸어 다니던 때까지도 초기 인류의 식습관은 크게 달라지지 않았다. '루시'(오스트랄로피테쿠스 아파렌시스로 추정되는 여성의 화석)의 이빨을 분석해본 결과 루시는 "열매가 맺는 계절에는 과일을 풍성하게 섭취했다. 산딸기와 씨앗, 뿌리, 덩이줄기를 많이 먹었고, 그와 함께 흙과 모래도 먹었다."[2] 작은 동물을 잡을 수 있을 때에는 이 인류의 조상도 당연히 그것으로 식단을 보충했겠지만 고기가 식단의 주요 구성 요소였다고는 할 수 없다.

인류의 조상이 사냥꾼의 지위를 갖게 된 것은 약 100만 년 전의 일이다. 그 무렵 초기 인류는 호모 하빌리스와 호모 에렉투스를 거치며 진화했고 석기를 사용하기 시작했으며 불을 이용할 줄 알게 되었다. 고기를 익히면 맛이 훨씬 좋아지기 때문에 불의 사용은 육식의 중요한 선행 조건이었다. 이 무렵 빙하기를 맞아 기후가 차갑고 건조해지면서부터는 육식이 더욱 중요해졌다. 이 시기에는 "식물성 먹을거리가 귀해진 반면 드넓은 대초원에서 풀을 뜯는 동물의 수는 크게 불어났다."[3] 언어가 발달하면서 의사소통이 가능해지자 여럿이 힘을 합쳐 큰 동물을 사냥할 수도 있게 되었다.

초기 인류가 주로 식물을 먹다가 점차 동물의 고기를 먹게 되었다는 사실은 선사시대 주거지에 대한 고고학적 연구에서도 입증된다. 토니 맥마이클Tony McMichael의 《인간의 국경, 환경, 질병Human Frontiers, Environments and Disease》에 따르면 유적지에서는 "도살 특유의 절단면과 망치로 내려친 흔적, 골수를 빼낸 흔적이 있는" 동물의 뼈가 발견되었다.

우리는 모두 짐승이다—동물, 인간, 질병

인류학자들은 초기 인류가 하루 칼로리의 1/4가량을 고기에서 얻었을 것으로 생각한다. 고기는 에너지를 공급할 뿐만 아니라 채식에 부족한 다양한 아미노산[단백질의 구성단위]과 몇 가지 중요한 미량 영양소(예를 들면 비타민 B12)까지 보충해주었다. 식량 공급이 불안정한 상황에서는 약간의 육식이 생존 확률을 크게 높였을 것이다. 또한 공동으로 사냥하고 음식을 함께 나누는 체계도 확립되었을 것이다. 아직까지 논란의 여지는 남아 있지만 홍적세 초기 인류가 본격적인 사냥꾼이자 대육식가였을 가능성은 점차 커지고 있다.[4]

홍적세 후기 인류는 영양의 대부분을 고기에서 얻게 되었다. 네안데르탈인의 뼈 성분에 대한 최근 분석에서는 "네안데르탈인이 단백질의 거의 전부를 동물에서 얻는 최상층 육식자였다는 확실한 증거가 발견되었다."[5] 이 무렵 단백질 섭취의 중요성은 인체의 크기로도 측정할 수 있다. 구석기시대 영양 전문가들에 따르면 "3만 년 전에 호모 사피엔스 사피엔스는 풍족한 동물성 지방을 즐겼고, 농경이 발달하여 고기 소비가 감소한 시기에 살았던 후손들보다 평균 6인치가량 더 컸다."[6]

이처럼 고기를 다량 섭취했는데도 어째서 구석기시대 인류는 모두 심장마비를 일으키지 않았던 것일까? 일단 야생동물은 가축에 비해 근육 내 지방 함량이 적은데다 그 조성도 다르다. "야생동물은 가축과 비교했을 때 그램당 평균 5배가 넘는 고도 불포화 지방을 함유한다."[7] 따라서 구석기인이 많은 양의 고기를 먹기는 했지만 그 고기에 든 지방은 가축의 고기에 비해 양이 적었고 건강에도 이로웠다.

구석기인은 짐승을 사냥해 고기만 얻은 것이 아니라 가죽과 뼈도 활용했다. 초기 인류는 동물의 가죽을 이용해 추위를 피했다. 60만 년에서 15만 년 전 사이에 찾아온 네 차례의 빙하기 동안에는 동물의 가죽이 더욱 중요해졌다. 빙하기가 절정에 이르렀을 때에는 북유럽 전역과 독일 및 프랑스 중부까지가 얼음으로 뒤덮였고, 몇 개월의 여름을 제외하면 식물을 거의 찾아볼 수 없는 차가운 툰드라의 풍경이 펼쳐졌다. 들소[바이손], 야생소[오록소], 사슴, 아이벡스, 야생양, 곰, 비버, 여우, 기타 포유류가 인간의 생존 여부를 좌우했다. 또한 이들은 동물의 뼈를 이용해 도구를 만들었다. 사냥이나 낚시, 사냥감의 도살, 옷 제작에 없어서는 안 될 송곳, 작살, 낚시 바늘, 긁개, 바늘은 적어도 7만 년 전까지는 동물의 뼈로 만들어졌다.

1만 년 전을 전후로 하여 호모 사피엔스는 자아에 눈뜨게 되었다. 이는 뇌의 전두엽이 진화한 결과이거나 혹은 리처드 클라인Richard Klein의 《인류 문화의 새벽The Dawn of Human Culture》에 따르면 유전자 돌연변이의 결과였다.[8] 이 시점 이후로 인간의 철학적 세계 인식 및 자아 인식 속에 동물이 자리를 잡았다. 그에 따라 동물은 여러 문화권의 창조 신화에서 주요 역할을 담당하게 되었고, 선조에 얽힌 전설이나 가족 혹은 집단 조직의 사회 구조 안으로 지금까지도 계속해서 통합되고 있다. 북아메리카 북서쪽 해안 지역 아메리카 원주민의 토템 및 부족 식별자를 그 예로 들 수 있다. 공제회나 대학, 스포츠 팀의 상징물로 동물을 사용하는 것도 이러한 집단 식별의 연장이라고 할 수 있다.

구석기시대 후기, 인간과 동물의 관계는 혁명적인 변화를 겪

쇼베 동굴에 그려진 동물 그림들

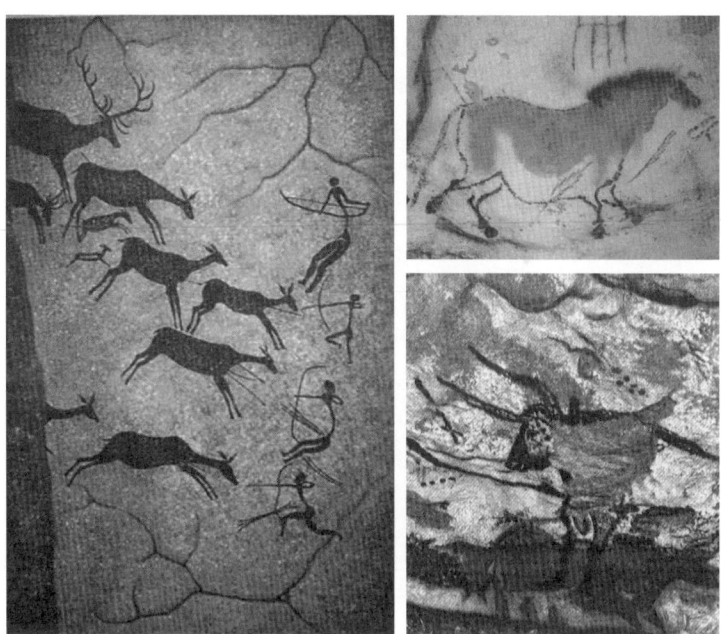

라스코 동굴에 남겨진 사냥도와 동물 그림들

게 된다. 초기 인류는 침팬지에서 갈라져 나온 뒤 500만 년 동안 동물과 거의 교류하지 않았다. 그리고 100만 년에 걸쳐 사냥꾼으로 점차 진화했고 구석기시대 후기에 이르러서는 사냥을 주요 활동으로 삼게 되었다.

마침내 사냥하는 인간이 출현했다. 수백만 년 동안 초기 인류는 동물들을 멀리서 바라보기만 했다. 하지만 새로운 관계가 확립되면서부터는 동물을 뒤쫓고 죽이게 되었다. 동물의 습성을 파악하면서 사냥 성공률이 높아졌고, 이런 이유에서 "동물 행동학은 인류의 가장 오랜 과제 중 하나"라는 말이 생겨났다.[9] 동물은 구석기인에게 새로운 의미를 갖게 되었다. 평원을 뛰노는 들소와 말은 구석기인에게 맥도널드의 노란색 아치와 같았을 것이고, 옆을 스쳐가는 가젤은 오늘날 켄터키 프라이드치킨의 간판을 보았을 때와 동일한 반응을 환기시켰을 것이다.

구석기인과 동물의 관계는 구석기시대 예술가들이 프랑스 남부와 스페인 북부의 동굴에 남긴 동물 그림과 스케치, 식각 판화에서 가장 분명하게 드러난다. 1994년 발견된 프랑스 쇼베Chauvet 동굴의 그림 중 일부는 3만 2,000년 전의 것으로 밝혀졌다. 말 네 마리가 나란히 달리는 그림, 사자 열 마리가 들소 무리를 향해 움직이는 그림, 코뿔소 두 마리가 싸울 태세로 맞서 있는 그림 들이다. 프랑스 라스코Lascaux 동굴에는 사슴 다섯 마리가 강을 헤엄쳐 건너는 그림이나, 뿔이 아홉 갈래로 갈라진 늠름한 사슴 한 마리를 산화철에서 취한 붉은 안료로 색칠한 그림도 있다. 하지만 라스코 동굴은 무엇보다도 들소 그림으로 가장 유명하다. 15미터 길이의 이 반구형 천장화는 1만 7,000년 전에 제작되었다. 그려진 동물은 소의 야생선조인 오록소auroch다. 제작자는 천장에 그림을 그리기 위해 비계飛階를 사용했을 것이다. 들소 한 마리의 크기가 4.8미터에 이른다. 피카소는 라스코를 방문한 뒤 "그동안 우리가 창작한 것은 아무것도 아니다!"라고 말했다.[10]

스페인 알타미라Altamira 동굴의 경우, 구석기시대의 시스티나 성당이라 불리는 주실 천장의 100제곱미터에 달하는 면적이 동물과 기하학적 문양으로 뒤덮여 있다. 가장 눈에 띄는 것이 "스물한 마리의 우람한 들소들이다. 검정색으로 윤곽선이 그려지고 음영이 들어간 붉은색 몸체가 반짝이는 크림색 대리석에 새겨져 있다. 들소들은 웅크리고, 엎드리고, 갈기를 휘날리고, 천장을 가로지르며 돌진하고, 고개를 돌리고, 꼬리를 휘젓고, 숯처럼 새까만 눈을 뜨고 있다."[11] 눈이나 몸의 다른 부분을 강조하기 위해 들소들은 음각되어 있다. 제작자는 천장 천연 암반의 등고선을 활용해 뒤쪽으로 고개를 돌린 물소 한 마리를 그 머리가 돌출한 바위에 오도록 새김으로써 입체적으로 보이게 했다. 한 평자의 표현에 따르면 "형상이 곡면에서 조화롭게 어우러진다. 들소들은 울퉁불퉁한 바위 표면에서 마치 살아 움직이는 것처럼 들뛴다. 들소의 털과 수염, 갈기는 손으로 만져질 듯 생생하다."[12]

어떤 들소는 그리기를 방금 마친 듯한 느낌에 실물과 흡사하기까지 했기 때문에 1880년 마르셀리노 데 사우투올라Marcelino de Sautuola가 동굴 발굴에 대한 결과를 처음으로 발표하면서 그림이 구석기시대의 것이라고 주장했을 때 돌아온 것은 비웃음뿐이었다. 한 회의적인 작자는 1886년 학술회의에서 한창 유행 중이던 인상주의를 언급하며 "벽화는 평범한 중학생의 그림"이라고 주장했다.[13] 사우투올라가 세상을 떠나고 1902년이 되어서야 알타미라 벽화가 진품이라는 사실이 받아들여졌다.

알타미라 동굴의 천장화

이제 인간과 동물 사이에는 새로운 관계가 성립되었다. 구석기시대의 동굴 벽화에서는 언덕이나 산 같은 자연 풍경을 전혀 찾아볼 수 없다. 사람도 동물의 뒤를 쫓는 막대기 형상으로 가끔 나타날 뿐 좀처럼 보이지 않는다. 이 그림들은 구석기인과 동물의 새롭고 특별한 관계, 경이, 심지어 숭배의 표현이다. 알타미라 동굴 주실에 조용히 앉아 있다 보면 동물과 그들을 그린 사람에게 깊은 감동을 받게 된다. 신격화된 동물. 그런데 이 새로운 관계가 새로운 질병을 몰고 온다.

촌충과 선모충

구석기인이 죽이고, 가죽을 벗기고, 도살하고, 먹었던 동물은 다른 모든 동물들이 그렇듯이 갖가지 미생물에 감염되어 있었다. 인간과 동물은 수백만 년 동안이나 비교적 서로 무관한 삶을 살아왔으므로 동물의 미생물에 사람이 노출될 기회는 거의 없었다. 구석기인과 미생물의 접촉은 무해하거나 유해한 감염으로 귀결되었다. 두 가지 거대 기생충 감염, 즉 촌충 및 선모충 감염과 다섯 가지 미생물 감염, 즉 탄저병, 브루셀라병, Q열, 야토병, 마비저가 그 예다. 1장에서의 설명대로 이는 모두 직접 감염이며 구석기시대에 최초로 사람을 숙주로 삼은 듯하다. 감염은 인간이 동물과 새로운 관계를 맺으면서 치르게 된 대가였다. 인간은 동물을 사냥하고, 동물의 미생물은 인간을 사냥했던 것이다.

최근의 연구에 따르면 사람은 구석기시대 아프리카에서 최초로 촌충에 감염되었다. 감염 원인은 제대로 익히지 않고 먹은 야생소[오록소] 혹은 야생돼지였다.[14] 무구조충과 유구조충은 익히지 않았거나 덜 익힌 쇠고기나 돼지고기 속에 남아 있는 알을 통해 사람을 감염시킨다. 촌충은 대체로 별다른 임상 증상을 유발하지 않지만 복통, 구역, 구토, 체중 감소를 일으키는 경우도 있다. 유구조충의 중증 합병증은 낭미충증으로서 다수의 낭충이 뇌나 눈으로 옮겨가 발작이 일어나거나 시력 장애가 생기는 병이다. 개발도상국에서는 뇌의 낭미충증이 후천성 간질의 가장 큰 원인이며 로스앤젤레스에서도 "응급실로 실려 오는 발작 환자의 10%가 신경 낭미충증이다."[15]

선모충증은 선모충, 즉 회충이 원인이다. 유충 주머니가 든 날고기나 덜 익힌 고기를 먹었을 때 감염된다. 대단히 많은 수의 충낭을 섭취하지 않는 한 증상이 나타나지 않지만, 충낭으로 인해 심장 근육이나 뇌에 염증이 생기기도 하며 선모충증으로 인한 사망이 보고된 바도 있다. 야생돼지, 말, 곰은 모두 무구조충에 감염되어 있으므로 구석기인의 감염원이었을 것이다.

다른 거대 기생충도 다수 있으나 대부분은 임상적 의미가 미미하거나 전혀 없다. 구석기인은 아프리카 평원에서 동물을 도살하고, 가죽을 벗기고, 고기를 먹으면서 기생충과 조우했을 것이다. 초기 인류의 배설물 화석[즉, 분석糞石]을 분석해보면 거대 기생충의 흔적이 자주 발견된다.[16]

탄저병, 브루셀라병, Q열

탄저병과 브루셀라병, Q열은 원래 야생반추동물, 특히 소, 양, 염

우리는 모두 짐승이다―동물, 인간, 질병

소의 조상이 초기 인류에게 전파한 미생물 질환이다. 따라서 이 미생물들은 수천 년 동안 사람과 함께 살아온 셈이다. 최근 들어서는 바이오테러리즘의 소재로 주목받고 있다.

이집트인과 그리스인, 로마인들은 탄저병에 대해 잘 알고 있었지만, 이 병이 역사적으로 유명해진 것은 1877년에 로버트 코흐Robert Koch가 질병과 일대일 대응 관계에 있는 최초의 미생물로 탄저병균을 지목하면서부터이다. 탄저병 포자는 토양에 살면서 소 같은 초식동물의 체내로 들어간다. 감염된 동물이 죽고 나면 그 동물의 살코기와 가죽, 털, 심지어 뼈까지 이용해 사람에게 포자를 퍼트린다.

탄저병의 일반적인 임상 증상은 검은색 피부 궤양이다. 치료하지 않으면 25%가 사망한다. 그보다 빈도는 낮지만 정도는 훨씬 심한 증상은 포자를 흡입했을 때 나타나는 전신 증상이다. 처음에는 감기 유사 증세가 나타나며, 거의 예외 없이 며칠 이내에 사망으로 진전한다. 탄저병은 미국을 포함해 세계 각지의 가축 사이에서 꾸준히 발생하고 있다. 2000년에는 노스다코타에서 발생한 소 탄저병으로 157마리가 죽었다.[17]

브루셀라병 역시 역사가 긴 질병이다. 히포크라테스는 브루셀라병을 지중해 열이라고 불렀다. 브루셀라병은 오늘날에도 지중해 지역에 광범위하게 퍼져 있다. 미국에서는 드물지만 세계적으로는 해마다 약 50만 건이 보고된다. 브루셀라병은 감염된 소나 염소에서 사람으로 전파되는데 도살 과정에서 옮거나 감염된 고기, 살균하지 않은 우유, 크림, 치즈를 섭취했을 때 옮는다. 동물에서는 사산의 주요 원인이 되고, 사람에게서는 오르내림 열(그래서 브루셀라병은 파상열이라고도 불린다), 쇠약, 근육통, 관절통을 유발한다. 치료하지 않으면 감염자의 약 5%가 사망한다.

Q열은 도살장 인부들 사이에서 발생한 열병을 조사했던 어느 호주 연구자가 의문의 열이라는 뜻으로 붙인 이름이다. 탄저병이나 브루셀라병과 마찬가지로 소, 양, 염소에서 사람으로 확산되며 사람 대 사람 전염은 일어나지 않는다. Q열은 리케차 박테리아가 원인이며 동물에서는 증상을 유발하지 않으나 사람에게서는 고열, 폐렴, 간염, 심근염 등을 일으킨다.

야토병과 마비저

야토병과 마비저馬鼻疽도 미생물 질환으로서 구석기시대에 동물에서 사람으로 전파되었다. 야토병은 토끼와 다람쥐에서, 마비저는 말과 노새에서 유래했다.

야토병을 일으키는 박테리아는 도살할 때나 감염된 토끼 또는 다람쥐를 섭취할 때 전파되는 경우가 보통이다. 그보다 빈도는 낮지만 감염된 동물을 문 진드기나 파리가 옮기는 경우도 있다. 야토병은 임상적으로 궤양이나 림프절 부종, 때때로 폐렴을 일으킨다. 치료하지 않을 경우에는 사망률이 약 10%에 달한다.

마비저는 말이나 노새의 박테리아가 유발한다. 감염된 동물의 살코기를 섭취하거나, 감염된 동물을 도살하거나 혹은 축사 인부처럼 감염된 동물과 가깝게 접촉하는 경우에도 옮을 수 있다. 마비저는 사람과 말 모두에서 피부 궤양, 내장 기관의 농양, 폐렴을 유발한다. 사람이 감염 후 3주 이내에 사망할 경우에는 "온몸이 농포와 궤양으로 뒤덮인다"고 한다.[18]

마비저는 그리스에서 흔했고, 가솔린 엔진이 교통수단으로서의 말을 대체할 때까지는 중요한 질병이었다. 또한 마비저는 남북전쟁 중 북군과 남군이 3만 마리의 말을 거대한 보급창에 집결시켰을 때에도 위력을 발휘했다. 버지니아 린치버그에 있던 남군의 기지에서는 축사에 있던 6,875마리 중 1,000마리만이 싸움터로 나갈 수 있었다고 한다.[19] 워싱턴 D.C.의 북군 기지에서는 마비저에 감염된 말 3만 마리를 하루 만에 총살시켰다.[20] 마비저로 인한 말 부족은 양측 모두에게 큰 문젯거리였다. 1863년의 챈설러스빌 전투에서는 "남군 기병대의 1/4 이상이 말을 타지 못했다."[21]

남북전쟁이 끝날 무렵에는 마비저가 남군과 북군 양측의 말 사이에 광범위하게 퍼져 있었다. 병사들에게까지 전파되면서 장티푸스, 홍역, 결핵 등과 함께 또 다른 사망 원인이 되었다. 전쟁이 끝나고 캠프를 철수한 남군과 북군은 '일반인을 위해' 수많은 병든 말과 노새를 두고 떠났는데 "이것이 뜻하지 않게도 농촌 지역에 질병을 몰아넣은 꼴이 되었다." 한편 '남북전쟁의 유산'을 물려받은 병사들은 병든 짐승을 데리고 집으로 돌아갔다.[22]

현대의 구석기시대 미생물

바이오테러리즘에 사용될 가능성이 가장 큰 생물제제 및 화학제제에 대한 최근 목록에는 12개의 미생물이 실렸는데 여기에는 탄저병, 브루셀라병, Q열, 야토병, 마비저를 유발하는 미생물도 포함되었다.[23] 이들은 구석기인이 사냥한 동물들이 남겨준 유산이다. 가장 긴 시간 동안 인간과 함께해온 미생물들이 바이오테러리즘의 소재로 유용한 이유를 한 번 추측해보자. 일단 브루셀라병을 제외한 나머지는 분무가 가능하고, 따라서 공기 중으로 전파될 수 있다. 또한 다섯 가지 모두가 내구력이 뛰어난 박테리아로서 긴 시간 동안 생존할 수 있으며, 사람뿐 아니라 매우 다양한 동물에서 질병을 유발할 수 있다.

그중에서도 탄저병은 가장 널리 알려진 공포의 대상이다. 2001년 10월 국회의원들과 플로리다 소재의 회사 앞으로 우편물을 통해 탄저병균이 배달되는 사건이 발생하면서 미국 전역이 공포에 휩싸였다. 워싱턴 D.C.의 우편물 분류실에서는 봉투에서 흘러나온 탄저병균 때문에 우체국 직원 2명이 사망했고, 24명이 감염되었다. 탄저병균이 특히 무서운 이유는 포자가 분무되어 공기 중으로 방출될 수 있기 때문이다. "미세 입자로 분무될 경우에는 공기의 흐름을 타고 80킬로미터 이상 날아갈 수 있다." 1993년 미연방 정부의 판단에 의하면, "약 100킬로그램의 탄저병균 포자를 워싱턴 D.C.에 분무할 경우에 13만~300만 명의 시민이 사망"하는 것으로 나타났다.[24] 1930년대에는 일본군이 중국에서 동일한 방식으로 탄저병균을 사용했다고 한다.

Q열 유발 미생물 역시 주로 공기를 타고 확산되기 때문에 바이오테러리즘에 적합하다. 스위스에서 Q열이 발생했을 때는 감염된 양들을 목초지까지 싣고 지나갔던 길 근처에 살고 있는 주민 415명이 감염되었다.[25] 그렇다면 공기 중으로 방출될 경우에는 Q열 원인균이 수천 명을 감염시킬 수도 있을 것이다. 야토병 역시 원인균을 분무할 수 있고 흡입을 통해 전파될 수 있으므로 바이오테러리스트들의 주목을 받고 있다.

이 다섯 가지 구석기시대 미생물은 미국을 비롯한 각지 군사 전문가들의 연구 대상이었으며 지금도 그럴 것이다. 이 모두는 세균전제제로 사용되었고, 바이오테러리스트들의 관심사다.

독일은 제1차 세계대전 중 마비저를 이용함으로써 유럽 연합군이 전선에 물자를 보급하기 위해 널리 사용하던 말과 노새를 처치했다. 1915년 무렵 미국은 말과 노새 수천 마리를 포함한 전쟁 물자를 영국과 프랑스에 공급하고 있었다. 공급을 저해하기 위해 독일은 동물들을 배에 싣기 전 마비저에 감염시켰다.

독일 이민자의 아들로서 브루클린 태생인 안톤 토니 딜저Anton "Tony" Dilger가 이 계획에 가담했다. 볼티모어 존스 홉킨스 대학에서 의학을 전공한 딜저는 전쟁 전 독일로 건너가 정보원으로 채용되었다. 1914년 미국으로 돌아온 후에는 메릴랜드의 체비 체이스에 있는 자택에 연구소를 마련하고 마비저 박테리아를 배양했다.

독일은 유럽으로 운송되기를 기다리는 말과 노새를 감염시키기 위해 볼티모어 부두 노동자였던 에드워드 펠튼Edward Felton을 매수했다. 딜저는 마비저를 작은 유리병에 담아 공급했다. 유리병에는 "끝이 뾰족한 바늘 형태의 금속이 코르크 마개 아랫부분에 박혀 있었고, 이 강철 바늘은 세균액까지 닿아 있었다." 독일은 펠튼에게 말이 있는 장소를 알려주었고, 그는 동료 노동자들을 매수해 도움을 받았다. 그는 후에 법정에서 다음과 같이 진술했다.

열두어 명의 동료가 이 일을 함께 했습니다. 밤에 작업할 때도 있었고, 낮에 할 때도 있었습니다. 그 친구들은 대부분 다른 일을 하면서 이 일로 가욋돈을 벌었습니다. 우리는 고무장갑을 끼고 마개를 뽑은 뒤 세균 용액에 담겨 있던 바늘의 뾰족한 끝으로 말을 찔러 감염시켰습니다. 주로 말을 가두고 있는 울타리를 따라 걸으면서 말들이 울타리로 가까이 다가왔을 때 찌르거나 아니면 그 안쪽으로 몸을 기울여 찔렀습니다. 말이 먹는 사료나 마시는 물에도 세균을 퍼트렸습니다.[26]

펠튼과 동료들은 유럽으로 운송되기를 기다리던 동물들을 3,000마리 이상 감염시켰고, 이 동물들은 다른 동물들을 감염시켰다. "수백 명의 군 인력도 감염되었다"고 한다.[27] 독일은 이 사보타주의 성공을 높이 평가했고, "후에 딜저는 세인트루이스로 가서 유럽으로 향할 예정인 서부 지역의 말과 노새에 접종하기 위한 두 번째 연구소를 설립했다."[28] 독일은 마비저 프로그램을 스페인, 아르헨티나, 그리고 연합군에 말과 노새를 공급하던 다른 나라로까지 확대했을 것으로 짐작된다.[29]

하지만 1917년 미국이 참전하면서 독일의 사보타주 활동은 막을 내렸다. 딜저는 멕시코로 자리를 옮겨 가명으로 "멕시코 내 독일 정보요원들을 감독하는 일"을 했다고 한다.[30] 후에 딜저는 스페인으로 건너갔고, 전쟁이 막바지로 치닫던 몇 달 사이에 갑자기 숨을 거두었다. "그가 너무 많은 사실을 알고 있다는 이야기가 돌았습니다. 전 독일 정보요원이 넌지시 비춘 말에 따르면 그는 맹독성 물질에 목숨을 잃었다고 합니다."[31]

세균전에서 마비저를 활용하는 방법은 1930년대에 일본이 수행했던 대규모 생물학전 연구에서 실험되었고, 냉전 시기의 소비에트에서도 연구되었을 것이다. 소비에트 군대가 1982~1984년의 전쟁에서 마비저를 사용해 아프가니스탄 저항군의 말을 감염시켰다는 주장도 있다.[32] 미국에서도 군사 연구가들이 마비저를 지

우리는 모두 짐승이다—동물, 인간, 질병

속적으로 연구해왔다. 1944년 11월~1945년 9월, 메릴랜드의 포트 디트리히에 있는 군사 연구 기지에서 미생물을 연구하던 연구원 13명 사이에서 마비저 6건이 발생했다.[33] 2000년 3월에는 이 연구 시설에서 근무하던 한 연구원이 중증 마비저를 일으키면서 제대로 된 진단과 치료도 받아보지 못한 채 인공호흡기를 달아야 했다.[34] 구석기시대에 최초로 사냥꾼을 감염시켰던 이 나이 많은 동물원성 미생물은 오늘날에도 인간을 파괴하는 요원으로서 건재함을 과시하고 있다.

4

경작하는 인간

미생물이 집 안으로 들어오다

Humans as Farmers:
Microbes Move into the Home

모든 생명체는 직간접적으로 다른 생명체에게 대가를 지불하며 살아간다. 생명체가 생명을 유지하려면 단백질을 만들어야 하며, 그러기 위해서는 단백질 혹은 단백질을 만드는 데 사용되는 아미노산을 받아들여야 한다. 한 생명체가 다른 생명체의 단백질을 취하는 방법은 포식에서 기생까지 각양각색이지만 결국 목적은 한 가지이다.

—아노 칼렌Arno Kalen, ≪인간과 미생물Man and Microbes≫

인간이 무슨 이유에서 농작물을 키우고 가축을 기르기 시작했는지를 완벽하게 아는 사람은 아무도 없다. 기후 변화만으로는 충분한 설명이 되지 않는다. 어쩌면 인간의 뇌가 꾸준히 발달하면서 이전에는 가능하지 않았던 방식으로 미리 계획하고 힘을 합쳐 일하게 되었는지도 모른다. 이유야 어떻든, 흔히 말하는 신석기시대 혁명은 인간과 동물의 관계를 역사상 그 어떤 사건보다도 더 근본적으로 바꾸어놓았다.

신석기시대가 시작될 무렵 인류의 조상은 지구상에 널리 퍼져 분포하고 있었다. 이들은 약 170만 년 전 아프리카에서 중동과 아시아로 이동했고, 100만 년 전에는 유럽으로 옮겨갔다.[1] 끝까지 살아남아 현대 인류의 조상이 된 유일한 사람 종 호모 사피엔스는 약 10만 년 전부터 넓은 지역으로 퍼져나갔고, 신석기시대 무렵에는 오스트레일리아와 남아메리카까지 진출해 있었다. 이들이 각지로 진출하기 전에는 아프리카 동부의 총 인구가 5만 명에 불과했으나 신석기시대에는 각지에 분포한 인구가 500만을 헤아

렸다.[2]

약 1만 5,000년 전부터 빙하기가 물러가면서 세계 각지의 기후는 농경에 적합한 것으로 변해갔다. 지구가 서서히 따뜻해지면서 유럽과 중동, 아시아 대부분의 지역에서는 초원과 숲이 툰드라를 밀어냈다. 그중에서도 특히 농경에 유리한 곳이 현재의 이스라엘과 팔레스타인 지역에서 시작해 레바논, 요르단, 시리아를 거쳐 남동부의 터키를 지나 이라크와 이란까지 이어지는 1,600킬로미터 길이의 비옥한 초승달 지대였다.

신석기시대에 비옥한 초승달 지대에서 자라던 야생식물들이 밀과 보리, 귀리, 렌즈콩, 병아리콩의 조상이다.[3] «인간 역사 지도 Mapping Human History»의 저자 스티브 올슨Steve Olson에 따르면 "씨앗이 가장 큰 56종의 풀 중에서 밀과 보리를 포함해 32종이 중동에서 자란다. 다른 지역에서는 이런 식물을 거의 찾아볼 수 없다."[4] 이라크 북부와 터키 남동부를 차지하는 티그리스 강과 유프라테스 강의 상류 유역은 특히 기초 농작물이 풍부해서 '농경의 요람'으로 불렸다.[5] 동남아시아, 중국 북부, 아프리카, 파푸아뉴기니, 멕시코, 페루를 비롯해 다른 지역에서도 농경이 독자적으로 발달했다는 증거는 있다. 그러나 비옥한 초승달 지대는 야생올리브, 무화과, 포도, 대추, 사과 등 다양한 농작물이 자랐다는 점에서 다른 곳과 구별된다.[6]

물론 농경은 한 장소에서 혹은 한 시점에 발달하는 것이 아니다. 몇 백 년, 어쩌면 몇 천 년에 걸쳐 인간은 야생식물을 채집하고 먹을 수 있는 부분을 거두어들이며 씨앗을 근처에 버렸다. 그리고 그중 일부의 씨앗이 새로운 식물로 자라났다. 자라난 식물의 곡물 알갱이를 갈고 볶고 물과 섞어, 먹을 수 있는 죽을 만들었다.

죽이 오래되면 박테리아가 이를 발효시켜 일종의 맥주로 바꾸어 놓았다. 이러한 발전이 농업 혁명에 자극과 동력을 공급했을 것임은 틀림없다.

신석기인은 저장할 수 있고 칼로리 함량이 높은 음식, 예를 들면 밀이나 보리, 수수, 귀리, 옥수수, 쌀과 같은 곡식과 감자, 참마, 카사바 같은 구근을 중요시했다.[7] 신석기시대에 일단의 농부들 사이에서 식물이 식량 공급원으로 확고하게 자리 잡자 이러한 관습은 각지로 퍼져나갔다.

신석기시대에 점차 정교한 연장을 사용하게 되면서 농업은 더욱 발달하고 확산되었다. 최근의 실험에서는 부싯돌 날이 달린 낫을 사용했을 때 한 사람이 한 시간 동안 곡물 1킬로그램을 얻을 수 있을 정도의 야생밀을 수확할 수 있음이 입증되었다. 매끈하게 다듬은 돌도끼를 사용한 실험에서도 "남자 3명이 4시간 동안 약 480제곱미터의 자작나무를 베어낼 수 있었다. 4,000년 가까이 날을 갈지 않은 돌도끼 하나로 나무 100그루 이상을 쓰러트린 것이다."[8] 신석기시대의 농부는 이렇게 숲의 나무를 베어내서 경작지의 면적을 늘렸다.

동물 길들이기

신석기인들은 식물을 심는 동시에 동물도 길들였다. 두 가지 중 무엇이 먼저 시작되었는지에 대해서는 논란의 여지가 있지만 아마도 동시에 발생하면서 서로 영향을 주었을 것으로 생각된다. 예를 들어 동물을 이용해 밭을 갈면 인력만으로 경작할 경우보다 경작지가 두 배나 더 넓어진다.[9] 또한 재배한 농작물 중 사람이 사용할 수 없는 부분은 집에서 기르는 염소나 돼지, 소에게 먹일 수 있다.

프랜시스 골턴Francis Galton에 따르면 길들일 수 있는 동물에게는 여섯 가지의 특징이 있다. 일단 새로운 환경에 적응할 수 있을 만큼 튼튼해야 하고, 사교적이어야 하며, 안락한 생활을 좋아하여 인간이 제공하는 것을 기꺼이 받아들여야 하고, 사람에게 유용해야 하며, 쉽게 번식시킬 수 있어야 하고, 돌보기가 어렵지 않아야 한다. 이 규칙을 따르지 않는 유일한 동물이 있다. "집고양이를 제외한다면 모든 길들인 포유류는 홀로 행동하기보다는 무리지어 사는 습성이 있는 야생종에서 유래했다."[10]

호모 사피엔스는 약 1만 4,000년 전 동물 중에서는 최초로 개를 길들였다. 동물을 최초로 기르기 시작했던 지역은 중국이나 일본인 듯하다. 길들여진 개는 그 뒤 세계 곳곳의 정착 지역으로 퍼져나갔다.[11] 길들이는 과정에 대해서는 광범위한 논란이 있다. 인간이 늑대를 길들인 것일까 아니면 늑대가 스스로 가축이 된 것일까?

첫 번째 입장을 지지하는 측은 새끼늑대가 비교적 길들이기 쉽다고 주장한다. 이 시나리오에 따르면 초기 인간은 비교적 온순하고 말 잘 듣는 새끼들을 골라 집에서 키웠고, 이렇게 길들인 늑대를 활용해 사슴이나 다른 포유류를 사냥했으며, 밤이면 적의 침입을 경계하게 했다. 소비에트 생물학자 벨랴예프D. K. Belyaev는 은 여우 실험을 통해 이 시나리오를 뒷받침했다. 벨랴예프는 '사람에게 일관되게 온순한' 여우를 골라 사육했다. 선택 사육을 시작한 지 20년 뒤에 나타난 "결과는 놀라웠다." 벨랴예프가 "골라서 사

우리는 모두 짐승이다—동물, 인간, 질병

육한 여우들은 길들여지기만 한 것이 아니라 집에서 기르는 개와 완벽하게 똑같이 행동했다. 친숙한 사람에게 다가와 손과 혀를 핥았고, 개처럼 짖었다. 꼬리를 흔들고 낑낑대면서 낯선 사람의 주의를 끌기도 했다. 털갈이 주기도 달라졌고, 암컷은 개와 마찬가지로 1년에 2회의 발정기에 들었다. 이는 여우나 늑대에서는 찾아볼 수 없는 습성이다."[12]

두 번째 이론을 지지하는 사람들은 '무리 사냥꾼'으로서의 초기 인류와 늑대의 진화에 주목한다. 이들의 주장에 따르면 "홍적세 전기 빙하기에 초기 인류와 늑대는 도처에 동일하게 분포했으며, 동일한 거대 포유류를 먹잇감으로 삼았다."[13] 이 시나리오에 따르면 늑대는 사람이 먹다 버린 찌꺼기를 얻기 위해 주거지의 주위를 어슬렁거리기 시작했고 점차 인간과 친숙한 존재가 되어갔다. 이 늑대들은 사람이 선택한 것이 아니라 스스로 그 위치를 선택한 것이다. "이들은 사람 주위에 머무르기로 결정했고, 그 과정에서 자유 의지에 따라 야생무리로부터 떨어져 나왔다."[14] 사교적이고 위계적인 본능이 있는 늑대는 먹이를 얻는 대가로 점차 인간의 사회 체계를 자신의 것으로 받아들였다. 스티븐 부디안스키Stephen Budiansky는 «야생동물의 서약The Covenant of the Wild»에서 이 시나리오를 이렇게 요약했다. "진화의 관점에서 볼 때, 길들여진 동물은 우리가 그들을 선택한 만큼 그들도 우리를 선택한 것이다."[15] 러디어드 키플링Rudyard Kipling은 1912년 작 «바로 그 이야기 Just So Stories»에서 한 여자가 '야생숲에서 나온 야생짐승에게 구운 양고기 뼈'를 던져주는 이야기를 통해 시나리오의 한 장면을 묘사했다.

야생개가 뼈를 잘근잘근 씹었다. 그동안 맛본 어떤 음식보다 맛있었다.

그는 말했다.

"오 나의 적 그리고 나의 적의 아내여, 하나만 더 주세요."

여자가 말했다.

"야생숲에서 온 야생짐승아, 내 남편을 도와 낮에는 사냥하고, 밤에는 동굴을 지켜주렴. 그러면 얼마든지 달라는 대로 구운 뼈를 주마."[16]

다음으로 길들여진 동물은 양과 염소였다. 양과 염소의 야생조상은 비옥한 초승달 지대, 특히 현재의 이라크 서부에 해당하는 자그로스Zagros 산악 지대에 분포했다. 길들이기는 어렵지 않았을 것이다. 양과 염소는 모두 무리를 이끄는 우두머리를 따르기 때문이다. 게다가 본성이 비교적 온순하고, 가둔 상태에서도 쉽게 번식시킬 수 있으며, 다양한 관목과 풀을 먹는다. 이라크 북부에서는 1만 1,000년 전에 벌써 양을 길들였다는 증거가 발견되었다. 이 지역에서 염소를 길들인 것은 약 1만 년 전의 일일 것으로 보인다.[17] 그런데 이처럼 어느 정도 명확하게 날짜를 정할 경우에는 정의와 관련한 문제가 생겨난다. 야생염소나 양을 단순히 몰고 다닌 것을 길들였다고 할 수 있을까? 울타리를 쳐서 가두어야 할까? 아니면 잡아 가둔 상태에서 번식시켰을 때나 어떤 특성이 강화되도록 선택적으로 번식시켰을 때 길들였다고 할 수 있는 것일까?

먼 옛날에는 염소가 소중한 재산이었고, 개발도상국의 여러 지역에서는 지금도 그러하다. 줄리엣 클러턴-브록의 말을 빌리면 "염소는 원시 농경민과 유랑 목축민의 물질적 필요를 모두 채워주었다. 옷과 고기, 젖, 공예품을 만들 수 있는 뼈와 힘줄, 불을 밝힐 수 있는 기름, 연료와 퇴비로 쓸 수 있는 똥까지 제공했다."[18] 게다가 염소의 젖은 치즈로 만들고, 털은 옷으로 쓰며, 가죽은 옷이나 물 담는 포대로 쓸 수 있다. 그러니 1991년에 알프스의 빙산에서 발견된 5,000살 먹은 남자가 염소 가죽과 사슴 가죽으로 만든 저고리와 바지를 입고 있었던 것도 놀랄 일은 아니다. 염소는 관목과 늘어진 나뭇가지의 잎을 먹어치웠기에 신석기 농부들이 밭을 가는 데도 도움을 주었을 것이다. 염소는 양이나 소가 먹지 않는 풀을 먹기 때문에 척박한 환경에서도 살아갈 수 있고, 적응력이 뛰어나며, 초목이 거의 자라지 않는 건조 지대를 포함하는 다양한 환경에서 기를 수 있다.

인간이 다음으로 길들인 동물은 돼지와 소였다. 이들의 조상인 야생돼지와 오록소는 중동과 아시아, 유럽 지역에 널리 분포하고 있었기 때문에 이론상으로는 광범위한 지역에서 길들일 수 있었다. 그러나 현존 동물의 DNA 분석에서 소와 돼지는 "8,000년에서 1만 년 전에 몇몇 곳에서 길들인 소수의 동물에서 유래"한 것으로 밝혀졌다.[19]

길들인 돼지는 비교적 기르기가 쉽다. 가리지 않고 아무것이나 잘 먹으며, 1년에 두 번 새끼를 낳고, 햄이나 돼지고기, 베이컨 등 안정적인 단백질 공급원을 제공한다. 고대 셈족과 현대 유태교도 및 이슬람교도는 돼지를 불결한 음식으로 생각해서 꺼리지만 아시아 및 태평양 섬 지역에서는 높은 가치를 인정받고 있다. 파푸아뉴기니의 일부 지역에서는 돼지가 부를 측정하는 주요 수단이며, 아기 엄마가 돼지새끼에게 젖을 물리는 일도 드물지 않다.

한편 초기 인류가 어떻게 해서 야생의 오록소를 길들이게 되었는지는 쉽게 상상이 가지 않는다. 이 동물은 키가 1.8미터나 되는 큰 짐승인데다가 '사납고, 재빠르고, 민첩하기' 때문이다.[20] 틀림없이 오록소를 마을에서 마을로 몰고 다니는 일은 돼지나 염소를 끌고 다니는 일보다 훨씬 어려웠을 것이다. 그리고 멋대로 돌아다니게 내버려두면 텃밭과 들의 곡식을 짓밟았을 것이 분명하다.

그런데도 신석기인은 길들인 오록소의 가치가 어마어마하다는 사실을 깨닫게 되었다. 소는 고기와 젖과 버터와 치즈를 제공한다. 뿔은 무기로 쓰고, 말린 가죽은 훌륭한 방패가 되었으므로 싸울 때 유용하다. 가죽은 신발이나 옷을 만드는 데도 사용한다. 소똥은 태워서 연료로 쓰고, 비료로도 사용하며, 풀밭에 오두막을 지을 때도 쓴다. 쇠기름으로는 불을 밝힌다. 소가 밭을 걸어 다니면 낟알을 떨 수 있고, 수레를 끌거나 바퀴를 돌려 샘물을 긷기도 한다. 프레데릭 조이너Frederic Zeuner는 《가축의 역사A History of Domesticated Animals》에서 개에 이어 "소를 길들인 일은 인간이 동물계를 착취하는 방향으로 내딛은 가장 중요한 발걸음이었다"고 말했다.[21] 소가 베푸는 혜택을 생각하면 수많은 공동체들이 소를 떠받들고 심지어 숭배까지 하는 것도 당연한 일이다.

약 5,000년 전부터는 투르키스탄, 우크라이나, 러시아 남부에서 말을 길들이기 시작했다.[22] DNA 분석에서 말은 돼지나 소와 달리 상이한 시점에 여러 지역에서 길들여진 것으로 나타났다.[23] 말은 원래 추가적인 고기 공급원으로 길들여진 듯하지만 곧 운송 수단으로서의 가치를 인정받게 되었다.

5대 주요 가축Big Five—염소, 양, 돼지, 소, 말—을 길들이는 데 성공하면서 신석기인은 음식과 의복을 안정적으로 공급받을 수 있었고 운송 수단도 확보하게 되었다.[24] 선택 번식을 시도하면서 특정한 특성을 지닌 동물 무리가 빠르게 번식해갔고, "BC 2000년 무렵에 바빌로니아와 고대 이집트 문명은 거의 완벽한 품종의 개와 소, 양을 확보했다."[25]

동물을 길들인다는 개념은 빠르게 세계로 퍼져나갔고, 독자적인 성취를 이룬 곳도 있었다. 황소, 야크, 물소, 가우르[인도들소], 반텡[동남아시아의 들소], 순록, 낙타, 당나귀, 코끼리, 알파카[남아메리카의 가축]를 길들여서 짐을 나르고, 쟁기와 수레, 썰매를 끌었으며, 바퀴를 돌려 샘물을 퍼냈다. 오리, 거위, 칠면조를 길들여 잡아먹었고, 이집트인은 고양이를 길들여 애완용으로 삼거나 쥐에 의한 곡물 피해를 막았다. 실제로 이집트인은 동물을 길들이는 데 대단한 열의가 있었으며 비록 성공하지는 못했지만 영양이나 가젤, 하이에나, 원숭이까지 길들이려고 시도했다.[26]

미생물이 들어오다

이렇게 해서 신석기시대에는 인간과 동물의 관계가 완전히 바뀌었다. 초기 인류가 수백만 년 동안 멀리서 바라보기만 했고, 구석기인이 수천 년 동안 사냥해왔던 동물들이 이제는 뒤뜰에서 한가로이 풀을 뜯고 있었다. 과거에는 인간과 동물이 본질적으로 동등했다. 하지만 동물이 가축이 된 뒤에는 더 이상 동등하지 않았다. 제임스 서펠James Serpell은 《반려동물In the Company of Animals》에서 다음과 같은 의견을 피력했다. "동물을 길들이기 시작하면서 본질적으로 평등했던 관계는 사라졌다. 가축은 주인에게 생존을 의지하게 되었다. 인간은 지배자이자 주인, 동물은 하인이자 노예다."[27]

인간과 동물 사이의 새로운 관계는 동물에 대한 묘사에서 상징적으로 나타난다. 한 예술사학자의 설명을 들어보자. "동물계에 대해 사냥꾼으로, 이어 농부로 관계를 달리하게 된 것은 불가피한 과정이었으며 이 달라진 관계가 라스코 동굴 벽화에 그려진 우두머리 황소들과 들소의 차이를 설명해주는 듯하다. 하바세스티Hăbășeşti 같은 신석기 유적지에서 발견된, 장난감처럼 조그맣고 뿔이 달린 동물이나 신석기시대와 청동기시대의 항아리에 붙은 머리들도 마찬가지로 새로운 관계를 반영하고 있다."[28]

가축을 길들이면서 사람과 동물은 매우 친밀해졌다. 양, 염소, 돼지, 소는 신석기시대의 농부들과 같은 지붕 아래에서 살거나 거주지에 붙은 장소에서 사육되었다. 지금도 개발도상국의 농촌 지역에서는 대가족이 동물 몇 마리와 같은 방을 나누어 쓰는 경우가 드물지 않다. 서구 사회에서도 사람과 가축의 주거지가 분리된 것은 비교적 최근의 일이다.

가축을 기르기 시작하면서 동물은 집 안으로 들어와 가족 구성원이 되었다. 키이스 토머스Keith Thomas에 따르면 "양이나 돼지에게 이름을 붙이는 일은 별로 없었지만 소에게는 반드시 메리골드나 릴리 같은 이름을 지어주었다. 또한 양치기는 동네 사람들의 얼굴을 알듯이 양들의 얼굴을 잘 알고 있었다."[29] 동물은 가족의 소중한 재산이었고, 젖과 고기의 주요 공급원이었다. 집에서 기르는 짐승이 아프면 정성껏 보살폈고, 새끼를 낳을 때는 경우에 따라 산파처럼 도움을 주기도 했다. 사람과 집짐승의 친밀도는 사람이 염소젖이나 소젖을 마신다는 사실에서 극명하게 드러난다. 조아나 스와베Joanna Swabe는 이렇게 지적했다. "소젖을 먹는 관습, 특히 아기가 먹는 관습이 인간과 동물 사이에서 강력한 유대를 형성

우리는 모두 짐승이다—동물, 인간, 질병

했다. 인간은 소젖을 얻어 아기를 키움으로써 소를 효과적인 유모로 활용했다."[30]

인간과 동물의 새로운 관계는 다수의 새로운 질병을 발생시켰다. 신석기인이 길들인 동물에는 다종다양한 박테리아와 바이러스, 원생동물들이 있었다. 이들은 동물과 함께 수천 년, 심지어 수백만 년 동안 진화해온 생명체였다. 야생동물을 우리 등의 밀폐된 공간에 가두어 기르자 미생물의 종내 전파가 용이해졌다. 양과 염소처럼 서로 다른 종을 한 장소에 가두어 기르면서부터는 미생물의 종간 전파가 활발해졌고, 때로는 새로운 미생물이 출현하게 되었다.

필연적으로 수많은 미생물이 가축에서 사람으로 이동했다. 이들은 신석기인이 집짐승의 고기나 젖을 먹을 때 전파되었다. 동물이 사람과 같은 공간에 살았기 때문에 공기를 통해 전파되기도 했다. 가축의 분뇨를 거주지 가까운 곳에 쌓아두고 건축 재료로 사용하거나, 연료로 태우거나, 밭작물에 비료로 쓰면서 퍼지기도 했다. 비료로 사용한 경우에는 음용수도 오염되었다. 개나 기타 집짐승이 사람을 핥거나 깨물 때도 전파되었다. 파리나 진드기, 모기, 벼룩 등의 벡터가 집짐승에서 사람으로 미생물을 퍼트리기도 했다. 인간이 동물과 성적 접촉을 할 경우에 전파되는 일도 있었다. 이런 일은 유사 이래로 이따금씩 일어나곤 했고, 선사시대의 그림에도 묘사되어 있다.[31] 최초로 동물을 기르기 시작한 이후 몇 년 동안, 인간은 이전에는 노출된 적이 거의 없거나 전혀 없는 수많은 미생물에 집중적으로 노출되었다.

위궤양, 백일해, 천연두

동물을 기르기 시작한 이래로 동물의 미생물이 인간에게 미쳐온 영향은 아직 다 밝혀지지 않았다. 그리 멀지 않은 미래에 뉴클레오티드의 배열 순서를 통해 미생물의 유전자을 파악하면 보다 완전한 상을 얻을 수 있을 것이다. 어쨌든 인간의 여러 가지 중요한 질병이 신석기 혁명 기간에 동물에서 사람으로 이동한 박테리아나 바이러스, 원생동물의 탓이라는 사실만은 분명하다.

위궤양이 한 예다. 위궤양은 위나 십이지장, 소장 입구의 내벽이 짓무르면서 발생하는데 복통, 특히 명치 부위에 국한된 통증이 주증상이다. 궤양을 치료하지 않을 경우에는 위출혈이 생겨 토혈이나 혈변이 나타날 수 있다. 궤양, 특히 십이지장 궤양이 생기면 장벽에 구멍이 나 전염성 미생물이 복강 내로 침투함으로써 전신 감염(복막염)이 나타난다. 출혈이나 천공 궤양은 사망으로 이어질 수도 있다.

20세기 내내 위궤양의 원인은 '조급증, 불안, 자극적인 음식'이라는 주장이 통설이었다.[32] 위궤양 환자에게는 흔히 스트레스를 완화하는 심리 치료법을 적용했다. 그러나 1982년 오스트레일리아 연구진은 위궤양의 대부분이 헬리코박터 파이롤리라는 나선형 박테리아로 유발된다는 사실을 밝혀냈다. 이 박테리아가 사람의 위에 존재한다는 사실은 오래전에 밝혀졌으나 그 역할의 중요성은 제대로 파악하지 못한 상태였다.[33] 이 발견으로 위궤양에 대한 이해가 근본적으로 바뀌었다.

세계 인구의 약 50%가 헬리코박터 파이롤리에 감염되어 있다. 다시 말해 헬리코박터 파이롤리 감염은 '가장 흔한 박테리아

감염 중 하나'이다.[34] 아동기에 사람에서 사람으로 전파되며 북적
대는 집일수록 전파 속도가 빠르다.[35] 박테리아는 오염된 물이나
파리를 통해 전파되기도 한다. 이 박테리아가 어째서 어떤 사람에
게서는 위궤양을 유발하지만 어떤 사람에게서는 유발하지 않는
지는 확실히 밝혀지지 않았으나 1장에서의 설명대로 분명히 유전
적 소인이 일정한 역할을 할 것으로 여겨진다.

헬리코박터 파이롤리의 기원에 대해서는 아직까지도 의견이
분분하다. 수백만 년 전에 초기 인류를 감염시킨 상속 감염이라는
주장이 있는가 하면, 그보다 훨씬 가까운 과거에 동물에서 사람으
로 전파되었다는 주장도 있다. 헬리코박터 파이롤리와 밀접한 관
련이 있는 나선형 박테리아를 갖고 있는 동물은 많다. 개, 고양이,
말, 소, 돼지, 양 그리고 일부 영장류가 이에 해당된다.[36] 이것이 동
물에서 사람으로 전파되었다는 주장은 도살장 노동자와 육류 가
공 공장 직원들에 대한 연구에 바탕을 두고 있다. 이들은 헬리코
박터 파이롤리 감염률이 매우 높기 때문이다.[37]

인간에게 헬리코박터 파이롤리를 전파했을 것으로 생각되는
대표적인 동물은 양이다. 사르디니아의 농촌 지역에서는 양치기
의 98%가 이 박테리아에 감염되어 있다고 한다. 다른 사르디니아
거주민과 비교해보면 두 배 이상 높은 감염률이다.[38] 헬리코박터
파이롤리는 양젖에도 흔히 존재한다. 양치기는 양젖을 그대로 마
시는 경우가 많다.[39] 사르디니아 연구에서는 양치기 개에 노출된
농촌 지역 아동이 그렇지 않은 아동에 비해 헬리코박터 파이롤리
감염률이 높은 것으로 나타났다.[40] 폴란드 목동에 대한 연구에서
도 헬리코박터 파이롤리와 양의 관련성을 뒷받침하는 증거가 나
왔고, 남아메리카에 관한 연구에서는 양에 노출된 아동의 감염률

이 더 높은 것으로 나타났다.[41]

헬리코박터 파이롤리의 기원에 관한 최근의 가설은 "양이 박테리아의 최초 숙주이며 양을 길들이는 과정에서 박테리아가 인간에게 전파되었다"는 것이다.[42] 성경에 양과 목동이 반복해 나오는 데서도 알 수 있듯이 가축이 된 이래로 양은 인간과 매우 밀접한 관계를 맺어왔다.

동물을 길들인 후 동물에서 사람으로 전파되었을 것으로 보이는 또 다른 질병으로는 백일해가 있다. 공중 보건 개선과 백신 접종이 있기 전인 20세기 전반에 널리 유행했던 백일해는 가장 무서운 유아 질환 중 하나였다. 오늘날에도 세계적으로 매년 3만 5,000명이 백일해로 사망하며 그 대부분은 영유아다.

백일해를 유발하는 박테리아인 보데텔라 퍼투시스Bordetella pertussis는 사람과 양을 감염시킬 수 있는 박테리아(보데텔라 파라퍼투시스Bordetella parapertussis) 및 돼지, 개, 고양이, 토끼, 쥐, 말, 일부 영장류, 때로는 사람까지 감염시키는 박테리아(보데텔라 브론키셉티카Bordetella bronchiseptica)와 밀접한 관련이 있다. 보데텔라 퍼투시스는 오랫동안 양의 박테리아에서 유래한 것으로 추측되어왔지만 최근 연구에서 그렇지 않다는 사실이 밝혀졌다.[43] 현재로서는 백일해는 돼지에서 비롯되었을 가능성이 높다.[44]

돼지는 백일해 외에도 다양한 질병의 저장고다. 돼지의 니파 바이러스는 개나 고양이, 말, 박쥐에게 옮을 수 있다. 1998년에서 1999년 사이 말레이시아에서 발생한 뇌염으로 바이러스에 감염된 265명 중 105명이 사망했는데, 사망자의 대부분은 돼지와 가깝게 접촉하는 사람들이었다. 100만 마리의 돼지가 도살된 후에야 질병 확산이 멈췄으나 이후에도 싱가포르와 방글라데시에서 그보다 작은 규모의 유행이 있었다. 돼지는 새로운 인플루엔자 바이러스 균주의 진화에서도 핵심적인 역할을 한다(9장 참고).

가축을 기르기 시작한 뒤 사람에게 전파된 것으로 보이는 가장 큰 질병 중 하나가 천연두다. 신세계의 역사와 밀접한 관련이 있는 천연두는 먼저 멕시코와 페루의 아즈텍과 잉카를 파괴했고, 그에 이어 북아메리카 인디언 부족을 휩쓸었다. 천연두는 바이오테러리즘 소재로도 유망한 후보이며, 실제로 이 용도로 사용되기도 한 최초의 미생물이었다. 1763년 영국군의 장교였던 제프리 애머스트 경Lord Jeffrey Amherst이 천연두 바이러스로 오염된 모포를 아메리카 원주민에게 나누어주라는 명령을 내림으로써 원주민을 의도적으로 감염시켰던 것이다.[45]

천연두의 기원에 대해서는 오랫동안 논란이 이어져왔다. 천연두를 유발하는 바이러스는 오르소팍스 바이러스 족에 속한다. 이 족에 속하는 원두猿痘 바이러스에는 여러 종의 쥐가 감염될 수 있으며, 미국에서 유행했던 최근에는 애완동물인 프레리도그도 감염되었다(7장 참고). 그러나 최근의 연구에 따르면 천연두 바이러스는 원두 바이러스에서 유래한 것이 아니다.[46] 오르소팍스 바이러스 족에는 우두牛痘도 포함된다. 우두는 소뿐만 아니라 고양이과에 속하는 동물들 사이에서 특히 빈번하게 발생하며 사람에게도 경미한 증상을 유발할 수 있다.[47] 세 번째로 밀접한 관련이 있는 바이러스는 버팔로 폭스 바이러스로서 물소와 소, 때로는 사람이 여기에 감염된다.[48] 물소를 최초로 길들였던 동남아시아 지역에[49] 약 3,000년 전에 발생한 최초의 천연두 기록이 존재한다는 사실은 시사하는 바가 크다.[50] 천연두 바이러스가 유래된 동물에 대해서는 현재 진행 중인 분자 연구에서 명확한 답이 나올 것으로 기대된다.

천연두의 유래야 어떻든 간에, 백신 개발이 가능했던 것은 이 것이 오르소폭스 바이러스 족의 다른 바이러스들과 관련이 있었 기 때문이다. 접종 덕분에 자연적으로 발생하는 천연두는 사실상 지구상에서 사라졌다. 최근에는 바이오테러리즘과 관련해 천연 두 확산에 대한 우려의 목소리가 높아지면서 인구 전체에 면역력 을 제공하는 우두의 중요성이 부각되고 있다.

결핵

동물 사육으로 인간에게 남겨진 미생물 중에서 가장 치명적인 것 은 결핵을 유발하는 박테리아다. 현재 결핵으로 전 세계에서 해마 다 200만 명이 목숨을 잃으며, 지난 100년 동안은 "1억 명이 결핵 으로 사망했다."[51] 1680년에 존 버니언John Bunyan이 결핵을 '모든 사 자死者의 우두머리'라고 불렀던 것은 결코 과장이 아니다.[52]

지금은 결핵이 사람에서 사람으로 전파되지만 최초의 인체 감 염은 가축과 접촉하는 과정에서 발생했을 것이다. 1882년 로버트 코흐는 인간 결핵 박테리아인 마이코박테리움 투베르쿨로시스 Mycobacterium tuberculosis를 분리했다. 동일 족에 속하며 밀접한 관련성 이 있는 마이코박테리움 보비스Mycobacterium bovis는 소에서 중증 질 환을 유발하며 양이나 염소, 돼지, 토끼, 고양이, 기타 동물도 여 기에 감염될 수 있다. 분자 분석을 통해 두 박테리아가 거의 동일 하다는 사실이 입증되었다.[53]

오랫동안 사람의 결핵균은 소의 마이코박테리움 보비스에서 진화했다고 믿어져왔으나 최근의 연구에 따르면 이야기가 그렇게 단순하지는 않다. 두 가지 박테리아가 공동 조상에서 진화했기 때문이다.[54] 이 연구에서는 소와 염소를 감염시키는 마이코박테리움 보비스 균주가 서로 다르다는 사실도 입증되었다. 염소의 균주가 소의 균주보다는 인간 결핵균에 더 가까운 분자 구조를 갖고 있었다.[55] 연구진은 다음과 같은 결론을 내렸다. "연구 결과를 바탕으로 할 때 마이코박테리움 투베르쿨로시스의 사라진 선조는 기존의 주장과는 달리 소의 균주가 아닌 염소의 균주인 것으로 보인다."[56] 이 가설은 염소는 인간 결핵균에 감염되지만 소는 그렇지 않다는 사실로도 뒷받침된다.[57]

그렇다면 마이코박테리움 투베르쿨로시스와 마이코박테리움 보비스의 조상은 비옥한 초승달 지대에 서식하던 야생염소, 즉 베조아르염소의 박테리아일 듯하다. 인간이 염소를 기르면서 거주지를 공유하고 고기를 먹고 젖을 마시는 과정에서 이 박테리아가 인간 균주로 진화했을 것이다.

인간과 동물이 거주지를 공유하게 된 것은 특히 인간 결핵균의 진화 측면에서 중요한 의미가 있다. 마이코박테리아는 사람 혹은 동물이 밀집 거주하는 경우를 제외하고는 질병을 유발하지 않는다는 점에서 일반적인 미생물과 다르다. 이는 소의 예에서 명확하게 드러난다. "소의 결핵이 밀집도에 비례해, 다시 말해 무리의 크기가 크고 실내에서 각 소에게 할당된 면적이 적을수록 발생률이 증가한다는 사실은 여러 차례에 걸쳐 경험으로 입증되었다."[58] 미국 물소에서도 유사한 현상이 관찰된다. 드넓은 국립공원에서 가두지 않고 자유로이 돌아다니게 내버려두면 소 결핵이 발생하지 않는 반면 한정된 공간에 소와 함께 가두어두면 감염률이 높은 것으로 보고되었기 때문이다.[59] 마찬가지로, 야생원숭이는 결핵에 걸리지 않지만 우리에 사는 원숭이는 다른 어떤 동물보다도 더 결핵에 취약하다.[60] 따라서 인간 결핵균의 진화는 염소를 포함한 동물을 사육한 결과인 동시에 한정된 공간에서 동물과 사람이 복작대며 함께 살아온 결과이기도 하다.

연주창

결핵의 기원은 7,000년 전의 독일 유적지에서 발견되었다. 3,000년 전의 이집트 미라에도 결핵을 앓은 흔적은 뚜렷하게 남아 있다. 고대 이집트에는 이 병을 치료하기 위한 대규모 요양원까지 있었다.[61] 결핵은 고대 그리스와 로마에서도 광범위하게 유행했고, 오랜 옛날 베링기어Bering land bridge를 통해 북아메리카로 건너갔을 것이 분명하다. 콜럼버스가 도착하기 전의 것으로 추정되는 페루의 미라에서 마이코박테리움 투베르쿨로시스가 발견된 것이 그 증거다.[62]

결핵의 증상 중 목 부위의 림프샘이 비대해지는 것을 연주창이라고 한다. 중세 프랑스와 영국에서 시작된 연주창은 왕의 손이 닿으면 낫는다고 여겨졌다. 15세기 후반 헨리 7세Henry Ⅶ의 통치 시기에는 연주창 환자를 어루만지는 의식이 공식적으로 행해졌는데 "성직자들이 기도문을 암송했고, 왕은 환자의 볼을 양손으로 쓰다듬고 금붙이를 환자의 목에 걸어준 뒤 기도를 마치고 축복했다."[63] 1606년 셰익스피어Shakespeare는 《맥베스Macbeth》 4막 3장에서 이 의식을 이렇게 묘사하고 있다.

괴질에 걸려서 모두가 붓고 곪아 비참해 보이는,
수술로는 절망적인 이들을 치유하오.
성스러운 기도로 한 닢의 금화를
그들 목에 걸어주며.

인용 출처: 최종철 옮김, «맥베스», 민음사.

특히 부활절 주일과 성령 강림절, 성 미카엘 축일을 골라 행사를 열곤 했다. 왕이 연주창 환자들과 직접 접촉했다는 사실을 생각해 보면 헨리 7세와 장남 아서Arthur, 손자 에드워드 7세Edward VII가 모두 결핵으로 사망한 것은 당연한 결과였다.[64] 이들의 죽음이 영국의 역사에서는 결정적인 역할을 했다. 1502년 장남인 아서가 왕좌를 물려받기 전에 사망했기 때문에 대신 왕위에 오른 동생 헨리 8세Henry VIII는 첫 번째 아내 캐서린과의 이혼을 교황이 승인하지 않자 잉글랜드를 가톨릭교회로부터 독립시켜버렸다. 1553년에 헨리 8세의 아들인 에드워드 7세가 사망했을 때는 가톨릭계였던 이복누이 메리Queen Mary가 왕위를 이어받아 가톨릭교회의 재건을 시도했고, 이 과정에서 시민들 사이에 충돌과 보복이 이어지면서 그녀는 '피의 메리Bloody Mary'라는 별칭을 얻게 되었다. 메리가 세상을 떠나고 관용적인 성향의 프로테스탄트였던 이복누이 엘리자베스Elisabeth I가 1558년 왕좌에 앉은 뒤에야 잉글랜드의 종교 분쟁은 막을 내렸다.

17세기에는 결핵 발생률이 크게 상승했다. 1650년 무렵에는 잉글랜드와 웨일스의 사망자 중 20%의 원인이 결핵이었으며, 이는 유럽 전역의 감염자 중 약 1/4에 해당한다.[65] 1662년에서 1682년 사이에는 찰스 2세Charles II가 9만 2,000명의 연주창 환자와 접

연주창 의식

촉했다는 기록이 있다. 1684년의 연주창 의식에서는 왕의 곁으로 다가가려다 밟혀 죽은 사람이 7명에 이르렀다고 한다.[66]

17세기의 영국은 결핵이 확산되기 쉬운 최적의 조건을 갖추고 있었다. 이전 세기에 런던 인구가 3배로 늘면서 과밀은 고질적인 병폐가 되었고 한 개의 방에 여러 사람이 거주하는 경우가 일반적이었다. 런던 인구의 1/4이 목숨을 잃었던 1665년의 유행을 포함하여 전염병이 계속해서 되풀이되면서 사람들의 면역 체계가 약화되었고 전염병에 대한 저항력도 떨어졌다. 당시는 청교도 혁명과 불안정한 군주제로 인해 사회적으로나 정치적으로나 혼돈의 시대였다.

산업혁명으로 인해 18세기에서 19세기에 이르는 기간 동안 도시화 및 거주 지역의 과밀화가 더욱 진전되면서 결핵은 유럽 지역을 끊임없이 유린했다. 추운 계절에는 사람들이 불 옆으로 모여들고 창문을 닫아두기 때문에 감염된 사람이 한 명만 있어도 실내에 있는 모든 사람이 미생물에 노출된다. 열어둘 만한 창문이 없는 집도 부지기수였다. 1696년의 영국과 그 이후 시기의 프랑스에서는 그때까지도 사치품으로 인식되던 유리창에 정부가 세금을 매기기도 했다. 덕분에 많은 영주들은 세금을 피하기 위해 창문을 벽돌로 막아버리곤 했다.[67]

결핵으로 인한 사망률은 꾸준히 상승했고, 특히 도시나 인구 밀도가 과밀하게 높은 수용 기관에서 심각했다. 1780년 무렵의 영국에서는 해마다 100명 중 1명이 결핵으로 사망했다.[68] 영국의 어느 고아원에서는 원생 172명 중 169명이 연주창에 걸렸고, 파리에서는 모든 부검 사례의 1/3 이상이 결핵으로 사망한 시신이었다.[69]

"피는 나의 아바타"

이 무렵부터 결핵에 대한 낭만적인 묘사가 유행하기 시작했다. '폐병'에 '어떤 영적인 능력, 창조적인 천재성'의 꼬리표가 따라붙기 시작했던 것이다.[70] 이러한 시각은 특히 문학을 즐기는 지식인 사이에서 만연했다.

시인 존 키츠John Keats도 결핵에 걸린 수많은 작가와 예술가 중 한 사람이었다. 키츠는 14세 때 결핵에 걸린 어머니를 여러 주 동안 간호하다가 세상을 떠나보냈다. 23세 때에는 역시 결핵에 걸린 동생을 돌보았으나 동생도 세상을 떠나고 말았다. 1년 뒤 처음으로 객혈했을 때, 의학 전공자였던 그는 그 객혈의 의미를 너무도 잘 알고 있었다. 그는 친구에게 이렇게 말했다. "그 피의 색깔이야 잘 알지. 동맥혈이야. 그 색깔만큼은 착각할 수 없어. 그 피를 토했다는 것은 죽음이 보장되었다는 뜻이거든. 나는 죽고 말 것이네." 키츠의 가까운 친구였고 역시 결핵을 앓았던 퍼시 셸리Percy Bysshe Shelley는 키츠에게 보낸 편지에 이렇게 썼다. "이 폐병이란 놈은 자네처럼 좋은 시를 쓰는 사람을 특히 좋아하는 모양이로군."[71] 그 직후 키츠는 〈나이팅게일에게Ode to a Nightingale〉에서 "청춘은 창백해지고 허깨비처럼 야위어 죽다"라고 썼다.

> 들려오는 어둠, 여러 번 나는 안락한 죽음과 반쯤 사랑에 빠졌다네.[72]

1년 뒤 키츠는 25세의 나이로 사망했다.

1820년대 독일에서는 요한 볼프강 폰 괴테Johann Wolfgang von Goethe

가 «파우스트Faust»를 완성했고, 스코틀랜드에서는 월터 스콧 경Sir Walter Scott이 거의 해마다 신작 소설을 펴냈다. 이들도 모두 결핵을 앓고 있었다. 1827년 프레데릭 쇼팽Frédéric Chopin이 17세 되던 해에는 그의 누이가 결핵에 걸렸고, 8년 뒤에는 쇼팽도 결핵 증상을 나타내더니 결국 이것이 원인이 되어 세상을 떠났다. 1840년대의 파리에서는 오페라 여주인공으로 활약하던 2명의 젊은 여성이 결핵으로 사망했다. 한 사람은 알퐁신 플레시Alphonsine Plessis로서 1848년 소설 «춘희La Dame aux camélias»의 모델이자 쥐세페 베르디Giuseppe Verdi의 1853년 작 오페라 «라 트라비아타La Traviata»의 주인공 비올레타 역을 맡았던 유명한 창부였다. 다른 한 사람은 소설 «보헤미안의 삶La Vie de Bohème»의 모델이었는데 후에 자코모 푸치니Giacomo Puccini가 이 소설을 오페라 «라 보엠La Bohème»으로 각색했다. 오페라의 마지막 장면에서 폐병에 걸려 여위고 창백해진 미미는 루돌포에게 묻는다. "제가 아직도 예쁜가요?" 그는 대답한다. "새벽처럼 아름답소."[73]

이 무렵 영국에서는 브론테Brontë 가족의 비극이 종장으로 치닫고 있었다. 1840년대 후반 제일 밑의 두 아이가 하워스에 있는 가족 목사관에서 결핵으로 사망했고, 나머지 넷도 그 뒤를 따랐다. 1848년 브랜웰이 죽었고, 그 무렵 «폭풍의 언덕Wuthering Heights»을 완성한 에밀리가 뒤를 이었다. «애그니스 그레이Agnes Gray»를 쓴 앤은 몇 개월 뒤인 1849년 세상을 떠났다. «제인 에어Jane Eyre»를 쓴 샬롯 브론테가 1855년 세상을 떠남으로써 비극은 막을 내렸다. 브론테 가족이 살던 집이 지금도 남아 있어 그들이 함께 앉아 글을 썼던 탁자를 볼 수 있다. 현관 앞에서는 요크셔의 언덕이 당시 모습 그대로 내다보인다. 그 비탈에서는 자신들의 조상이 인간의 비극에서 어떤 역할을 했는지는 까맣게 모른 채 염소들이 한가로이 풀을 뜯는다.

미국에서는 에드거 앨런 포Edgar Allan Poe가 시와 단편소설을 발표하던 무렵 아내와 양어머니가 모두 결핵으로 사망했고, 포 자신도 감염되었다. 포는 ≪붉은 죽음의 가면The masque of th Red Death≫에서 결핵을 '밤도둑……, 피는 그의 아바타이자 봉인'이라고 묘사했다. "'붉은 죽음'이 나타나면 '시계의 황동 폐'가 시간을 알리고 사람들이 모두 죽은 뒤에는 '흑단 시계의 생명줄'도 끊어진다."[74] 이 무렵 뉴잉글랜드에서는 랠프 왈도 에머슨Ralph Waldo Emerson과 헨리 데이빗 소로Henry David Thoreau가 한 집에서 살고 있었다. 둘 다 결핵에 걸려 있었고, 에머슨은 살아남았으나 소로는 이겨내지 못했다.

19세기 후반 러시아에서는 표도르 도스토옙스키Fyodor Dostoyevsky가 소설 ≪죽음의 집의 기록The House of the Dead≫에 결핵을 등장시켰다. 도스토옙스키의 아내는 결핵으로 죽었고, 후에 도스토옙스키도 결핵으로 죽었다. 러시아의 극작가 안톤 체홉Anton Chekhov도 여러 해 결핵을 앓다가 결국 세상을 떠났다. 체홉과 마찬가지로 로버트 루이스 스티븐슨Robert Louis Stevenson도 생애의 대부분을 결핵으로 고생했다. 그는 결핵을 "둔감하고 무관심한 관광객을 데리고 다니는 열광적인 사람처럼"이라고 묘사했다.[75] 언젠가는 스티븐슨의 주치의가 결핵에 걸린 오른쪽 폐를 진정시키기 위해 스티븐슨의 오른팔을 가슴에 붙인 채 부목을 대준 적이 있었다. 그때 스티븐슨은 왼손으로 글씨 쓰는 법을 터득했다. 1880년 스티븐슨은 스위스 다보스에 있는 결핵 요양원에 입원했고 여기서 ≪보물섬Treasure Island≫의 대부분을 집필했다.[76]

그리고 30년 뒤에는 토마스 만Thomas Mann의 아내가 결핵 치료를 위해 다보스에서 입원했으며, 아내를 찾아간 만도 1912년에 결핵 진단을 받게 된다. 그는 그곳에 머물며 결핵 요양원을 그린 소설 «마의 산The Magic Mountain»에 필요한 내용을 메모했다.

19세기 후반, 결핵은 작가뿐 아니라 예술가들에게도 손을 뻗쳤다. 에드바르트 뭉크Edvard Munch의 어머니는 그가 다섯 살 때 결핵으로 사망했고, 누이도 그가 열네 살 때 같은 병으로 세상을 떠났다. 그는 <죽은 어머니The Dead Mother>, <병실에서의 죽음Death in the Sickroom> 그리고 몇몇 평론가들에 따르면 <절규The Scream>를 포함한 몇 점의 그림을 통해 자신의 절망감을 표현했다.

결핵의 재앙은 20세기까지도 작가들을 따라다녔다. 프란츠 카프카Franz Kafka, 케서린 맨스필드Katherine Mansfield, 토머스 울프Thomas Wolfe, 조지 오웰George Orwell은 모두 결핵으로 사망했는데, 특히 오웰은 «1984»를 완성한 직후에 사망했다. 같은 질병으로 죽음을 앞두고 있던 D. H. 로렌스D. H. Lawrence는 «죽음의 배The Ship of Death»에서 이렇게 썼다. "육체는 야금야금 죽어가고 겁에 질린 영혼은 차오르는 검은 물에 디딤대를 떠내려 보냈다."[77]

20세기 후반이 되자 스트렙토마이신과 결핵 치료제들이 발견되면서 이 유서 깊은 고질병을 고칠 수 있다는, 심지어 뿌리 뽑을 수 있다는 희망이 생겨났다. 하지만 1980년대에 약물 내성 균주들이 에이즈와 함께 널리 확산되면서 이러한 희망은 사라졌다. 에이즈 환자의 면역계가 감염에 맞서 싸울 수 있는 능력을 잃어버리면서 마이코박테리움 투베르쿨로시스는 가장 무서운 침략자가 되었다. 현재 사하라 이남 아프리카에서 발생하는 결핵 환자의 38%가 에이즈를 앓고 있다.[78]

결핵은 미국에서도 큰 문제로 남아 있다. 1992년 미네소타에 서는 결핵을 치료하지 않은 한 남성이 자주 가던 술집의 손님과 종업원 41명에게 병을 옮긴 일이 있었다.[79] 1993년 메릴랜드에서 는 결핵에 감염된 대학생이 친구와 친지 33명을 감염시켰다. 조사 에 따르면 이 학생은 "홍역을 앓는 평균적인 아동보다도 감염력 이 높았다."[80] 결핵은 특히 노숙자와 공공 보호 시설에 거주하는 사람들 사이에서 큰 문제가 된다. 2002년 시애틀에서는 그러한 사례가 30건이나 발생했다.[81]

5

모여 사는 인간
약속의 땅에 나타난 미생물

Humans as Villagers:
Microbes in the Promised Land

인간이 모든 생명체를 초월하는 존재를 발명해낸 것은 어제오늘의 일이 아니다. 이는 수천 년 동안 인간이 가장 줄기차게 머리를 써온 분야이다. 하지만 이러한 환상은 단 한 번도 만족스럽게 실현되지 못했으며, 오늘날에도 마찬가지다. 인간은 여전히 자연에 뿌리박고 있다.

─루이스 토머스Lewis Thomas, ≪세포의 생애The Lives of a Cell≫

구석기시대의 사냥꾼은 외톨이었다. 수백만 년 동안 그들은 소가족 혹은 대가족 단위로 계절에 따라 사냥감을 좇아 이동했다. 칼렌의 ≪인간과 미생물≫에 따르면, 구석기인은 "몇 십 명이나 기껏해야 백여 명 단위로 생활했고, 인구 밀도가 1평방마일당 1인을 초과하는 경우는 거의 없었다."[1] 이처럼 분포가 희박한 탓에 무리끼리 마주치는 경우도 드물었다. 한 사람이 일생 동안 상호행위하는 사람의 수는 수백 명을 채 넘지 않았다.

신석기시대의 농사꾼들도 처음에는 점점이 흩어져 있었다. 하지만 작물을 심고 가축을 기르면서부터 점차 한자리에서도 충분한 먹을 것을 얻을 수 있게 되었다. 여러 가족이 가까운 곳에 정착하면서 촌락과 부락이 형성되었다. 밀집된 주거지 둘레에 경작지가 존재하는 형태가 많았다. 마을을 이루어 살면서 가축에 접근하는 야생짐승을 함께 막아낼 수 있게 되었다. 또한 곡식이나 가축을 훔쳐가려는 다른 무리도 공동으로 물리칠 수 있었다. 대부분의 마을은 300명 남짓으로 구성되었다. 한 개인이 일생 동안 교류하는 사람의 수는 몇 천 명 정도였을 것이다.

차탈회육 가구의 복원예상도

시간이 흐르면서는 마을이 모여 소도시가 되었다. 9,000년 전 이라크 북부의 자위 케미 샤니다르Zawi Chemi Shanidar와 이스라엘의 예리코Jericho, 터키의 차탈회육Catalhöyük은 명실상부한 소도시의 지위를 획득했다. 예리코의 인구는 약 2,000명이었고 둘레에 방벽이 둘러쳐져 있었다. 차탈회육에는 집다운 집이 들어섰다. "거실에 난로와 화덕은 말할 것도 없고 긴 의자와 발판으로 구성된 빌트인 가구까지 구비되었는데 전부 흙과 석회로 만들어졌다. 광이 딸린 방들이 무리지어 신전을 둘러싸고 있었다."[2]

그런대로 안정적인 식량 공급과 정착 생활 덕분에 아이를 기르기가 쉬워지면서 약 1만 년 전부터는 인구가 빠르게 불어났다.

작물을 재배하고 가축을 기르기 시작할 무렵의 세계 인구는 500만 명을 넘지 않았을 것으로 추정되지만, 그로부터 4,000년 이내에 세계 인구는 10배로 늘어나 약 5,000만 명이 되었다.[3] 소도시는 점차 커졌고, 인근에 있던 몇 개의 소도시가 합쳐지면서 8,000명에서 1만 명 정도의 인구가 거주하는 최초의 중심 도시가 탄생했다. 도시 지역에 사는 사람은 일생 동안 1만 명 정도와 교류했을 것으로 생각된다.

신석기시대의 도시화는 메소포타미아에서 처음으로 이루어졌다. 메소포타미아는 티그리스 강과 유프라테스 강이 물을 공급하는 곳이다. 우루크, 우르, 라가시, 키시, 에레크 등이 주요 중심 거주지였다. 에레크의 방벽은 5평방킬로미터에 달하는 면적을 둘러싸고 있었다.[4] 이집트에서는 멤피스나 테베 같은 중심 도시가 나일 계곡에 자리를 잡았다. 지금의 파키스탄 지역에서는 인더스 강을 따라 모헨조다로Mohenzo-Daro와 하랍빠Harappa가 주요 중심지로 발달했다. 약 4,500년 전에는 이 세 개의 계곡에만도 "약 75만 명이 거주했을 것으로 보인다."[5]

미생물의 잔치

박테리아와 바이러스, 원생동물의 입장에서 볼 때 사람들이 모여 산다는 것은 여러 가지 이점이 있는 일이다. 밀폐된 어두운 집은 미생물의 강력한 적인 햇빛을 차단해준다. 집 안에서는 공기가 쉽게 부패하고 이것이 계속해서 순환하기 때문에 사람이 많은 실내에서는 미생물이 인간의 호흡기를 자유롭게 이동할 수 있다. 영구적인 거주지가 생기면서 쓰레기나 찌꺼기, 분변 등이 쌓였고 이것이 쥐, 모기, 파리를 불러들였으며, 그중 일부는 아예 집으로 들어와 살게 되었다. 칼렌은 이를 다음과 같이 설명했다. "바빌론의 정원과 이집트의 사원은 도시의 영광을 상징했으나 그 그늘이 드리운 골목에는 쓰레기가 그득했다. 집들은 썩은 냄새와 연기를 풀풀 풍겼다. 사람과 동물의 쓰레기는 어마어마하게 쌓여갔다. 오염된 샘에서 물을 긷고, 더러워진 들에서 먹을 것을 거두어들였다. 오물과 쓰레기는 온갖 날고 기는 세균투성이 청소부를 끌어들였다."[6] 모기와 파리를 비롯한 벡터들은 사람과 가축을 먹고 살았다. 초기 인류와 떠돌이 짐승을 수백만 년 동안 뒤쫓아 다녔던 미생물로서는 잔칫상 앞에 앉은 셈이었다.

사람이 모여 촌락과 소도시, 도시를 형성하면서 미생물이 유발하는 전염병도 자연스럽게 증가해갔다. 초기 정착지에 대한 연구에 따르면 "수렵에서 곡물 경작으로 이동함에 따라 감염 흔적을 가진 사람의 비율은 2배로 늘어났다. 감염률은 지역 사회의 크기 및 영속성과 양의 상관관계를 보였다."[7]

인구 밀도의 증가에 이어 미생물 감염이 증가한 주요 원인은 대부분의 미생물이 사람 혹은 동물의 밀도가 일정 한계 이상이 되어야만 존재할 수 있기 때문이다. 예를 들어 "평균 수명이 4개월인 이비인후 박테리아 종은 70명만 있으면 생존이 가능한 반면 평균 수명이 1개월에 불과한 종은 500명 정도가 있어야 지속적인 전파가 가능하다."[8] 특히 최초 감염 후 영구 면역이 생기는 미생물의 경우에는 충분한 수준의 밀도가 보장되어야 한다. 이런 미생물이 계속해서 순환하려면 감염된 적이 없으면서 감염 가능성이 있는 사람이 많아야 하기 때문이다. 일단 모든 사람이 감염되고 나면 미생물은 죽는 수밖에 없다.

이런 이유로 다수의 감염성 질환은 꾸준히 불어나는 집단에서 사람들이 밀착해 생활할수록 발병률이 높아져간다. 결핵과 천연두가 좋은 예다. 이 질병들의 흔적이 고대 이집트의 미라에서 발견되었다. 알려져 있는 미생물들 중에서 충분히 많은 수의 사람이 함께 사는 경우에만 인간을 감염시키는 종류는 그보다 더 적다.

그 예로서 누구나 경험하는 것이 감기의 가장 흔한 원인인 코감기 바이러스다. 그동안 코감기 바이러스는 애초에 말에서 사람으로 전파되었다고 생각했으나 최근의 연구에서 소의 코감기 바이러스에서 유래한 것으로 입증되었다.[9] 사람으로 옮겨온 코감기 바이러스는 1장에서 설명했던 대로 돌연변이를 거치면서 사람에게 적응했다. 그 결과 코감기 바이러스는 더 이상 소에서 사람으로 전파되는 것이 아니라 사람 사이에서만 순환하게 되었다. 이를 위해서는 바이러스 저장소 역할을 할 수 있는 다수의 사람이 필요하다. 저장소가 없으면 바이러스는 사멸하고 만다. 이러한 조건은 소도시 혹은 대도시 지역에서만 찾아볼 수 있다. 결국 감기는 사람이 소를 사육하며 마을이나 도시에 모여 산 결과물인 것이다.

홍역

생존을 위해 다수의 사람이 필요한 미생물의 대표적인 예가 홍역 바이러스다. 홍역 바이러스는 원래 소에서 사람으로 전파되었다. 인간 코감기 바이러스와 마찬가지로 홍역 바이러스 역시 지금은 동물에서 사람으로 전파되지 않으면서 사람에서 사람으로만 옮겨 다닌다. 최초 감염 후에는 영구 면역이 생기기 때문에 홍역은 최소 25만 명 이상이 접촉하며 살아가야 지속적으로 존재할 수 있다.[10] 이 정도 규모의 사람이 있어야 감염 사슬을 계속해서 이어 가는 데 필요한 수의 비감염자가 항상 존재하기 때문이다. 이러한 집단에서 감염되지 않은 사람은 대부분 아이들이기 때문에 홍역은 대체로 소아 질환이다. 반면 25만 명보다 작은 규모의 고립된 집단에 도입될 경우의 홍역 바이러스는 과거에 감염된 적이 없는 사람들을 연령을 가리지 않고 휩쓴 뒤 외부에서 다시 유입되기 전까지는 사멸해버린다.

홍역은 흔히 가벼운 질환으로 취급된다. 실제로 홍역 바이러스에 감염된 사람의 대부분은 가볍게 지나가지만 일부는 생명이 위험할 수도 있다. 세계적으로는 해마다 200만 명 정도가 홍역으로 사망한다. 1840~1990년에는 약 2억 명이 홍역으로 목숨을 잃었다.[11] 홍역의 치명적인 잠재력은 다음의 두 가지 특성에서 비롯된다. 첫째, 홍역은 신체 면역 체계에 심각한 손상을 입힌다. 그 과정에서 에이즈를 유발하는 HIV와 유사한 작용을 한다.[12] 면역계가 망가지면 다른 전염성 미생물이 거리낌 없이 번식할 수 있게 된다. 영양 상태가 불량하거나 다른 질환을 앓고 있는 사람에게서는 번식 속도가 더욱 빠르다. 따라서 홍역에 걸린 사람이 폐렴이나 결핵, 장티푸스 혹은 기타 감염으로 사망하는 경우가 생기는 것이다. 개발도상국에서 홍역의 치사율이 10%나 되는 것도 이런 이유 때문이다. 선진국에서는 그 1/10인 1%에 불과하다.

홍역이 치명적일 수 있는 또 다른 이유는 이 바이러스가 뇌를 침범하기 때문이다. 홍역 바이러스에 감염된 소아의 뇌전도EEG 검사에서 절반 정도의 수가 변화를 나타낸 것을 본다면 이러한 일은 빈번하게 발생하는 듯하다.[13] 때로는 홍역 바이러스가 급, 만성 뇌염을 유발하기도 한다. 1963년에 홍역 백신이 도입되기 전에는 미국에서만 한 해 4,000명의 어린이가 급성 홍역 뇌염에 걸려 그 중 1/4 정도가 청력 혹은 시력을 잃거나 간질 발작을 일으키거나 정신지체 장애아가 되거나 또는 그밖에 다른 뇌 손상을 입었다.[14] 홍역 뇌염이 최초 감염 후 수 년 동안 무증상 상태로 있다가 갑자기 혼수나 사망을 일으키는 경우도 있다.

홍역 바이러스는 홍역 바이러스 족에 속하며 그 직계 조상은 소의 우역 바이러스이다. 분자 구조 분석에서 홍역 바이러스는 조상인 우역 바이러스와 거의 동일하며 홍역 바이러스 족의 어떤 구성원보다도 우역 바이러스와 강한 상관관계가 있는 것으로 나타났다.[15] 홍역 바이러스 족에 속하는 다른 구성원으로는 개를 비롯한 개과 동물의 개 디스템퍼 바이러스, 양 및 염소의 가성 우역 바이러스, 바다표범의 바다표범 디스템퍼 바이러스, 돌고래의 디스템퍼 바이러스를 들 수 있다.

홍역 바이러스는 소를 사육하기 시작한 이후 우역 바이러스에서 진화했을 것으로 짐작된다. 우역 바이러스는 소의 특이 질병으로서 이전에 감염된 적이 없는 무리에 퍼지면 무서운 전염병을 일으킨다. 1740년대에 프랑스 전역에서는 우역으로 소의 반수가 몰살당했고, 1장에서 살펴보았듯이 1890년대에는 아프리카에서 소와 관련된 야생동물이 큰 피해를 당했다.

앞서 말했듯이 인간이 동물을 기르게 된 이후 소는 인간과 함께 살아왔다. 인간은 소의 젖을 짜고, 새끼의 출산을 도우며, 소를 도살하고, 그 고기를 먹었다. 메소포타미아 그림에는 소의 젖을 짜는 장면이 묘사되어 있고, 고대 이집트 무덤의 그림에도 다양한 품종의 소가 등장한다. 비교적 최근까지도 세계의 여러 곳에서 사람과 소는 한 지붕 아래 살았다. 토머스Thomas의 《인간과 자연 세계Man and the Natural World》에 따르면 근래까지 서유럽 일부 지역에는 "벽난로 불길을 바라볼 수 있는 소가 좋은 젖을 생산한다"는 말이 있었다. 소를 기르지 않는 사람도 노출되기는 마찬가지였다. "근대 초기 소도시에서는 어디서나 동물을 볼 수 있었고, 거주민들이 길거리에서 돼지를 치거나 소젖을 짜지 못하도록 당국이 별별 조치를 다 취해도 소용이 없었다."[16]

　홍역 바이러스는 생존에 25만 명 이상의 인구가 필요하기 때문에 약 5,000년 전 티그리스-유프라테스와 나일, 인더스 강 유역에 중심 도시가 들어서기 전까지는 홍역이라는 질병이 존재하지 않았다. 이 시기 이후의 고대 세계에는 홍역이 분명히 존재했을 테지만 천연두나 수두, 풍진, 성홍열, 그밖에 발진을 일으키는 다른 질병들과 혼동되었던 관계로 정확한 기록을 찾기가 쉽지 않다. 고대 그리스와 로마, 이집트, 중국에서는 홍역을 구분할 수 있었다는 주장이 있기는 하지만 이 질병에 대해 최초로 제대로 설명한 것은 10세기 페르시아의 알-라지Al-Razi, 즉 라제스Rhazes이다. 그는 이슬람 세계의 걸출했던 의사로서 원래 이름은 레이의 아부 바크르 무함마드 이븐 자카리야Abu Bakr Muhammad ibn Zakariyya of Ray다. 그는 홍역을 천연두와 구분하면서 두 질병에 대한 치료법을 설명했다. 알-라지의 노력에도 불구하고 홍역과 천연두는 이후 수백 년 동안 계속해서 혼동되었다. 그러다가 17세기에 이르러서야 두 가지를 완전히 다른 별개의 질병으로 보게 되었다. 영국의 에세이 작가 토머스 풀러Thomas Fuller의 글에서 그 사실을 확인할 수 있다. "따라서 홍역이 천연두를 유발하는 것도, 천연두가 홍역을 유발하는 것도 아니다. 이는 닭과 오리가, 늑대와 양이, 혹은 엉겅퀴와 무화과가 별개인 것과 마찬가지다."[17]

"작은 나병"

홍역이 과거에 노출된 적이 없는 집단에 도입되었을 때 발휘하는 치명적인 위력은 근세에 들어서면서 여러 차례 입증되었다. 영양이 불량한 집단일수록, 또한 다른 질병과 함께 발생할수록 치사율은 높다. 홍역은 면역계를 억제하기 때문에 다른 병발 질환이 있을 경우에는 피해가 더 크다.

홍역과 천연두가 동시에 전파되었을 때의 독성은 유럽 탐험가들이 아메리카 대륙이 도달했을 때 극적으로 입증되었다. 이들은 의도치 않게도 홍역과 천연두를 비롯한 전염성 질병을 퍼트렸다. 천연두가 먼저 퍼졌고, 홍역이 재빨리 그 뒤를 이었다. 1529년 "쿠바에서 홍역이 발생해 천연두에서 살아남은 원주민의 2/3가 사망했다."[18] 1530년대에는 멕시코와 페루에 홍역이 돌았고, 1531년에는 온두라스, 1532년에는 니카라과와 과테말라에서 홍역이 발생하면서 거주민의 절반이 목숨을 잃었다. 한 선교사의 기록을 보자. "인디오들은 너무도 쉽게 쓰러졌다. 마치 스페인 사람을 보거나 그들의 냄새를 맡기만 해도 숨이 끊어지는 것처럼 보일 지경이었다."[19] 홍역은 작은 나병, 홍역에 앞서 발생한 천연두는 큰 나병이라고 불렸다.[20]

두 질병이 입힌 처참한 피해로 인해 신세계의 역사는 완전히 달라졌다. 칼렌은 《인간과 미생물》에서 이렇게 쓰고 있다. "천연두와 홍역으로 인한 사망자는 지역에 따라 1만 명, 혹은 10만 명에 육박했다. 온 도시와 부족이 몰살당하고 문화와 언어가 사라지기도 했다. 시신이 들판에 흩어져 있거나 인적 없는 마을에 무더기로 쌓여 있었다."[21] 유럽인들이 도착하기 전 멕시코와 페루의 원주민 수는 2,500만~3,000만 명 정도였다. 16세기 말이 되었을 때에는 그 10%에 불과했다.[22] (어린 시절에 이 병을 앓고 지나간) 스페인인들이 멀쩡한 것을 보고, 살아남은 원주민들은 천연두와 홍역을 백인들의 신이 내린 심판이라고 여겨 앞을 다투어 가톨릭으로 개종했다. 유럽인들이 도착했을 때는 세계에서 가장 앞서 있었던 아즈텍과 잉카 문명이 이제 더 이상은 조직화된 사회로서 존재할 수 없게 되었다.

기록이 부족하기는 하지만 아메리카 대륙의 다른 지역에서 홍역이 원주민에게 미친 영향 역시 이와 유사했을 것이다. 플로리다에서는 1531년 홍역으로 원주민의 절반이 목숨을 잃었다. 1596년 두 번째 홍역이 발생했을 때는 살아남은 사람의 1/4이 사망했다.[23] 1837년 북아메리카 평원에서는 적대 관계에 있던 수우족에 포위된 2,000명의 만단 인디언들 사이에 홍역이 돌았다. 맥닐Mc-Neil의 이야기에 따르면 "2,000명은 단 일주일 만에 30~40명으로 줄어들었다. 전염병에서 살아남은 생존자들은 적의 포로가 되었고, 만단족은 더 이상 지구상에 존재하지 않게 되었다."[24] 캐나다 인디언들도 똑같은 고통을 겪었다. 1819년과 1820년 홍역이 돌면서 치페와족이 몰살당했으며, 포트 치페완 근처에 살던 원주민들도 홍역을 동반한 이질로 1/3가량이 사망했다고 한다.[25]

홍역이 독감과 함께 발생할 때 나타나는 비극적인 결과는 1900년의 알래스카에서 발견된다. 여러 전염병 연구에 따르면

"서알래스카 에스키모의 1/4이 목숨을 잃었고 마을 전체가 몰살 당한 곳도 여럿이었다." 우가비그에서는 거주민 132명 중 60명이 사망했다. 유콘 강 유역의 도그 피시 빌리지에서는 거주민 27명 중 20명이 사망했다. 에스키모는 홍역을 '큰 병'이라고 불렀다. 전염병에 대한 한 선교사의 증언을 들어보자. "전염병이 돌면서 차마 눈 뜨고 볼 수 없는 처참한 광경이 속출했다. 우리는 줄기차게 퍼붓는 빗속에서 진흙탕을 헤치며 마을의 천막과 통나무집들을 돌았다. 전염병이 덮친 마을의 불운한 희생자들을 위해 우리는 덜컹거리는 수레를 끌고 다녔다. 그러는 동안에도 어둠 속에서는 고통에 몸부림치는 사람들의 기침소리와 신음이 들려왔다. 실로 암울한 작업이었다. 개들도 더 이상 짖지 않았고, 일부는 영원히 울음을 멈추었다. 이 가여운 짐승들은 목줄에 묶인 채 굶어죽어야만 하는 비참한 신세였다." 또 다른 마을에서는 "지나가던 사람들이 아이들 우는 소리를 들었다. 무슨 일인가 살펴보니 천막 안에 한 부부가 죽어 있고 아이들만 남아 있었다."[26]

1900년 6월 11일에는 베링 해의 외딴 섬 세인트 폴 아일랜드에 인플루엔자가 배를 타고 도착했다. 2백여 명의 알류트족 거주민은 모두 감염되었고 그중 7명이 사망했다. 두 달 뒤에는 또 다른 배를 타고 홍역이 들어왔다. 이때도 모든 거주민이 감염되었기 때문에 "9월 9일 앓아눕지 않은 알류트인은 단 두 명뿐이었다. 10월 3일까지는 거의 하루도 빠지지 않고 사망자가 나왔다." 인플루엔자로 약해져 있던 알류트족의 10%가 이 홍역으로 인해 목숨을 잃었다.[27]

고립된 지역의 거주민이 처음으로 노출된 홍역으로 전멸한 사례는 그밖에도 많다. 1846년 아이슬란드에서는 인구의 3%에 해당하는 2,026명이 전염병으로 목숨을 잃었다. 1882년의 전염병으로는 1,700명이 사망했다. 홍역이 그린란드 남부에 도착한 때는 1951년이었다. 4,262명의 거주민 중 5명을 제외한 전원이 감염되었는데 그중 77명이 사망했다.[28]

남태평양에서는 당시 고립 지역이었던 시드니에 1834년 홍역이 상륙했고, 이어 1854년, 1860년, 1967년에도 홍역이 발생했다. 마지막 홍역 발생에 대해서는 자세한 기록이 남아 있다. "불과 몇 달 사이에 홍역이 700명 이상의 아이들을 데려가버렸다." 이 사건으로 영양 불량 및 낮은 사회경제적 지위가 홍역 사망률을 높인다는 사실이 입증되었다. 시드니의 빈곤층 가정에서의 소아 사망률이 30%에 달한 반면 부유층의 사망률은 1%도 되지 않았다.[29]

1875년 피지를 휩쓴 홍역이 아마도 가장 유명할 것이다. 피지 왕가는 피지를 영국 식민지로 삼는다는 내용의 조약에 서명하기 위해 오스트레일리아로 떠났다. 오스트레일리아에 있는 동안 왕과 왕자들이 홍역 바이러스에 감염되었고 집으로 돌아오는 도중 무리의 다른 사람들에게도 전파되었다. 피지에 도착한 왕을 환영하기 위해 나온 족장들의 다수는 피지 인근 섬에서 찾아온 이들이었다. 이틀 동안 이야기를 나누며 이런저런 행사를 한 뒤 족장들은 집으로 돌아갔다.

홍역은 두 달 이내에 피지 전역으로 퍼졌고 결과는 처참했다. 한 통계에 따르면 "단 한 사람의 예외도 없이 마을 사람 전체가 즉시 발병할 만큼 갑작스럽고 빈틈없는 공격이었다. 먹을 것을 구하거나 구해온 음식을 조리할 수 있는 사람이 아무도 없었다. 먹을 것이 지천으로 널린 속에서 사람들은 굶주림과 갈증으로 죽어갔다."[30]

"이후 4개월에 걸쳐 최소 4만 명의 피지인이 홍역으로 사망한 것으로 추정된다. 당시의 인구가 15만 명 정도였으므로 27% 이상이 홍역으로 목숨을 잃은 셈이다."[31]

미국에 정착한 유럽인들 중에서도 아동기에 홍역에 노출된 적이 없었던 농촌 지역 사람들 사이에서는 홍역이 심각한 문제였다. 남북전쟁 중에는 농촌 출신 젊은이들이 불가피한 결과를 맞아야 했다. "홍역이 발생함으로써 훈련에 심각한 차질이 생겼다. 중대, 대대, 심지어 연대 전체가 잠정적으로 해산되었고, 병사들은 집으로 돌아갔다."[32]

남북전쟁의 지휘관들은 홍역이 군대를 전멸시킬 수도 있다는 사실을 알고 있었으므로 '단련된' 연대만을 전투에 내보냈다. 남군의 한 장군은 전투에 병사를 보내달라는 요청을 받자 "지금은 절반가량이 앓아누웠으니 홍역이 다 지나고 나면 회복되는 대로 보내겠다"고 답했다. 로버트 E. 리Robert E. Lee 장군도 홍역이 병사들에게 미치는 영향을 예의 주시했다. "현재 병에 걸려 있는 병사가 아주 많습니다. 환자 목록에 오른 병사들로 군대를 구성할 겁니다. 아직은 홍역이 돌고 있지만 곧 잦아들 것으로 생각됩니다. 어려서 앓으면 별것 아니지만 어른이 되어 앓으면 큰 병이기 때문에 홍역이 다시 유행할 것에 대비하고 있습니다. 비가 계속 내리는 데다 천막 말고는 피난처가 없기 때문에 상황이 더욱 힘겹습니다."[33]

홍역은 남북전쟁에 참여한 양측을 무차별 공격했다. 북군에서는 7만 6,318건이 발생해 5,155명이 사망했고, 노스캐롤라이나의 남군 진지에서는 "병사 1만 명 중 4,000명이 홍역에 걸렸다."[34]

그러나 남북전쟁에서 홍역의 희생자가 된 가장 유명한 사람은 가공의 인물이다. 마거릿 미첼Margaret Mitchell의 소설 《바람과 함께 사라지다Gone with the Wind》에서는 스칼렛 오하라Scarlet O'Hara의 첫 남편이 결혼 3주 뒤 참전을 위해 집을 떠나지만, 두 달도 되지 않아 스칼렛에게는 남편이 "북군 놈들을 무찌르러 사우스캐롤라이나 캠프에서 나와보지도 못한 채 홍역에 뒤이은 폐렴으로 인해 수치스럽게도 곧장 세상을 떠나버렸다"는 전보가 도착한다.[35]

홍역은 원래 동물에서 사람으로 전파되었으나 마을이나 소도시, 대도시에 사람들이 모여 사는 경우에만 문제가 되는 미생물 질병의 대표적인 예다. 다른 미생물들 역시 살기에는 도시 지역이 좋다는 사실을 깨달았다. 사람에서 사람으로 쉽게 옮겨 다닐 수 있기 때문이다. 일부 미생물은 대도시에 성공적으로 안착하여 보다 빠르게 옮겨 다닐 수 있는 새로운 방법을 발견해냈다. 오늘의 거주지가 우루크와 테베라면 내일은 전 세계인 것이다.

6

장사하는 인간
미생물, 여권을 발급받다

Humans as Traders:
Microbes Get Passports

인간이 떠돌이 포식자로서 성공적인 삶을 살아가기 시작한 지 불과 몇 세대 지나지 않아 인간 사회와 인간이 기르는 동물 사이의 균형은 완전히 깨지고 말았다. 전염성 질병이 중대한 역할을 하게 된 것은 이러한 불균형 때문이다.

— 리처드 파인즈Richard Fiennes, «인간, 자연, 질병Man, Nature, and Disease»

포유류의 미생물은 수백만 년 동안 그다지 멀리 이동하지도, 빠르게 이동하지도 못했다. 초기 인류와 동물들은 비교적 제한된 영역 안에서 평생을 살아갔고, 마침내 아프리카를 벗어났을 때에도 이동은 느리기만 했다. 면역력이 없는 집단에까지 미생물이 널리 퍼질 수 있는 기회가 거의 없었으므로 미생물이 전염병을 유발하는 일도 아마 매우 드물었을 것이다.

신석기시대의 농부가 한곳에 정착해 마을을 이루고 마을이 커져 도시가 되며 거래와 교전이 증가하면서, 인간과 동물, 그리고 그들의 동반자인 미생물이 이동할 기회가 증가했다. 9,000년 전 터키의 카탈회육은 이미 상업의 중심지였다.

티그리스 강과 유프라테스 강을 따라 메소포타미아 문명이 꽃필 무렵에는 장거리 무역도 드물지 않았다. 메소포타미아의 장인들은 도기와 가죽 제품, 도구, 구리나 은, 금으로 만든 장신구를 제작했고, 이를 거래에 내놓았다. 오만에서는 구리광을, 터키에서는 금과 은을, 인도에서는 조개껍데기를, 아프가니스탄에서는 청금석을, 레바논에서는 삼나무를 들여왔다. 바레인의 대추나 지중

해 연안의 포도주를 비롯해 먹을거리도 거래되었다. 가축도 거래
되었는데, 바로 이것이 문명 세계 전체로 동물들이 급속히 퍼져
나가게 된 주요 이유였다. 장거리 무역은 체계적으로 이루어졌다.
예를 들어 4,500년 전의 메소포타미아는 터키에 '콜로니'를 두고
수입과 수출을 감독했다.[1]

사람과 동물, 미생물이 이동하는 속도는 말과 낙타를 기르고
배를 발명하면서부터 비약적으로 빨라졌다. 일주일 동안 걸어야
했던 거리가 말을 타면 이틀로 충분했다. 여행에 말이 널리 이용
되던 무렵, 배를 사고파는 이집트 상인들은 지중해 지역까지 진출
했고 그리스와 페니키아의 배들도 이에 가세했다. 레바논에서는
유리와 직물, 금속, 목재, 포도주가 났고, 이집트에서는 리넨과 파
피루스, 금, 상아, 키프로스에서는 구리, 아라비아에서는 대추와
호박, 기타 수지가 생산되었다. 로마 제국 시대에는 사육된 소들
이 근동과 유럽 전역에서 광범위하게 거래되었고, 로마는 날마다
수천 톤의 밀을 북아프리카에서 수입했다.[2]

무역로를 이용하는 사람과 가축, 미생물의 이동을 전쟁이 보
완해주었다. 이웃한 초기 인류 집단 사이에도 틀림없이 분쟁은 있
었을 것이다. 말과 배가 존재하게 된 덕분에 이러한 산발적인 분
쟁은 전쟁 수준으로 격상되었다. 사르곤 2세Sargon the Great는 4,000
년 전에 군대를 이끌고 메소포타미아에서 시리아와 터키로 쳐들
어갔다. 500년 뒤에는 페르시아가 파키스탄의 인더스 밸리에 있
는 도시들을 침공하여 괴멸시켰다. 약 4,000년 전 전차가 발명되
었을 때에는 히타이트 족과 아시아 스텝 지역의 기마 민족들이 주
도권을 잡았다.

낙타와 말, 배를 이용하면서부터는 세상의 속도가 빨라졌다.

무역로가 확립되면서 점점 더 많은 사람과 동물, 미생물이 북적대는 시장과 쉼터에서 상호행위했다. 전쟁은 기근과 강간, 그리고 전리품으로 획득한 대규모 노예와 동물의 강제 정착으로 이어졌다. 배가 출현하기 전에는 "질병이 먼 곳까지 퍼지는 데 오랜 시간이 걸렸고, 새로운 집단에 도달하기 전까지 존속하기 위해서는 대규모 숙주 집단이 필요했다."[3] 수백만 년 동안 비교적 제한된 영역 내에 머물러 있던 박테리아와 바이러스, 원생동물은 환경이 달라지면서 다수의 취약한 인간과 동물을 만나게 되었다.

이처럼 전례 없는 사람의 이동이 어떤 결과를 가져올지는 자명했다. 간염, 말라리아, 황열처럼 오래된 상속 전염병과 홍역, 수두, 결핵처럼 가축을 기르면서 발생한 질병이 널리 확산되기 시작했다. 그리고 전염병의 유행이 이어졌다.

역사에 기록된 최초의 전염병은 메소포타미아 지역에서 발생했다. 이곳에서는 '전염병의 여신에게 드리는 기도와 전염병에 대해 묘사한 글을 새긴 돌'이 발견되었다.[4] 여기에는 히브리인을 이집트 노예의 신분에서 벗어나게 만든 성경의 '10가지 역병'도 포함되어 있다. 또한 사흘 만에 이스라엘인 7만 명의 목숨을 앗아간 '돌림병'과[5] 하룻밤 새에 18만 5,000명의 아시리아인을 쓰러트린 질병 등도 거론되고 있다.[6]

고대 그리스 작가들도 전염병에 대한 기록을 남겼다. 11장에서 살펴보겠지만, 그중 가장 주목할 만한 것은 기원 전 430년경에 최고조에 달했던 아테네의 전염병이다. 이 역병은 에티오피아에서 발생한 것으로 추정되며 이집트를 덮친 뒤 피레우스 항으로 이동했다가 아테네 도시국가 전역으로 퍼져나갔다. 최근 아테네 지하철 건설 도중 발견된 유적에서 역병의 존재가 확인되었다. 그것은 수많은 역병 희생자들의 유해를 서둘러 묻은 흔적이 뚜렷한 공동묘지였다.[7] 이 발굴 작업으로 투키디데스Thucydides의 주장이 입증되었다. 그는 다음과 같은 기록을 남겼다. "그동안 지켜온 모든 장례식 절차가 지금은 흐트러졌으며, 사람들은 다만 최선을 다해 사자를 매장했다. 죽은 사람이 너무 많아 필요한 매장 수단이 부족한 사람들은 가장 파렴치한 방법을 쓸 수밖에 없었다."[8] 아테네 전염병의 원인에 대해서는 온갖 추측이 난무했으나 확실하게 밝혀진 것은 없다. 역병이 가져온 결과만은 분명하다. 그것은 아테네 인구 약 1/3의 사망이었다.

일부 수치에 실제 사실과 다를 것으로 짐작되는 요소가 있는 것은 사실이지만 점점 더 많은 사람이 점점 더 빠르게 이동하던 시기에 중동과 지중해 동부를 전염병이 주기적으로 휩쓸었다는 점만큼은 분명하다. 고대에 어떤 질병이 유행했는가에 관한 의학적 추측도 분분했지만 결과는 다소 실망스럽다. 전염병에 대한 대부분의 묘사가 지나치게 파편적인 탓에 정확한 속성을 파악할 수 없기 때문이다. 홍역, 수두, 독감, 장티푸스, 발진티푸스, 마비저, 흑사병 등이 제시되어왔지만 흑사병의 가능성은 극히 적다. 흑사병을 전파하는 쥐가 중동 지역에 출현하기 이전의 일이기 때문이다.

쥐의 출현

생쥐와 쥐는 다람쥐, 얼룩다람쥐, 마멋, 황무지쥐[또는 모래쥐], 햄스터, 기니피그, 우드척다람쥐, 비버, 호저와 함께 설치류에 속

우리는 모두 짐승이다—동물, 인간, 질병

한다. 생쥐와 쥐는 원래 중앙아시아, 인도, 파키스탄에서 진화해 수백만 년 동안 그 지역에 머물렀다. 인도 북부의 빔베트카에는 자루에 담긴 쥐들을 묘사한, 연대를 알 수 없는 고대 암각화가 있다. 생쥐와 쥐는 약 1,000만 년 전에 나뉘었다. 실제로 생쥐와 쥐의 DNA는 침팬지와 인간의 DNA보다 10배나 더 큰 차이를 보인다.[9]

쥐는 역사적으로 본다면 다소 늦게 고향을 떠났다. 그리스 인과 로마인들은 쥐에 관한 기록을 남기지 않았다. 한스 진서의 «쥐, 이 그리고 역사»에 따르면 "고전 문학에 쥐에 관한 확실한 언급이 없다는 데에는 대부분의 학자들이 동의한다."[10] 마침내 이동하기 시작한 쥐는 흑사병을 유발하는 박테리아인 예르시니아 페스티스Yersinia pestis와 함께 움직였다. 흑사병은 벼룩을 벡터로 해서 쥐에서 사람으로 옮는다. 감염된 쥐를 문 벼룩이 사람을 물 때 박테리아가 전파되는 것이다.

미생물의 역사에서 볼 때 예르시니아 페스티스는 비교적 신참자다. 예르시니아 페스티스, 즉 페스트균은 설치류와 포유류, 조류 사이에 광범위하게 분포하는 박테리아인 예르시니아 슈도투베르쿨로시스에서 진화했고, 그것과 거의 동일하다. 예르시니아 슈도투베르쿨로시스는 인체에서 경미한 장 질환을 유발한다. 최근의 분자 연구에 따르면 예르시니아 슈도투베르쿨로시스에서 예르시니아 페스티스가 진화한 것은 '최초의 흑사병이 대유행하기 직전'인 몇 천 년 전이다.[11]

예르시니아 슈도투베르쿨로시스처럼 비교적 무해한 박테리아의 유전자 구조가 변화하여 이와 유사하지만 매우 독성이 강한 예르시니아 페스티스로 진화하게 된 원인은 무엇일까? 이러한 변화는 박테리아가 이전에 감염된 적이 없는 종을 감염시켰을 때 발생한다. 혹은 상이한 두 가지의 미생물이 동일 포유류를 동시에 감염시켜 서로 유전자 물질을 교환함으로써 변할 수도 있다. 9장에서 살펴보겠지만, 이는 일부 인플루엔자 종이 치명적인 균주로 진화하는 기전과 동일하다. 예르시니아 슈도투베르쿨로시스가 장티푸스 열을 유발하는 친척 바이러스인 살모넬라 타이피Salmonella typhi와 함께 포유류를 동시 감염시키면서 악성 형질 전환을 일으켰을 가능성도 있다.[12] 예르시니아 슈도투베르쿨로시스가 흑사병 박테리아로 전환된 곳은 중앙아시아일 확률이 높다. 오늘날에도 예르시니아 페스티스는 이 지역 마멋과 황무지쥐의 풍토병이기 때문이다. 그러므로 예르시니아 슈도투베르쿨로시스가 마멋과 황무지쥐에서 쥐로 옮겨갔을 때 예르시니아 페스티스로 형질 전환을 일으켰으리라 짐작할 수 있다.

한 종의 박테리아가 상이한 특성을 가진 가까운 종으로 진화하는 사건이 자연계에서는 흔히 있는 일이다. 예르시니아 페스티스의 경우처럼, 만일 그것이 한때 쥐와 관계없는 미생물이었듯이 인간과는 거리가 먼 설치류의 미생물로 남아 있었더라면 우리는 그 존재조차 알지 못했을 것이다. 그러나 인간이 여행을 시작하면서 쥐도 함께 여행하기 시작했다. 쥐가 유래한 지역을 거쳐 중동과 중국을 왕래하는 상인들의 무리에 쥐가 합류한 것이다. 수많은 쥐가 배를 타고 바다를 건넜다. 그 당시에 흔히 볼 수 있었던 쥐는 검은 곰쥐즉, 라투스 라투스Rattus rattus로서 원래는 나무타기 실력이 탁월해서 나무에서 사는 종류였다. 곰쥐는 "반질반질하게 페인트칠한 홈통이나 엘리베이터 케이블, 전화선"도 쉽게 오를 수 있고, "전선을 꽉 움켜쥐고 달라붙은 채 천장을 쏠아서 구멍을 낼 수도 있다."[13] 그러니 곰쥐는 배의 계류용 밧줄도 쉽게 드나들 수 있었을 것이다. 무역이 증가하면서 곰쥐의 분포 지역도 넓어졌다.

일단 새로운 지역에 도착하거나 새로운 항구에 내린 쥐는 뛰어난 번식력을 발휘해 급속히 퍼져나갔다. 이들은 태어나 대여섯 달 지나면 생식을 할 수 있고, 임신 기간도 20일에 불과하며, 1년에 네다섯 차례에 걸쳐 매번 10마리까지의 새끼를 낳는다. 어느 추정치에 따르면 한 마리의 쥐가 이론상으로는 한 해에 1만 5,000마리까지 불어날 수 있다고 한다.[14] 진화 측면에서 볼 때, 이처럼 번식 속도가 빠르면 새로운 조건과 기후에도 빠르게 적응할 수 있다.

지중해 지역에 쥐가 처음으로 출현한 것은 6세기 무렵의 일이었다. 예르시니아 페스티스에 감염된 쥐는 필시 배를 타고 상륙했을 것이다. 흑사병이 이집트의 여러 항구 도시에서 최초로 발생했기 때문이다. 흑사병은 이곳에서 콘스탄티노플로 빠르게 번져갔고, 콘스탄티노플에서는 "공포와 무질서, 살해가 거리를 장악했다. 시신이 너무 많아 묻을 수도 없었다. 탑들의 지붕을 걷어내고 그곳에 시신을 장작더미처럼 쌓았다. 탑은 곧 메워졌고 견디기 힘든 악취를 풍겼다. 사람들은 하루에 1만 명까지 계속해서 죽어나갔고, 시체를 놓아둘 장소조차 없었다. 결국 뗏목에 시체들을 실어 바다로 노를 저어 나가서 버리고 돌아와야 했다. 흑사병 유행이 마침내 잦아들었을 때 도시 인구의 40%는 사라지고 없었다."[15] 당시의 기록을 보면 병명을 확실하게 진단할 수 있다. "갑자기 열이 오르고, 며칠 지나지 않아 임파선이 부어오른다. 일부에게서는 검은 고름 주머니가 잡히는데, 이런 사람들은 하루를 넘기지 못했다."[16] 임파선이 붓는 것은 흑사병의 특징이다.

이것이 콘스탄티노플을 통치했던 동로마 제국 황제의 이름을 딴 '유스티니아누스 역병'이었다.

흑사병

6세기 유스티니아누스 역병 이후 수백 년 동안, 전염병은 주기적으로 유행했으나 그 규모는 크지 않았다. 곰쥐는 육로와 해로를 이용해 계속해서 퍼져나갔고 십자군의 귀환과 함께 유럽에서 크게 증가했다. 아일랜드에 상륙한 곰쥐를 아일랜드 사람들은 '프랑스 쥐'라고 불렀다.[17] 13세기 무렵에는 사방에 쥐가 득시글거려 사람 먹을 것도 없어질 지경이 되었다.

독일 중부의 도시 하멜른에도 쥐가 들끓었다. 전설에 따르면 정체불명의 피리 부는 사나이가 나타나 마을에서 쥐를 없애주는 대가로 일정 금액을 요구했다. 마을 사람들은 그의 제안을 받아들였고, 피리 부는 사나이는 피리를 불어 그 소리로 쥐들을 꼬여서 베저Weser 강에 빠트려 죽였다. 그러나 마을 사람들은 약속한 돈을 지불하지 않았고, 피리 부는 사나이는 다음날 다시 나타나더니 피리를 불어 아이들을 이끌고 산 속 동굴로 들어갔다. 두 명의 아이만 빼고 나머지는 모두 사라지고 말았다.

15세기 유럽에서는 쥐잡이꾼이 존경받는 시민이었고, 그들끼리 조합이 조직되기도 했다. 일부 지역에서는 색색의(또는 얼룩무늬의) 유니폼을 입고 쥐를 그린 깃발을 들고 다녔다. 일부 쥐잡이꾼은 쥐를 잡을 때마다 포상금을 받은 덕에 큰 부자가 되었고, 쥐 가죽은 저렴한 외투나 장갑, 깃 테두리를 만드는 데 사용되었다. 셰익스피어는 《햄릿Hamlet》에서 쥐에 대해 몇 차례나 언급하고 있다. 휘장 뒤에 클로디어스가 숨어 있다고 생각한 햄릿은 휘장을 향해 단도를 던지며 이렇게 외친다. "무엇이냐! 쥐새끼? 죽어라, 죽으면 금화 한 닢!"[18] 세르반테스Cervantes가 《라만차의 돈 키호테Don Quixote de la Mancha》에서 "어디서 쥐 냄새가 나는군"이라고 쓴 것도 이 무렵이다.[19] 15세기 후반으로 오면 여러 작품들을 통해 쥐잡이꾼은 불멸의 존재가 된다. 괴테의 시 《쥐잡이꾼The Rat Catcher》이나 피셔Vischer와 렘브란트Rembrandt의 그림을 예로 들 수 있다.

흑사병, 혹은 당시의 명칭을 따르자면 대역병은 1338년 이시크 쿨Issyk Kul, 현재의 중앙아시아 키르기스스탄에 해당된다에서 시작되었다. 역병은 무역하는 사람들 사이에서 발생하더니 대상로를 따라 남쪽으로는 인도, 동쪽으로는 중국, 서쪽으로는 중동까지 번졌다. 1346년 무렵에는 지중해와 흑해 연안에까지 닿았다. 알레포와 가자에서는 날마다 500명이 목숨을 잃었고 유럽에는 "인도 국민 전체가 목숨을 잃어 전 국토가 시신으로 덮여 있으며 목숨을 부지한 사람은 단 한 명도 없다"는 소문까지 퍼졌다.[20]

1348년 4월 27일, 흑해에 있는 큰 무역항 카파Caffa, 현재의 우크라이나 페오도시야에서 출항한 세 척의 배가 제노바에 도착했다. 당시 한 작가의 기록에 따르면 그 배에는 "동쪽에서 온 끔찍한 질병이 실려 있었다."[21] 제노아의 수장이었으며 후에 베르디의 오페라를 통해 불멸의 존재가 된 시몬 보카네그라Simon Boccanegra는 배를 돌려보냈다. 카파에서 온 또 다른 배는 '죽은 자와 노를 잡은 채 죽어가는 자들을 싣고' 시실리의 메시나에 도착했다.[22] 곧 돌림병이 지중해 해안의 모든 항구를 휩쓸었다. 죽어가는 쥐와 사람에 붙어 있던 벼룩이 퍼트린 병이었다.

코르넬리스 드 피셔, ‹쥐잡이꾼›, 1650 무렵.

6세기의 흑사병과 달리 14세기의 흑사병은 곰쥐가 널리 분포하고 있었던 그 무렵의 상황 탓에 유럽 전역으로 퍼졌다. 곰쥐가 가장 좋아하는 서식지는 부유층을 제외한 모든 서민이 거주지로 삼고 있던 초가의 지붕이었다. 쥐가 죽으면 쥐에 붙어 있던 벼룩이 그 밑에서 살고 있는 사람들에게 떨어졌다. 앞서 말했듯이 "쥐의 분포와 밀도가 질병의 분포와 강도를 결정한다."[23] 배를 타고 이동한 돌림병은 아르노Arno 강을 타고 플로렌스까지, 론Rhone 강을 타고 아비뇽까지 퍼진 뒤 계속해서 내륙으로 번져나갔다.

유럽 4대 도시 중 3개 도시가 있던 이탈리아가 가장 큰 타격을 입었다. 시에나, 파르마, 베로나, 제노바, 나폴리는 거주민의 절반을 잃었다. 조반니 보카치오Giovanni Boccaccio는 1353년 작 «데카메론Decameron»에서 플로렌스의 흑사병을 다음과 같이 묘사했다.

많은 이들이 밤낮으로 길거리에 시신을 내다 버렸고, 그보다 더 많은 이들이 집에서 죽어가면서 그 무엇보다도 그들의 썩어가는 몸에서 풍기는 냄새를 통해 이웃 사람들에게 현실을 적나라하게 인식시켰다. 도시 전체의 이곳저곳, 사방에 시신이 널려 있었다. 사람이 사람을 얼마나 꺼렸는지, 이웃에게서 타인에 대한 동정심을 털끝만큼이라도 찾아보기가 얼마나 어려웠는지, 친척끼리도 만나는 자리를 극도로 피하게 되면서 사이가 얼마나 소원해졌는지 등은 일일이 늘어놓기가 지루할 정도였다. 이 쓰라린 고통은 사람들 마음속에 깊이깊이 자리 잡았고, 그로 인해 형이 아우를 버리고, 숙부가 조카를 버리고, 누나가 동생을 버리고, 아내가 남편을 버리는 일이 흔했다. 아니, 그보다 더한 것은, 정말로 믿을 수 없는 것은 아비와 어미가 자식을 버렸다는 사실이다. 마치 남이라도 된 양, 자기 자식을 돌보지 않고 들여다보지도 않은 채 알아서 죽도록 내버려두었던 것이다. 이 지경에 이르러서는 실로 죽은 사람의 가치가 오늘날의 죽은 염소만큼도 못했다고 할 수 있겠다.[24]

이탈리아의 시인 프란체스코 페트라르카Francesco Petrarch는 사랑하는 라우라를 역병으로 잃고 이렇게 물었다. "후세가 이 일을 믿을 수 있을까? 두 눈으로 직접 본 우리도 믿기가 어려운데."[25]

프랑스 남부 아비뇽에서는 묘지가 만원이 되자 "단체 매장을 위한 구덩이를 파기 전까지는 시신을 론 강에 던져버렸다."[26] 아비뇽은 1309년부터 1377년까지 교황이 머무르는 곳이었는데 교황 클레멘스 6세Clement VI는 주치의들의 조언에 따라 돌림병이 지나갈 때까지 활활 타오르는 거대한 두 벽난로 사이에 조용히 앉아 있었다. 국왕 필리프 6세Philip VI가 파리 대학의 의학교수들에게 전염병의 원인을 묻자 행성의 기이한 배열이 원인이라는 답이 돌아왔고, 이는 곧 일반적인 믿음이 되었다. 프랑스와 스위스, 독일의 여러 도시에서는 유대인이 전염병의 장본인으로 지목되어 비난과 박해를 받기도 했다. 1349년 2월 14일 스트라스부르에서는 900명가량으로 추정되는 유대인이 화형에 처해졌다.[27]

달이 거듭되면서 대역병은 북쪽으로 이동해 잉글랜드와 아일랜드, 스코틀랜드, 스칸디나비아를 덮쳤고, 마침내 아이슬란드와 그린란드까지 퍼져갔다. 노르웨이 연안에서는 선원 전원이 사망하는 바람에 좌초한 배도 있었다.[28] 많은 사람이 밀집 거주하는 수도원이나 병원, 감옥이 특히 큰 타격을 받았다. 감염된 벼룩이 사람 사이를 쉽게 이동할 수 있기 때문이다. 프랑스 몽펠리에의 어느 수도원에서는 도미니크회 수사 140명 중 겨우 7명만이 살아남았다.[29] 잉글랜드 아이비 처치에서는 수사 13명 중 단 1명이 목숨을 건졌다.[30] 아일랜드 킬케니에 있는 수도원에서는 형제들이 차례차례 죽어가는 모습을 지켜보다가 마침내 홀로 남은 한 수사가 다음과 같은 기록을 남겼다.

> 이제 작은 형제단Minor Friars과 킬케니Kilkenny 공동체에 속한 나 존 클린John Clyn은 내 생전에 일어난 중요한 사건에 대해 이 책에 쓰고자 한다. 이 사건들은 내 눈으로 직접 본 증거와 믿을 수 있는 보고를 바탕으로 파악한 것이다. 이 중요한 사건이 시간과 함께 소멸하여 후세의 기억에서 지워지지 않도록 하기 위해, 죽은 자들 사이에서 죽음의 도래를 기다리는 동안 내가 듣고 관찰한 것을 그대로 정직하게 글로 옮겼다. 이 글이 글쓴이와 함께 소멸하거나 작업이 작업한 자와 함께 소멸하는 일이 없도록, 미래에 누군가가 살아남을 경우에는 그가 이 작업을 이어갈 수 있도록, 혹은 아담의 후예 중 누군가가 이 역병을 피해 내가 시작한 일을 계속할 수 있도록 여분의 양피지를 남겨둔다.[31]

이 작은 공동체에서는 틀림없이 세상의 종말이 도래한 것으로 생각했을 것이다.

1348~1350년의 대역병 기간에 사망한 사람의 수에 관해 역사가들은 유럽 전체 인구의 1/4에서 1/3까지 상이하게 추정한다. 다른 질병 특히 탄저병과 발진티푸스가 사망률 상승에 기여했는

지에 대해서도 의견이 갈린다. 하지만 주요 사망 원인이 흑사병이 었다는 점에는 의견이 일치한다. 처음으로 벼룩에 물렸던 자리가 다리인지 팔인지에 따라 사타구니나 겨드랑이의 림프절이 크게 붓는다는 등 전형적인 흑사병 증상에 관한 묘사가 다수 발견되었 기 때문이다.

대역병은 유럽 사회에 크나큰 영향을 미쳤다. 노먼 캔터Norman Cantor는 이를 "유럽 역사는 물론이고 필시 세계 역사에서도 가장 큰 생물의학적 재난"이라고 평가하면서 이로 인해 발생한 사회 적, 경제적 혼란에 대해 자세히 설명했다.[32] 노동력 부족은 곧장 1381년의 농민 반란으로 이어졌고, 이후 농노 제도는 무너지게 되었다. 수사와 사제가 집중적으로 희생되면서 교회의 기반도 무 너졌다. 대역병이 진정 신의 뜻이었다면 정말 알 수 없는 신이 아 닐 수 없다. 흑사병은 공중 보건 발달의 계기도 되었다. 최초로 격 리 조치가 실행되었고, 항구에 도착한 배는 선상에 전염병이 없다 는 사실이 확인될 때까지 40일 동안 정박한 채 기다려야 했다(격 리를 뜻하는 영어 단어 quaratine은 40을 뜻하는 프랑스어 quar- ante에서 왔다).

1350년대에 접어들면서 대역병의 기세는 점차 누그러졌으 나 그보다 작은 규모의 돌림병이 유럽을 비롯한 전 세계에서 여 러 차례 발생했다. 베니스에서는 1575~1577년, 그리고 1630~1631 년에 전염병이 돌았고 인구의 1/3이 사망했다. 잉글랜드에서 는 1563년, 1593년, 1603년, 1625년에 전염병이 크게 돌았으나 1665년의 런던 대역병 덕분에 이 모두가 그늘에 묻히고 말았다. 런던 대역병에서는 인구의 절반이 희생되었고, 찰스 2세를 포 함해 모든 궁중 인사가 도시를 탈출했다. 그리고 남아 있던 사

뵈클린, ‹흑사병›, 1898

람 중 약 1/3이 목숨을 잃었다. 이 사건을 기록한 새뮤얼 피프스Samuel Pepys의 《일기Diary》는 후에 대니얼 디포Daniel Defoe의 소설 《역병 시대 일기Journal of the Plague Year》의 바탕이 되었다. 런던 대역병 시기에는 특이하게도 성병과 흡연이 감염을 막아준다는 믿음이 널리 퍼져갔다. "근대 영국에서 흡연이 시작된 것은 흑사병 예방 효과가 있다는 근거 없는 믿음이 계기가 되었다. 전염병 발생 위험과 전염병에 대한 두려움은 19세기 후반이 될 때까지도 끈질기게 잔존했다."[33] 강한 냄새도 예방 효과가 있다고 생각해 경제적 여유가 있는 사람들은 독일 쾰른Köln, 영어식 표기는 Cologne의 18세기 제조법에 따른 오드콜로뉴eau de cologne를 많이 사용했다.

미국의 흑사병

1900년 1월 2일, 샌프란시스코에 도착한 증기선에 타고 있던 감염된 쥐를 통해 흑사병은 미국에 상륙했다. 이 배는 호놀룰루에서 출발한 증기선이었는데, 홍콩과 고베를 비롯한 여러 태평양 항구 도시들과 마찬가지로 호놀룰루에는 흑사병이 돌고 있었다.

1900년의 돌림병은 1894년 중앙아시아에서 시작되었다. 여성의 의복이 변화하면서 마멋 모피가 인기를 끌게 되자 만주의 사냥꾼들이 덫을 놓아 마멋을 잡아서 그 털가죽을 팔기 시작했기 때문이다.[34] 예르시니아 페스티스에 감염된 마멋이 많았으므로 일부 사냥꾼들이 전염병에 걸렸는데, 이것이 홍콩으로 퍼진 뒤 1896년에는 인도까지 이르렀다.

샌프란시스코에서 최초의 사망자는 부두에 인접한 차이나타운에서 발생했다. 1900년은 얄궂게도 쥐띠 해였다. 이후 8년 동안 280명의 샌프란시스코 거주민이 흑사병에 감염되었고 172명이 사망했다.[35] 실제 사망자는 그보다 많았을 것으로 생각되지만 많은 중국인들은 남몰래 시신을 묻어버렸다. 부검으로 시신이 훼손되는 것을 꺼렸기 때문이다. 사망률이 그다지 높지 않았던 주된 이유는 프랑스 세균학자인 알렉상드르 예르생Alexandre Yersin이 질병을 유발하는 박테리아를 분리해냈고, 이것이 쥐를 통해 전파된다고 정확하게 추측했던 덕분이다. 이에 따라 샌프란시스코 보건당국은 도시 내 쥐잡기 캠페인을 전개했다.

샌프란시스코의 흑사병 감염자는 그 대부분이 중국인 이민자들이었고(질병 발생 지점에서 가장 가까운 지역에 살았기 때문이다), 이로 인해 반중 감정이 생겨났다. 외국에서 이민해온 사람들이 질병도 함께 들여온다는 생각이 확산되면서 외국인 혐오증도 심해졌다. 19세기 후반 볼티모어에서 콜레라가 돈 뒤에도 이와 비슷한 이유로 반유대 감정이 강화되었다. 가난한 유대인 이민자들이 콜레라로 가장 큰 타격을 입었기 때문이다. 이처럼 이민자와 전염성 질병을 연관시키는 관습은 이민 제한 운동의 주요 동력이 되었고, 1921년에는 마침내 이민 제한법이 통과되기에 이르렀다. 이 법으로 나라별 이민자 수가 제한되었고, 1924년의 존슨-리드법Johnson-Reed Act으로 일부 국가의 이민은 사실상 금지되고 말았다.

샌프란시스코에서 전염병의 기세가 한풀 꺾이기 시작했던 1908년 무렵, 예르시니아 페스티스는 도시 밖으로 진출했다. 쥐를 통해 만灣을 넘어 오클랜드로 전파된 박테리아는 농촌 지역으로 번져가면서 다람쥐, 얼룩다람쥐, 프레리도그 등 다른 설치류를 감염시켰다. 20세기 내내 흑사병은 느리지만 꾸준하게 동쪽으로 이동했기에 20세기 말 무렵에는 다코타와 네브래스카, 캔자스, 오클라호마, 텍사스의 설치류에서도 감염 사실이 보고되었다.[36] 그리고 이러한 줄기찬 동진이 중단되었으리라고 낙관할 만한 근거는 전혀 없다.

현재 미국에서는 해마다 10건 정도의 인체 감염 사례가 보고되는데 대부분은 캘리포니아, 애리조나, 뉴멕시코, 콜로래도에서 발생한다. 2002년에는 뉴욕을 방문 중이던 뉴멕시코 거주 부부가 흑사병 진단을 받으면서 테러 공포가 촉발되었다.[37] 이러한 공포는 사실 무근으로 드러났다. 흑사병이 벼룩뿐 아니라 공기 중의 작은 물방울을 통해서도 전파될 수 있으며, 따라서 바이오테러리스트들이 분무할 경우에는 막강한 무기가 될 수 있다는 잘못된 주장에 기초하고 있었기 때문이다. 어쨌든 뉴욕에서 흑사병 감염자가 2명 발생했다는 소식이 너무나 충격적이었던 탓에 2002년 11월 8일에는 《뉴욕 타임스New York Times》가 "세균을 억제할 수 있는 항생제와 확고한 치료 체계가 갖추어져 있으므로" 불안에 떨 필요가 없다는 사설을 싣기도 했다.

앞으로 흑사병은 어떻게 될까? 흑사병은 쥐를 비롯한 설치류에 영구 정착했으므로 박멸은 불가능하다.

쥐는 대단히 강인한 동물로서 18세기에 널리 퍼져나간 집쥐 Rattus Norvegicus는 곰쥐Rattus rattus보다도 박멸이 어렵다. 집쥐는 헤엄에도 능숙하다. 이들은 "사흘 동안 헤엄을 칠 수 있고, 변기에 넣고 물을 내려도 살아남으며, 얼음덩어리 속에서 산 채로 발견된 적도 있다." 곰쥐와 집쥐는 모두 날카로운 앞니로 "금속이나 나무, 콘크리트를 갉아 구멍을 뚫을 수 있다."[38] 여러 도시에서 곰쥐와 집쥐는 공존한다. 이들은 서로 전염병을 주고받을 수 있고, 이를 전파할 수 있다.

따라서 흑사병이 주기적으로 발발할 것이라 예상된다. 예를 들어 2003년에는 알제리의 오란에서 11명이 흑사병에 감염되었다.[39] 하필 이 도시는 알베르 카뮈Albert Camus가 쓴 «페스트The Plague»의 무대였다.

미국의 여러 도시는 흑사병에 유리한 조건을 갖추고 있다. 부유층이 사는 베벌리 힐스에서도 '과실수나 새 모이대, 수영장, 개사료 그릇'을 이용해 쥐들이 세를 늘렸다. 2002년 9월의 신문 기사에 따르면 "지난 2개월 사이 산타모니카 산책로에 늘어선 대여섯 개의 음식점이 쥐 때문에 잠시 문을 닫았고, 어느 부유한 의사는 자택의 대리석 수영장에서 다섯 마리의 쥐가 헤엄치는 것을 발견했다."[40] 뉴욕시에는 전체 인구의 12배에 달하는 쥐가 있는 것으로 추정된다.[41] 시 보건당국은 웹 페이지에 흑사병의 증상과 대처 방법을 게시했다.[42] 예르시니아 페스티스는 배를 통해 혹은 다람쥐, 프레리도그 등의 설치류를 이용해 꾸준히 대륙을 횡단해서 동부의 항구 도시에 도착했다.

미국에서 흑사병이 즉시 발발할 위험은 거의 없다. 일부 항생제에 대해서는 흑사병 박테리아가 감수성을 보이기 때문이다. 그러므로 감염 초기에 항생제를 사용하면 치료가 가능하다. 그러나 예르시니아 페스티스가 자연적인 진화 혹은 테러리즘과 관련된 수정을 통해 돌연변이를 일으킨다면 항생제 내성이 생길 수도 있다. 그럴 경우 흑사병은 치명적인 질병이자 재난이 될 것이다.

생쥐와 한타 바이러스 감염

생쥐는 역사적으로 쥐보다 훨씬 이른 시기에 중앙아시아를 빠져 나왔다. 약 1만 년 전 신석기시대의 농부가 영구 정착에 성공했을 무렵에는 4종의 생쥐가 이미 중동과 북아프리카까지 진출해 있었다.[43] 그중 하나가 흔히 볼 수 있는 집쥐Mus musculus다. 이들은 사람의 거주지로 이사해 최초의 유숙객이 되었다. 그러니 구약에 생쥐가 등장하는 것도, 그리스와 로마인들이 생쥐에 대해 잘 알고 있었던 것도 그다지 놀랄 일은 아니다.

인간이 전 세계로 퍼져나가면서 쥐도 그 뒤를 따랐다. 그리고 다른 모든 동물과 마찬가지로 미생물도 데리고 이동했다. 생쥐, 쥐, 들쥐 등 여러 종의 설치류는 한타 바이러스를 가지고 있다. 한타 바이러스와 설치류는 수백만 년에 걸쳐 서로에게 적응했기 때문에 이 미생물이 설치류에게서는 별다른 질병을 유발하지 않는다. 이 바이러스에 대한 최근의 보고에 따르면 "각 바이러스는 설치류의 단일 개체 혹은 소집단에 적응하여 공생관계를 유지하게 되었고, 성숙한 개체에서 어린 개체로 옮겨가면서 일생 동안 지속적인 감염을 유발한다."[44] 평생 감염이므로 한타 바이러스는 설치류의 타액, 소변, 대변에 만성적으로 존재한다.

설치류가 보유한 한타 바이러스의 위력은 한국 전쟁 기간에 명확하게 드러났다. 3,000명이 넘는 UN군이 한국 출혈열을 앓았고 300명 이상이 사망했는데 그중 121명은 미국인이었다. 이 질병의 원인이 한국 들쥐가 옮기는 한타 바이러스라는 사실이 밝혀지면서, 다수의 쥐가 서식하는 들판에서 병사들이 잠을 자다가 세균에 노출된 것으로 추측되었다.

1993년 미국에서 한타 바이러스가 유행했을 때에는 남서부 콜로라도와 뉴멕시코, 애리조나, 유타 주 지역의 청소년에게서 한타 바이러스 폐증후군이 나타났다. 2주 사이에 19명이 감염되었고, 그중 12명이 사망했다. 이 질병은 열과 두통, 근육통, 기침으로 시작된다. 주된 표적 기관은 폐이며, 폐에 물이 차면 곧 사망한다. 미국에서는 한타 바이러스 폐증후군이 최초로 알려진 1993년 이후에 353건이 보고되었고 이로 인해 132명이 사망했다.[45]

미국에서 한타 바이러스 폐증후군을 유발한 바이러스는 흰발생쥐가 옮긴 것으로서 신 놈브레Sin Nombre, 즉 이름 없는 바이러스라는 이름을 얻었다. 연구에 따르면 흰발생쥐의 약 10%가 옮기는 이 바이러스는 사람이 흰발생쥐의 분변을 스칠 경우에 미세한 입자로 피어올라 공기를 타고 이동한다.[46] 흰발생쥐와 분변 노출이 신 놈브레 바이러스가 유발하는 한타 바이러스 폐증후군의 공통분모다.

생쥐가 신 놈브레 바이러스에 감염된 지는 수백만 년이 지났으므로 사람이 이 질병에 걸린 적은 과거에도 있었을 것이다. 다만 모르고 지나갔을 뿐이다. 그렇다면 1993년이 되어서야 눈에 띄게 된 이유는 무엇일까?

1993년의 전염병 발생에는 생태적인 요인이 크게 관여했다. 미국 남서부는 1992년 이전 몇 해 동안 극심한 가뭄을 겪었지만 1992년에서 1993년으로 넘어가는 겨울에는 높은 강수량을 기록했다. 그 덕분에 야생잣이 풍부해졌고, 1993년 봄에는 이것이 흰발생쥐의 먹이가 되었다.[47] 야생잣이 모두 떨어지자 흰발생쥐는 인근 거주지로 몰려들었고, 이 과정에서 정상적인 기후 조건에 비해 훨씬 많은 사람이 바이러스에 노출되었던 것이다.

신 놈브레 한타 바이러스 질환의 발생으로 인해 한타 바이러스에 관심이 쏠리게 되었다. 17종 이상의 한타 바이러스가 확인되었고, 그중 9종은 미국에서 발견되었다. 각각의 바이러스가 1종 이상의 설치류에 적응해 있었고, 이들이 인간에게 질병을 유발할 가능성은 아직까지 연구 중이다.

한타 바이러스 질환의 발발은 현재 우리에게 알려지지 않은 수천 종의 미생물을 동물이 갖고 있다는 불안한 사실을 다시금 환기시켰다. 자연적으로든 인공적으로든 생태 조건이 변할 경우에, 이 미생물들은 이전에 몰랐던 질병을 야기할 수 있는 것이다.

7

애완동물을
키우는 인간

미생물이 침실에 자리 잡다

Humans as Pet Keepers:
Microbes Move into the Bedroom

이제 가축은 생존 투쟁의 불가결한 일부라기보다는 사회적 충족감을 채우기 위한 대리물에 가깝다. 즉, 확대 가족의 친밀한 구성원이라고 할 수 있다. 이들이 인간의 의료 체계를 이용하게 되면서부터는 과거에 인간끼리만 공유하던 공간에서 병원균의 벡터 역할을 할 수 있게 되었다.

—래리 마틴Larry Martin, 《지구의 역사Earth History》

1만 년 전 짐승을 기르기 시작한 이래, 인간은 주로 물질적 요구를 충족시키기 위해서 가축을 길렀다. 가축의 고기, 젖, 알은 주요 단백질 공급원이었고, 털, 가죽, 모피는 가장 중요한 의복 공급원이었다. 가솔린 동력 엔진이 발명되기 전까지는 이들이 사람과 물건을 실어 나르는 주요 교통수단이었다. 또한 밭을 갈고, 양을 치고, 수차를 돌리고, 집을 지키고, 곡물을 먹는 쥐를 쫓고, 사냥에서 야생짐승을 추적했다. 인간의 물질적 요구를 채움으로써 집짐승은 문명의 진전에 핵심적인 역할을 했다.

동물이 인간의 정서적 요구를 충족시켜주게 된 것은 비교적 근래의 일이다. 애완동물을 기르는 풍습이 작은 규모로는 늘 존재해왔지만 지난 300년 사이에 널리 퍼지게 되었고, 특히 서구 문화에서 두드러지게 된 것은 지난 50년 사이의 일이다. 인간과 동물이 상호행위하고 미생물을 교환하는 방식은 이로 인해 근본적으로 달라졌다.

신석기시대에는 사냥한 짐승의 새끼를 호기심에서 혹은 아이들을 위한 장난감으로 집에 가져오면서 이따금 애완동물을 기르

이집트의 애완고양이 미라

는 경우가 생겼을 것이다. 20세기까지 잔존한 사냥 채집 사회에 대한 인류학적 분석에도 애완동물을 기르는 행위는 포함된다. 고대 이집트인들은, 특히 상류층 가정에서는 애완동물을 즐겨 길렀다. '검둥이'나 '솥단지' 등의 이름을 새긴 깃을 두른 개도 있었다.[1] 이집트에서 '미우'라고 불렸던 고양이는 다산의 여신과 관련이 있었다. 한 역사학자에 따르면 BC 4세기 무렵에는 "고양이의 지위가 오늘날의 인도에서 소가 차지하는 위치와 거의 동등했던 듯하다. 많은 사람이 고양이를 길렀고, 고양이가 죽으면 온 가족이 애도하면서 존중의 표현으로 눈썹을 밀었다."[2]

귀족 계층은 애완동물을 흔히 길렀다. 제임스 서펠이 《반려동물》에서 지적했듯이, "역사를 통틀어 세계의 지배 계층은 거의 예외 없이 애완동물에 대해 강한 애정을 보여왔고, 이 애정은 정당성 없는 방종의 무지막지한 과시에 대한 변명인 경우가 많았다." 서펠은 로마 황제 하드리아누스를 예로 든다. "그는 아끼던 개들의 무덤에 어처구니없이 거대한 비석을 세웠다." 한나라 영제는 자신이 기르는 개들에게 "대신의 지위를 주고, 엄선한 병사를 개별 경호원으로 붙여주었다." 일본의 쇼군 츠나요시는 10만 마리의 개를 길렀고, "모든 개에게 정중히 대하며 반드시 경어를 쓰도록 강제하는 법을 통과시켰다."[3]

중세 유럽의 귀족들 사이에서도 애완동물 기르기는 유행했다. 사회학자 조아나 스와베에 따르면 "중세 말부터는 애완용으로 개를 기르는 풍습이 귀족 사회에서 점점 더 유행하게 되었다. 중세 귀족 여성은 개들을 데리고 다니면서 식사 때 먹고 남은 것을 던져주곤 했다. 16세기 무렵에는 무릎 위에 개를 올려놓고 앉아 있는 습관이 영국 상류층에서 크게 유행했다." 한 저술가는 곱지 않은 시선을 보낸다. "그들은 지혜와 판단력을 갖출 수 있는 어린 아이보다도 이성의 가능성이라고는 눈곱만큼도 찾아볼 수 없는 개에게서 더 큰 기쁨을 얻는 자들이다."[4]

영국 귀족 사회에서의 애완동물의 지위는 17세기 초에 정점에 달했다. 1603년에 즉위한 제임스 1세James I는 여러 마리의 개를 키웠는데 "신민보다 개들을 더 사랑한 죄로 1617년 고발당했다."[5] 비운의 여인이었던 그의 어머니, 스코틀랜드의 여왕 메리Mary 역시 개를 좋아했다. 전하는 말에 따르면 메리 여왕이 처형당한 뒤 목이 잘린 시신이 움직이는 바람에 처형을 지켜보던 사람들이 대경실색했다고 한다. 몸이 움직인 것은 그녀가 기르던 작은 개 때문이었는데 풍성한 치마 밑에 숨어 있는 것을 사형집행인이 미처 알아채지 못하고 그녀를 처형했던 것이다.

제임스 1세의 딸인 엘리자베스는 "자식들보다 애완동물을 더 사랑한 것으로 유명했다." 제임스의 아들로서 1625년 왕위를 계승한 찰스 1세Charles I는 "1649년에 사형 선고를 받은 뒤에야 개와 헤어졌고" 그의 아들 찰스 2세는 "회의 시간에 개와 노는 것으로 유명했다." 이 시기 귀족들은 왕가의 행태를 그대로 따라했기 때문에 "사냥개가 하인들보다 좋은 음식을 먹는 경우가 허다했고, 때로는 잠자리까지 더 호화로웠다."[6] 그러나 애완동물로서 개의 인기가 중류 혹은 하류 계층으로까지 확장되지는 못했다. 셰익스피어는 개를 언급할 때면 언제나 '근본 없는 개', '가증스러운 망할 놈의 개', '시끄럽고 불경스럽고 성마른 개' 등의 경멸적인 수식어를 붙이곤 했다.[7] 토머스 브룩스Thomas Brooks는 1662년에 개를 '해로운 동물'이라고 표현했고, 이 시기의 회화에서도 개는 종종 '탐식, 욕망, 신체 기능의 미숙함, 성가심'을 상징했다.[8]

개와 고양이의 부상

개와 고양이는 오늘날 세계 대부분의 지역에서 가장 인기 있는 애완동물이다. 두 동물 모두 그다지 부담스럽지 않은 크기에 비교적 쉽게 기르고 훈련시킬 수 있으며 장난기가 많고 영리하다. 또한 조아나 스와베에 따르면 "두 종 모두가 의사소통이 가능하며, 얼굴 표정이나 자세, 꼬리 모양, 울음소리가 다양해 사람의 말을 이해하는 듯해 보인다."[9]

17세기 유럽에서는 애완용 개를 키우는 풍습이 귀족 계층에서 시작되어 점차 중산층으로 퍼져나갔다. 개는 이름을 갖게 되었고, 집 안에서 살게 되었으며, 교회 나들이도 했다. 크기가 큰 개는 교회에서 주인의 발을 따뜻하게 품어주기도 했다.[10]

애완용 개가 얼마나 증가했는지를 가늠할 수 있는 한 가지 방법은 품종의 가짓수를 헤아려보는 것이다. 개는 모두 늑대에서 유래했으나 돌연변이에 의해 꼬부라진 꼬리나 긴 털처럼 비정상적 신체 특징을 갖게 된 개, 양을 몰 줄 아는 것처럼 특이한 습성이 있는 개 등을 선택적으로 기른 결과 서로 다른 종이 생겨났다. 1800년 잉글랜드에는 15종의 개가 있었으나 1900년 무렵 60종으로 늘었고, 2000년에는 400종을 넘어서게 되었다.[11] 19세기 중반 프랑스에서는 애완용 개가 너무 흔해지면서 정부가 일하지 않는 개에게 세금을 매기기까지 했다. 이 무렵에는 파리에만도 10만 마리가 넘는 개가 있었다. 19세기 말 개를 기르는 방법에 관한 책이 널리 보급되었고, 개 쇼가 인기를 얻었으며, 파리에는 50프랑에 10년 동안 터를 임대해주는 개 공동묘지가 문을 열었다.[12]

고양이가 애완동물로서 인기를 얻은 속도는 개보다는 훨씬 느렸다. 고대 이집트와 키프로스에서는 고양이를 애완동물로 길렀지만 다른 지역에서는 유례를 찾아볼 수 없다. 18세기에 들어서면서부터 사람들이 쥐를 잡을 목적으로 고양이를 기르기 시작했지만 애완동물로 생각하는 경우는 드물었다. 중세에는 고양이를 마녀나 악마와 동일시했다. 마녀나 악마가 고양이로 모습을 바꿀 수 있다고 믿었기 때문이다. 또한 마녀가 거대한 고양이 등을 타고 한밤중에 벌어지는 야간 안식일에 참석해 악마와 마귀들과 광란의 축제를 벌인다고도 생각했다. 이러한 믿음이 널리 퍼지면서 고양이는 잔인한 학대를 당했다. 특히 기독교 축일에는 정도가 더 심했다. "사순절이 중세 고양이들에게는 특히 힘겨운 시기였다. 올덴부르크, 베스트팔렌, 벨기에, 스위스, 보헤미아에서는 고양이를 죽여 매장했다. 보주에서는 참회의 화요일에, 알자스에서는 부활절에 고양이를 불태웠다. 아르덴에서는 사순절 첫 일요일에 고양이를 화톳불에 던져 넣거나 기다란 장대 끝에 꿰거나 혹은 고리버들 바구니에 넣어 구웠다."[13]

고양이를 애완동물로 기르는 풍습은 18세기 영국, 프랑스의 작가와 지식인들 사이에서 시작되었다. 영국에서는 새뮤얼 존슨Samuel Johnson이 고양이를 길렀고, 토머스 그레이Thomas Gray는 <금붕어 어항에 빠져 죽은, 아끼는 고양이에게 바치는 시Ode on the Death of a Favorite Cat, Drowned in a Tub of Gold Fishes>를 썼으며, 크리스토퍼 스마트Christopher Smart는 시를 통해 "나의 고양이 제프리"가 "살아 계신 신의 종으로서 날마다 그분을 모신다"고 칭송했다. 프랑스에서는 소설가 프랑수아 샤토브리앙François Chateaubriand이 "나는 고양이의 성격, 그 독립적이고 냉정한 품성이 좋다. 고양이는 홀로 살며 어울림이 필요하지 않다"고 썼다. 캐슬린 키트Kathleen Kete의

《내실의 동물The Beast n th Boudoir》에 따르면 그는 특히 "고양이가 아무렇지도 않게 살롱에서 시궁창으로 옮겨 다닌다"는 사실에 크게 감탄했다. 키트는 고양이가 "지식인의 대명사로서 문학적인 삶의 상징, 표식이 되었다"고 주장했다.[14] 18세기 말 무렵에는 고양이가 고상한 이미지를 얻게 되었고, 전하는 바에 따르면 1792년 런던의 그릭스 부인Mrs. Griggs은 "연 150파운드를 유증함으로써 자신이 신뢰하는 흑인 하인이 86마리의 고양이를 계속해서 보살필 수 있도록 했다."[15]

고양이를 작가나 지식인과 연관 짓는 관습은 19세기까지 이어졌다. 영국에서는 셸리와 워즈워스Wordsworth가 고양이에 대해 애정 어린 글을 썼고, 프랑스에서는 보들레르Baudelaire가 시 <고양이 The Cat>에서 고양이와 자신의 연인을 동일시했다.[16] 미국에서는 포Poe가 얼룩고양이를 어깨에 올려놓은 채 글을 쓰곤 했다. 그 무렵 고양이는 애완동물로 널리 수용되었고, 아이들과 결부되기도 했다. 프랑스의 한 작가는 "고양이는 유모가 가장 좋아하는 동물이자 아기들의 첫 친구"라고 말했다.[17] 1836년 미국에서 발표된 어느 에세이에서는 노는 아이들에 관해 "아이들은 물론이고 아이들이 가장 좋아하는 개나 고양이까지 너무도 우스꽝스럽고 희한한 의상을 입고 있다"고 묘사하고 있다.[18] 고양이는 자장가에서도 한자리를 차지했다.

커다란 A, 작은 A, 통통 뛰는 B,
찬장cupboard 속 고양이cat는 내가 안 보여can't.

19세기 후반에는 고양이를 애완동물로 기르는 사람이 크게 늘어나면서 사상 최초로 고양이가 개의 인기를 넘보게 되었다. 광고 제작자들은 고양이를 이용해 "비누, 반짇고리, 장난감, 양말, 난로 세정제, 구두 광택제, 쥐약, 기름, 담뱃갑[시거용]" 같은 제품을 소비자들에게 홍보했다. 그중에서도 시거는 1886년 '야옹' 라벨을 붙인 채 최초로 출시되었고, 1894년에는 얼룩고양이 시거, 1908년에는 흰고양이 시거, 1910년에는 야옹이 시거가 등장했다. 1914년 켈로그에서 광고하던 콘플레이크에는 여자 아이가 고양이를 안은 채 시리얼을 먹는 그림이 붙어 있으며, 그 옆에는 "고양이용이 아니라 어린이용임For Kiddies, Not Kitties"이라는 문구가 씌어 있었다. 프록터 앤 갬블Procter and Gamble에서 광고한 아이보리 비누에는 검은 고양이 12마리 사이에 흰 고양이 한 마리가 섞여 있고 "아이보리 비누, 99와 44/100% 순수"라는 문구가 곁들여져 있었다.[19] 광고에 검은 고양이를 사용하면 눈길을 끄는 효과가 컸다. 검은 고양이는 수 세기 동안 사악한 마술의 상징이었기 때문이다.

애완동물로서의 고양이의 수용성은 고양이가 예술의 소재로 얼마나 사용되었는가를 통해 측정할 수 있다. 1700년 이전에는 고양이가 그림에 등장하는 경우가 드물었고, 간혹 그림에 포함되었다고 해도 보통은 사악한 힘을 상징했다. 그 예가 로렌초 로토 Lorenzo Lotto의 1534년 작품 <수태고지Annunciation>다. 이 그림에서 고양이는 아기 그리스도의 도래를 알리는 천사에게서 달아나고 있는데 이는 악의 추방을 의미한다. 18세기에는 고양이가 이따금 회화의 소재로 사용되었고, 19세기에는 즐겨 사용되었다. 르누아르는 고양이를 안은 젊은 여성의 그림을 2점 남겼다.

19세기 말, 고양이와 개는 서구 문화에서 애완동물로서 확고

로렌초 로토, 〈수태고지〉, 1534

한 위치를 점유하게 되었다. 영국에서는 "애완동물이 가정의 안락함을 더했고", 프랑스에서는 "부르주아 파리지앵들이 애완동물 기르기와 현대성을 고집스럽게 연관시켰다."[20] 1871년에는 런던 수정궁에서 최초의 고양이 쇼가 열렸고, 19세기 말에는 유럽과 미국 전역에서 이런 종류의 쇼가 유행하게 되었다. 1892년 《월간 아틀란틱Atlantic Monthly》에 실린 기사를 보면 사순절 봉납 때 불태워지곤 했던 고양이의 신세가 얼마나 획기적으로 달라졌는지를 실감할 수 있다. "최근에는 비평가들이 불만스러운 어조로 입을 모아 이야기하는 소위 '고양이 숭배'라는 것이 빠르게 성장하고 있다. 오랜 세월 멸시를 받아온 이 애완동물의 매력을 시인과 화가들은 너도나도 앞을 다투어 칭송하고 있다."[21]

오늘날의 애완동물 기르기

지난 반세기 동안 애완동물을 기르는 사람은 인류 역사상 유례가 없을 정도로 폭발적으로 증가했다. 미국과 유럽에서는 전체 가정의 반수 이상이 가정당 한 마리의 동물을 기르는 것으로 나타났는데, 실제 수치는 그 이상일 것이다. 미국 내 가정에는 5,500만 마리의 개와 6,400만 마리의 고양이, 700만 마리의 파충류, 8,700만 마리의 물고기, 1,200만 마리가 넘는 기타 '작은 동물들'이 있는 것으로 추정된다.[22] 미국의 개는 해마다 200만 톤의 대변을 길이나 마당, 때로는 집 안에 투하한다. 네덜란드에서는 "고양이가 매년 10만 톤의 분변을 생산하고", 고양이 찌끼는 "국내 쓰레기의 5%를 차지한다."[23]

애완동물은 계속해서 증가 추세다. 1994~1998년에는 고양이 사료 판매고가 미국과 서유럽에서 11% 상승했다. 미국에서 애완동물 사료와 용품을 판매하는 양대 업체인 펫츠마트PETsMART와 펫코Petco의 2002년 판매고는 각각 8% 및 11% 증가했고, 펫코는 이미 소유하고 있는 6백여 개의 점포에 60개 점포를 추가할 계획이라고 발표했다.[24]

다른 지역에서 애완동물을 기르는 가정은 더욱 빠르게 증가하고 있다. 1994~1998년에 고양이 사료 판매고는 아시아에서 20%, 라틴아메리카에서 48% 증가했다.[25] 여러 개발도상국가에서 중산층이 확대되면서 애완동물을 기르는 가정도 그에 비례해 늘고 있다. 애완동물을 기르면 자본주의적이라는 비난을 받고, '개새끼'라는 말이 가장 흔한 욕설인 중국에서조차 '애완동물 붐'이 일어나고 있다. 집에서 기르는 개와 고양이는 새로운 성공의 상징이 되었고, "2050년이면 중국에서는 5억 마리의 고양이와 개가 살게 될 것"이라는 추측이 나오고 있다.[26]

하지만 숫자는 인간과 동물의 관계에 생긴 변화의 일부를 반영할 뿐이다. 그에 못지않게 중요한 것이 인간과 애완동물 사이에 접촉이 증가했다는 사실, 다시 말해 친밀도가 높아졌다는 사실이다. 여러 애완동물, 특히 개와 고양이는 날이 갈수록 같은 가족 구성원으로서 사람과 똑같은 대접을 받는다. 오늘날 우리는 과거에는 상상도 할 수 없었을 만큼 애완동물을 떠받들고 있다.

예를 들어, 1999년 애완동물 소유자를 상대로 한 조사에 따르면 애완용 개의 16%가 주인과 같은 침대에서 자고 2%는 전용 침대에서 자는 것으로 나타났다. 또한 "미국 내 고양이의 67%가 주인의 침대를 비롯해 원하는 곳에서 자유롭게 잘 수 있다." 고양이 소유자를 대상으로 한 2003년 조사에서는 "얼마나 자주 고양이와 입을 맞추거나 고양이가 혀로 핥습니까?"라는 질문에 대해 67% 가 "자주"라고 대답했고, 개 소유주의 11%는 "개와 입을 맞출 때 개와 가장 큰 친밀감을 느낀다"고 대답했다.[27]

주인과 애완동물 사이의 친밀감이 강하다는 것은 애완동물이 가족 구성원이 되어간다는 의미다. 어느 애완동물 주인의 말을 들어보자. "제가 자랄 때는 개를 가족에 딸린 부속물로 봤지 사람과 똑같이 생각하지 않았습니다. 하지만 지금은 많은 사람들이 개를 한 가족으로 생각합니다." 개가 가족 구성원이 되었다는 사실은 애완동물 소유주의 58%가 애완동물을 한 가족으로 생각하거나 가족사진에 넣는 데서도 확인할 수 있다. 또한 55%는 스스로를 애완동물의 '엄마' 혹은 '아빠'로 호칭하며, 39%는 "배우자나 다른 가족보다 애완동물 사진을 더 많이 갖고 있었다."[28]

애완동물과 소유자의 친밀한 관계는 소유자가 여행에 데리고 가는 애완동물의 수에서도 드러난다. 한 조사에 따르면 "질문을 받은 전체 개 소유자의 거의 절반이 지난해에 하룻밤 이상 묵는 여행에 개를 데리고 다녀왔다고 답했다." 호텔 중에는 "고양이 감동 맞춤 서비스", "수의사가 추천한 룸서비스 메뉴", "아침마다 견공을 위한 홈메이드 비스킷 제공", "활동적인 애완견을 위한 목청껏 짖기 시간" 등을 홍보하며 애완동물 주인을 끌어들이는 곳도 있다.[29] 애완동물을 데리고 여행하기 좋아하는 사람들을 위한 소식지를 "Bone Voyage"[역주 — 여행 잘 다녀오라는 뜻의 인사말 "Bon voyage"의 패러디]라고 한다. 애완동물을 데리고 갈 수는 없지만 그렇다고 집에 두고 갈 수도 없다고 생각하는 사람들은 요즘 수많은 도시에서 성업 중인 호화판 애완동물 호텔에 맡기면 된다. 워싱턴 D.C.에 있는 한 애완동물 호텔은 "탁 트인 전망, 24시간 수행원 대기, 독특한 예술품으로 포인트를 준 고상한 인테리어"를 갖춘 스위트룸의 1일 숙박료로 230달러를 청구한다.[30]

애완동물은 한가족이기 때문에 이들을 보살피는 데 드는 돈은 결코 아깝지 않다. 미국인들은 애완동물을 위한 병원비로 해마다 190억 달러를 지출한다. 동물병원은 심장내과, 치과, 안과, 정신과, 방사선과 등으로 세분화되어 있고 각 과마다 전문의가 진료한다. 고관절 치환이나 신장 이식 같은 외과 수술에는 1만 5,000달러 이상 들어가는 것이 보통이다.[31] 애완동물이 절명 위기에 처하기라도 하면 조직을 떼어내어 복제하기도 한다. 2004년에는 지네틱 세이빙스 앤 클론Genetic Savings and Clone이라는 회사가 5만 달러를 내면 고양이를 복제해줄 수 있으며, 곧 개도 복제할 수 있을 것이라고 발표했다.[32]

전문적인 애완동물 사료 및 용품도 큰 사업이다. 디자이너가 디자인한 천으로 제작한 온열 애완견 침대, 4,500달러짜리 개집, 아일랜드 니트 스웨터, 운동복, NFL[미국 풋볼 리그] 유니폼, 비옷, 양털 부츠, 잠옷까지 구입할 수 있다.[33] 이스라엘에서는 개와 고양이를 위한 다양한 사이즈의 방독면도 살 수 있다.[34] 홀마크에서는 "사랑하는 친구를 잃은 슬픔을 애도합니다"라는 문구가 인쇄된 애완동물 조문 카드를 판매한다. 인터넷 애완용품 판매업체는 "머나먼 '무지개다리'에서 다시 만날 때까지 친구를 기리기 위한" 유골 항아리, 장식함, 비석을 판매한다. 애완동물의 병원비, 사료 값, 각종 물품 비용을 합친다면 미국인이 애완동물에게 지출하는 돈은 연 470억 달러에 달한다.[35] 그리고 이는 코스타리카나 과테말라, 에콰도르, 코트디부아르, 에티오피아, 크로아티아, 불

가리아, 레바논의 국민총생산을 초과하는 액수다.[36]

미국의 애완동물 소유자와 애완동물의 새로운 관계는 법정에도 반영된다. 뉴욕을 비롯한 여러 도시에서는 "지역 사회나 건물에서 애완동물을 금지해도 애완동물을 키우겠다고 주장하는 주택 소유주와 세입자 조직이 점차 늘고 있다." 뉴욕의 한 변호사는 "2000년 이후 이러한 소송 사건을 40건 가까이" 다루었다고 한다. 대부분의 애완동물 소유자들은 자신이 키우는 애완동물이 정서적 안정을 위해 필요하다고 주장한다. 2003년 뉴욕시 변호사 협회는 "정서에 도움을 주는 애완동물에 관한" 교육 과정을 개설했다. 같은 해에는 교통부가 승객이 애완동물을 데리고 비행기에 타지 못하도록 금지하는 규정을 완화했다. 이제 애완동물 주치의에게 "이 동물은 정서적 안정을 위해 필요합니다"라는 내용의 증명서를 받기만 하면 애완동물을 데리고 비행기에 탈 수 있다.[37]

애완동물을 가족 구성원으로 보는 견해는 2003년 콜로라도에서 제출된 법안에도 반영되어 있다. 이 법안이 통과되면 개나 고양이의 지위를 '재산'에서 '반려자'로 상승시킬 수 있다. 법안을 추진하는 사람들은 애완동물이 상처를 입거나 죽었을 경우 "반려자 상실 및 정서적 고통에 대한 대가로 수의사 혹은 동물을 학대한 사람에게 10만 달러까지의 손해 배상을 청구할 수 있도록 하는 것"이 법안의 목적이라고 이야기한다.[38] 현재는 발의만 된 상태이며 아직 법률로 제정되지는 않았다.

애완동물의 장점

애완동물과 주인의 관계가 점점 더 가까워지는 데에는 애완동물이 사람에게 이롭다는 인식이 확산된 것도 부분적으로 이유가 된다. 앞을 못 보거나 소리를 듣지 못하는 사람, 근육 위축이나 뇌성마비 같은 중증 신체장애가 있는 사람을 보조하는 데 활용하는 개가 그 좋은 예다. 최근의 조사에 따르면 뇌성마비 환자의 보조견으로 훈련시킨 개는 "문을 열거나 닫고, 스위치를 켜거나 끄고, 앉아 있던 사람을 일으키거나 눕히고, 욕조나 풀에 들어가거나 나오도록 돕고, 옷 입는 것을 거들고, 물건을 가져오거나 집고, 휠체어를 밀고, 쇼핑을 돕고, 짐을 나르고, 화재나 기타 응급 상황시에 사람을 안전한 곳으로 끌고 나올 수 있다." 개의 서비스를 받은 장애인 48명과 받지 않은 장애인 48명을 비교한 시험에서 1년이 지나자 전자는 자부심과 심리적 안정, 수업 출석, 파트타임 작업에서 유의한 개선을 보였다. 또한 개의 서비스를 받은 장애인들은 유급 및 무급 도우미 이용이 크게 줄었다.[39]

애완동물이 사회적으로 고립된 개인의 고독감과 우울증을 감소시킬 수 있다는 증거는 계속해서 나오고 있다. 1,992명의 동성애 및 양성애 남성을 대상으로 한 조사에서 "애완동물을 소유한 에이즈 환자는 그렇지 않은 사람보다 우울증을 적게 경험하는 것으로 나타났다." 가까운 친구가 적고 극도로 고립된 생활을 유지하는 사람에게서는 애완동물의 장점이 더욱 분명하게 나타난다.[40]

이러한 사실을 뒷받침하는 실례는 무궁무진하다. 뉴욕에 사는 36세의 채권 판매원은 검은 래브라도와 헤어졌을 때 "말할 수 없이 비참한 심정이었다"고 털어놓았다. 그의 아내도 개가 죽은 뒤

남편은 "우울증이 생겨 정상적인 생활이 어려워졌다"고 거들었다.[41]

애완동물은 요양원이나 정신질환자를 위한 기관에서도 널리 활용된다. 이곳에서 애완동물의 가장 큰 장점은 사람들에게 벗이 되어준다는 점이다. "나이가 들고 더 이상 활발한 사회 활동을 하지 않게 되면 주위에 점차 사람이 없어지는데, 이런 상황에서는 동물이 점점 더 중요한 존재가 되어간다. 동물에게는 무한히 받아들이고 아껴주며 관심을 기울이고 용서하고 무조건 사랑할 수 있는 능력이 있다. 동물과 사귐으로써 수많은 부류의 사람들이 다양한 이점을 누릴 수 있겠지만, 그 어느 연령대보다도 동물과의 유대가 강하고 깊은 노인층에서 혜택을 누릴 가능성이 가장 크다."[42] 연구에 따르면 알츠하이머병 환자들은 동물 친구가 있을 때 보다 차분하고 상냥해진다.[43]

애완동물 소유자에게 왜 애완동물을 기르느냐고 물어보았을 때 돌아온 것은 대부분 안심이 된다, 사랑받을 수 있다, 나를 필요로 한다, 나에 대해 왈가왈부하지 않는다는 대답이었다. 또 다른 연구에서는 개를 기르는 이혼 여성들이 "남편은 왔다가도 갈 수 있고 아이들도 자라서 집을 떠나지만, 개는 영원히 나와 함께 합니다. 애완동물은 사랑을 주었다가 말았다가 하지 않고, 화를 내지도 않으며, 나를 버리고 새로운 주인을 찾아 나서지도 않습니다"라고 말했다.[44] 독신 여성에 대한 조사에 따르면 "애완동물은 혼자 사는 여성의 고독감을 완화시키고 사람의 빈자리를 채워준다."[45] 또한 애완동물을 기르는 노숙자의 절반 이상이 "애완동물과의 관계가 유일한 사회적 관계"라고 답했다. 한 평자는 이렇게 요약했다. "내 얼굴을 핥아주는 강아지만한 정신과 의사는 세상

어디에도 없다."[46]

애완동물은 교우관계를 통한 심리적 이점에 더해 의료적 이점까지도 제공할 수 있다. 개나 고양이를 기르는 사람은 다른 사람에 비해 심박수와 혈압이 낮았고, 애완동물이 곁에 있을 때는 스트레스에 훨씬 쉽게 대처했다.[47] 중증 심장 질환자를 대상으로 한 2개 시험에서, 집에 애완동물이 있을 경우에는 환자의 생존률이 증가하는 것으로 나타났다. 그중 한 시험에서는 애완동물이 개인 경우에만 이점으로 나타났고 고양이는 상관이 없었다.[48] 이 시험에서 심장에 이로운 결과가 나타난 이유가 개를 산책시키기 위해 주인이 더 많은 운동을 했기 때문임은 말할 것도 없다.

반려동물은 개인의 전반적인 안녕을 증진하고 의료 기관 이용을 감소시킨다. 한 시험에서 새로 개나 고양이를 기르게 된 사람은 10개월 뒤 "사소한 건강 문제가 크게 줄어들었다." 이러한 이점이 개를 기르는 경우에는 10개월 내내 지속되었으나 고양이를 기르는 경우에는 첫 달에만 나타났다.[49] 또한 스트레스가 심한 생활을 하는 메디케어 등록자 938명의 의료 기관 이용률을 조사한 결과 개를 소유한 사람은 스트레스가 심할 때에도 의사를 찾는 횟수가 늘지 않았으나 고양이나 다른 애완동물을 기르는 사람은 그러한 편익을 경험하지 못했다.[50]

애완동물이 주는 이점에 관한 대부분의 시험이 성인을 대상으로 했다는 점에 주목해야 한다. 애완동물을 기르는 것이 어린 아이에게 좋다고 보고한 시험은 거의 없다. 단, 두 가지 영역만큼은 예외다. 그중 하나는 자폐증이나 소아 정신분열증, 그밖에 기타 중증 정신장애를 가진 아동의 경우다. 이런 아이들은 어른보다는 애완동물에게 훨씬 쉽게 마음을 털어놓는 것으로 나타났다. 이런 이유에서 개를 비롯한 여러 동물이 소아 정신 치료에서는 '보조 치료사'로 활용되는 경우가 종종 있다.[51]

천식이나 고초열, 기타 알레르기 질환의 발생률이 낮아진다는 점도 애완동물이 아동에게 주는 이점이다. 일부 연구에서는 농장에서 자란 아이들이 알레르기 장애를 겪을 확률이 더 낮은 것으로 나타났으나 동일한 결과를 얻지 못한 시험들도 있었다. 긍정적인 결과를 얻은 한 시험에서는 동물에 노출되는 시기가 이르면 이를수록 효과가 커지는 것으로 나타났다. 또한 이러한 효과는 용량 의존적이었다. 다시 말해 노출이 많을수록 효과도 커졌다는 뜻이다. 따라서 "출생 첫 해에 축사나 농장에서 짠 젖, 혹은 양자 모두에 노출된" 어린이의 알레르기 발생률이 가장 낮았다. "또한 노출의 양 및 기간 역시 고초열이나 알레르기 반응의 발현을 방지하는 데 중요한 역할을 했다. 천식의 경우에는 잠깐만 노출되어도 방지 효과가 나타났다."[52] 또 다른 시험에서는 생후 첫 해에 개와 고양이에 노출될 경우 아이가 자라 천식이나 기타 알레르기 질환에 걸릴 확률이 감소하는 것으로 나타났다. 그러나 이러한 장점은 아이가 두 마리 이상의 동물에 노출되는 경우에 국한되기 때문에 일반적인 단독 접촉으로는 동일한 효과를 얻을 수 없음을 알 수 있었다.[53] 아동기에 동물에 노출됨으로써 알레르기가 감소하는 효과는 개나 고양이가 일부 어린이에게서 알레르기를 유도할 위험과 저울질해 판단해야만 할 것이다.

개가 전파하는 질병

애완동물의 수가 늘고, 애완동물과 소유자의 관계도 날로 밀접해지고 있다는 점을 고려해보면 미생물의 교환 역시 증가할 것이 분명하다. 윌리엄 맥닐William McNeil은 《전염병과 인간Plagues and People》에서 다음과 같이 지적했다. "인간과 동물 사이의 친밀함이 정도를 더할수록 감염을 공유할 확률도 높아질 것은 분명해 보인다."[54]

개나 고양이에게 물리는 것이 미생물 전파의 가장 흔한 방식이다. 미국에서는 해마다 '수백만 명'이 개나 고양이에게 물려 "약 30만 명이 응급실을 찾고 10만 명이 입원하며 20명이 사망하는데, 피해자의 대부분은 어린 아이들이다."[55] 고양이는 이빨이 날카로워 깨물면 깊은 상처가 생길 수 있기 때문에 개가 물 때보다 감염될 확률이 높다. 개나 고양이가 물어서 감염된 사람을 대상으로 한 조사에서 상처당 배양된 박테리아 종류의 중앙값은 개가 5.0종, 고양이가 6.5종이었다. 그러나 한 번 물었을 때 옮겨오는 박테리아의 종류는 개가 16종이나 되었고, 고양이는 13종이었다. 대부분의 박테리아는 상처 부위에 국소적으로 존재하지만 이따금 전신 순환계로 침투하여 관절(관절염), 심장(심장 내막염), 뇌(뇌수막염)에 심각한 문제를 야기하기도 한다.[56]

무는 경우를 제외한다면 개가 사람에게 중대한 질병을 전파할 위험은 비교적 낮다. 사람은 개와 1만 년 이상의 기간 동안 가까운 관계를 유지해왔고, 그 사이에 개가 보유한 대부분의 미생물에 노출되어왔기 때문이다. 따라서 상대적으로 노출이 적었던 고양이나 다른 애완동물과 비교할 때 개에게서 갑작스럽게 새로운 미생물이 옮겨올 가능성은 낮다. 개에서 사람으로 전파되거나 전파될 확률이 높은 질병으로는 개 보데텔라 폐렴, 브루셀라병, 캄필로박터증, 와포자충증, 피부 유충 이행증, 개사상충증, 포낭충증, 편모충증, 리슈만편모충증, 렙토스피라병, 라임병(진드기가 원인), 공수병, 개회충증이 있다. 개에게 물린 상처 감염을 제외할 때, 미국에서 개와 관련된 질병 중 가장 중요한 것은 개회충증이다.

박테리아 감염인 개 보데텔라 폐렴은 백일해를 유발하는 박테리아와 가까운 친척인 보데텔라 브론키셉티카Bordetella bronchiseptica가 일으킨다. 개와 고양이 모두가 옮길 수 있고, 특히 어린이나 면역력이 떨어진 성인이 감염에 취약하다. 발열, 나른함, 관절통 및 혹은 호흡기 증상이 나타날 수 있으며 항생제로 치료가 가능하다.

브루셀라병은 일반적으로 소를 비롯한 농장 동물이 사람에게 옮기는 박테리아 질환이다(3장 참고). 하지만 개가 병원소가 되는 경우도 있다. 브루셀라병에 걸리면 발열, 권태, 림프절 부종 등의 증상이 나타난다. 비글 개에서는 이것이 사산의 주요 원인이 된다.

박테리아 질환인 캄필로박터증은 "미국에서 가장 흔한 전염성 설사다."[57] 캄필로박터증은 다양한 들짐승과 집짐승이 옮기는데 개와 고양이가 인체 감염의 약 6%를 차지한다.[58] 설사가 심하고 열이 동반되는 경우도 있다. 설사하는 개나 고양이에 노출되면 이 병에 걸릴 위험이 증가하며, 항생제로 치료할 수 있다.

와포자충증을 일으키는 크립토스포리듐 파붐Cryptosporidium parvum은 개와 고양이가 옮기는 원생동물로서 배설물에 오염된 음식이나 물을 통해 전파된다. 인체에서는 설사를 유발하며 대부분 소아를 대상으로 한다. 이 기생충을 다른 동물들도 옮기기 때문에 개와 고양이가 질병 발생에 기여하는 비율은 아직까지도 명확하지 않다. HIV 감염 환자처럼 면역력이 약화된 사람의 경우에는 이 기생충이 장 질환의 주요 원인으로 작용한다.

피부 유충 이행증은 개의 구충이 원인이다. 개의 분변으로 오염된 지역을 맨발로 걸을 때 피부 유충 이행증에 걸릴 수 있다. 피부 밑으로 침투하면 그 부위가 빨갛게 붓고 가려우며 점차 퍼져나간다. 보통은 자연 치유되며 약물 치료도 가능하다.

개사상충증은 개의 사상충인 디로필라리아 이미티스Dirofilaria immitis가 유발하는 질병으로서 모기에 의해 개에서 개로 전파되지만 이따금 사람을 우연 숙주로 삼기도 한다. 유충은 심장과 폐로 이동한다. 증상이 없는 경우가 보통이지만 유충이 폐에서 결절을 형성하면 X레이 검사에서 색전이나 폐암으로 오인될 수 있다.

포낭충증은 개의 촌충이 유발한다. 개의 분변으로 오염된 음식이나 물을 섭취했을 때 걸리며, 촌충이 간이나 폐로 이동하면 외과적 절개가 필요한 커다란 물혹을 형성하기도 한다.

편모충증은 원생동물인 람블편모충이 일으키는 질병으로서 설사의 가장 흔한 원인이며 보통은 오염된 물을 마셨을 때 걸린다. 개와 고양이를 비롯해 다양한 동물이 옮길 수 있지만 이들에게서 증상이 나타나는 경우는 거의 없다. 애완동물에서 사람으로 전파된다는 사실이 입증되지는 않았지만 가능성은 농후하다.

개와 늑대, 여우를 비롯한 개과 동물은 리슈만편모충증을 유발하는 원생동물을 태어날 때부터 가지고 있다. 남아메리카, 아시아, 중동 지역에서는 해마다 50만 명 정도가 리슈만편모충증에 걸린다. 열이 나고 림프절이 붓기 때문에 말라리아와 혼동되는 경우도 있다. 이라크 전 당시 현지에 주둔했던 미군 병사 수백 명이 가벼운 피부병 형태의 리슈만편모충증에 감염되었기 때문에 한동안은 '바그다드 종기'라는 이름으로 불리기도 했다.[59] 리슈만편모충증 중에서도 가장 보기 흉한 종류인 에스푼디아는 남아메리카에서 발생하는데 '코와 입 부위가 문드러지는' 병이다.[60] 모래파리가 개에서 사람으로 원생동물을 옮기는데 때로는 사람에서 사람으로 옮기기도 한다. 이탈리아와 스페인, 브라질에서는 전체 개의 1/4이 감염되어 있다.[61]

리슈만편모충증이 미국에서는 드문 병이다. 1999년 뉴욕시 근처의 어느 사냥 클럽에서 폭스하운드 21마리가 이 질병으로 죽었으나 사람에게까지 영향을 미치지는 못했다.[62] 사후 조사에서 21개 주에 사는 개에 내장 리슈만편모충증이 있는 것으로 나타남으로써 생각했던 것보다 훨씬 광범위하게 분포하고 있으며 사람이 이 병에 걸릴 가능성도 있는 것으로 확인되었다. 2000년에는 의학회에서 내장 리슈만편모충증이 "최근에 생겨난 가장 중요한 기생충 질환 중 하나"로 꼽히면서, 유럽의 마약 상용자와 AIDS 환자처럼 면역력이 약화된 사람 사이에서 발생률이 증가하고 있으므로 "주요한 공중 보건 문제"라고 지적되기도 했다.[63]

렙토스피라증은 스피로헤타 박테리아에 의해 발생한다. 감염된 동물의 오줌을 통해 사람에게 전파되며 가장 흔한 병원소는 쥐와 개다. 일반적으로 쥐나 개의 오줌으로 인해 식수가 오염되었을 때 발생한다. 1998년, 미국 중서부에서는 철인3종 경기의 참가자 375명이 렙토스피라증에 걸린 일이 있다.[64] 감염되면 열이 나고 무기력하며 두통이 심하고 경증의 황달이 나타나기도 한다. 중증일 경우에는 신장과 간을 침범하는데 이를 바일병이라고 한다. 항생제로 치료할 수 있다.

라임병은 진드기에 의해 사슴에서 사람으로 전파된다. 이따금

우리는 모두 짐승이다―동물, 인간, 질병

개나 고양이의 진드기를 통해 옮기도 한다.

감염된 개에서 옮는 공수병은 개에게 공수병 백신을 기본으로 접종하지 않는 나라에서는 지금도 큰 문제가 되고 있다. 중국에서는 2003년의 9개월 동안에만도 1,297명이 개에게 물려 공수병으로 사망했다. 이는 SARS나 AIDS 희생자보다도 많은 수치다.[65] 미국에서는 개나 고양이의 공수병이 매우 드물다. 이 바이러스의 주요 보균자는 박쥐와 미국너구리인데, 이에 대해서는 이 장의 뒷부분에서 자세히 살펴보겠다.

개회충증은 "미국에서 애완동물과 관련된 동물원성 전염병 중 가장 흔한 질병이다."[66] 개 회충인 톡소카라 카니스Toxocara canis 혹은 고양이 회충인 톡소카라 카티Toxocara cati가 유발한다. 개 회충이 고양이 회충보다 흔하며, 사실상 모든 강아지가 생후 몇 주에 걸쳐 이 기생충을 퍼트린다고 보아도 무방하다. 회충이 어린이 놀이터나 모래밭에 떨어지면 기생충의 알이 수개월 동안 살아 있다가 흙을 먹는 아이들의 입으로 들어간다. 감염되어도 대부분은 증상이 없지만 혈중 호산구의 수가 증가될 수 있다. 이따금 기생충이 폐나 간으로 이동하면서 기침, 쌕쌕거림, 열, 간 비대(내장 유충 이행증)를 유발할 수 있다. 눈으로 이동(눈 유충 이행증)하는 바람에 "미국에서 해마다 수백 명이 한쪽 눈의 시력을 상실하고, 어린이들에게서는 반영구적인 시력 장애를 일으키기도 한다."[67] 이 기생충이 간질을 유발할 수도 있는데 명확하게 입증되지는 않았다. 개회충증은 개와 고양이의 분변을 올바르게 처리하고, 모래상자를 덮어두며, 강아지와 새끼고양이에게 구충제를 복용시키면 예방할 수 있다.

다발 경화증

사람과 개의 연관성이 입증되지는 않았으나 강하게 의심되는 대표적인 질병이 다발 경화증이다. 만성 뇌 질환인 이 병을 앓는 환자는 미국에서만 30만 명, 세계적으로는 250만 명에 달한다. 대부분 20~35세에 발발하는데, 발병 후에는 물체가 둘로 보이고 행동이 굼떠지며 팔다리가 약해지고 감각에 변화가 생긴다. 10% 정도는 중증으로 발전하지 않고 일생을 보낼 수 있으나 70%는 재발과 회복을 반복하면서 서서히 악화되며, 20%는 급속하게 질병이 진전되면서 완전 불능과 사망에 이르게 된다.

한 세기 넘게 다발 경화증의 원인 중 하나로 병원체가 의심되어왔다. 발병이 주로 전염성 질환자에게서 나타나기 때문이다. 다발 경화증은 지리적 분포도 뚜렷하여 적도에서 위도가 멀어질수록 발생률이 높아진다. 또한 발병률이 높은 나라에서 낮은 나라 혹은 낮은 나라에서 높은 나라로 이주한 사람들을 대상으로 한 연구에서는 다발 경화증을 유발하는 무엇인가가 15세 이전에 뇌로 침투한 뒤 10년이 넘는 시간 동안 잠복하는 것으로 나타났다. 가장 중요한 점은 다발 경화증 환자들에게서 다양한 바이러스에 대한 항체가 증가하고, 면역 글로불린도 증가한다는 사실이다. 이 두 가지 물질의 뇌척수액 농도는 감염의 척도다. 가장 활발하게 평가의 대상이 된 병원체는 홍역 바이러스다. 여러 가지 헤르페스 바이러스나 풍진, 인플루엔자, 파라인플루엔자, 레트로바이러스를 의심하는 사람들도 있다.

이 병원체가 동물에서 비롯되었을 것으로 보는 한 가지 이유는 다발 경화증 유사 질병이 몇몇 동물종에서 관찰되기 때문이다.

1952년에 이미 "개 혹은 고양이가 병원체의 병원소로 의심된다"는 주장이 나왔다. 동물 이론은 집에서 기르는 애완견이 중증 신경 질환을 앓은 직후에 23~30세의 세 자매가 모두 다발 경화증에 걸린 1977년의 사례로 뒷받침되었다.[68]

이 보고로 다발 경화증 환자가 이 질환을 앓지 않는 사람에 비해 개에 더 많이 노출되었는지 여부를 확인하는 시험이 줄줄이 실시되었다. 상관관계가 있다고 보고한 어느 연구자는 "이는 흡연과 암의 상관관계를 발견한 것에 비유할 만한 획기적인 발견"이라고 주장했다. 다발 경화증과 개 사이에 상관관계가 있다는 주장은 각종 매체를 통해 널리 퍼져나갔다.[69]

사반세기가 흐른 뒤에도 다발 경화증과 개의 관계는 여전히 입증되지 않은 채 신경학자들 사이에서 활발한 논쟁의 주제가 되고 있다. 개에 대한 노출에 관해 21개 이상의 시험이 실시되었다. 그중 7개 시험에서는 다발 경화증 환자가 대조군에 비해 개에 유의하게 높은 수준으로 노출된 것으로 나타났지만, 나머지 시험에서는 유의한 상관관계가 입증되지 않았다. 그러나 대조군에서 개에 대한 노출이 유의하게 컸다는 시험은 없었다. 일부 시험에서는 작은 개나 집에서 기르는 개에 한해 위험 인자 가능성이 있는 것으로 나타났다.[70]

몇몇 시험에서는 다발 경화증 발병 이전에 병든 개에 노출된 적이 있는지의 여부를 구체적으로 물었다. 사람의 홍역 바이러스와 가까운 개 디스템퍼 바이러스에 개가 감염되었을 수도 있기 때문에 이는 매우 흥미로운 조사였다. 일부 연구자는 개 디스템퍼의 유행에 이어 다발 경화증이 발생했다고 주장했다. 그 예로서 패로 제도, 아이슬란드, 뉴펀들랜드, 키웨스트, 플로리다, 시트카, 알래스카의 발병 사례를 들 수 있다.[71] 시트카에서 1965년에 개 디스템 퍼가 발생했고 1967년에서 1970년 사이에는 5명의 환자가 다발 경화증 유사 질환으로 진단을 받았는데, 이것이 1949~1979년의 유일한 발생 사례였기 때문이다.[72] 이러한 결과를 토대로 몇몇 연구진이 개 디스템퍼 바이러스에 대해 다발 경화증 환자의 항체가 증가했는지 여부를 조사해보았다. 1997년의 시험 보고에서는 "다발 경화증에서 개 디스템퍼 바이러스가 병인으로서 작용했을 가능성은 불분명한 수준 이상은 아니"라는 결론이 내려졌다.[73]

이러한 시험들은 방법상의 문제가 많고, 결과에도 논쟁의 여지가 있다. 개를 애완동물로 기르는 사람은 무척 많기 때문에 누구나 개를 소유했던 적이 있거나 아니면 친지나 이웃의 집에서 개에게 노출된 적이 있다. 노출 시점에 대한 문제 역시 논란거리다. 개에 대한 노출에서 질병의 발현 사이에는 몇 년이라는 잠복기가 있으므로 과거의 여러 시점을 정해 개에 대한 노출을 측정해야 하고, 노출된 사람이 질병에 걸렸는지 여부를 확인하기 위해서는 장기간 추적 관찰을 해야만 한다.

고양이가 전파하는 질병

고양이를 애완동물로 널리 키우기 시작한 지가 200년이 넘지 않았기 때문에 인간이 고양이의 미생물에 노출된 역사는 그리 길지 않다. 고양이에서 사람으로 전파되는 질병으로는 보데텔라증, 캄필로박터증, 묘소병, 와포자충증, 편모충증, 라임병(진드기), 흑사병(벼룩), 공수병, 개회충증, 톡소포자충증이 있다. 앞에서 이야기한, 감염된 고양에게 물린 상처를 제외하고 고양이와 관련해 미국에서 가장 큰 질병은 묘소병, 개회충증, 톡소포자충증이다(나열한 질병 중 일부는 개와 관련된 질병에 대해 논의한 부분에서 찾아볼 수 있다).

미국에서는 해마다 2만 2,000건의 묘소병이 발생하며 그중 2,000건 정도가 입원으로 이어진다.[74] 묘소병의 원인은 수년 동안 명확하지 않았으나 최근의 연구에 따르면 고양이가 물거나 할퀴었을 때, 때로는 고양이의 벼룩이 물었을 때 인체로 전파되는 박테리아인 바르토넬라 헨셀라에Bartonella henselae가 원인균으로 밝혀졌다. 보통은 어린이에게 발생하고, 새끼고양이나 길고양이가 흔히 옮긴다. 다친 부위가 아프고 뾰루지가 난 뒤에는 림프절이 붓고 미열이 오른다. 대부분 자연 치유되지만 일부는 심장, 폐, 간, 눈, 뇌를 비롯한 다른 장기로 퍼지기도 한다. 항생제로 치료할 수 있으나 약물에 대한 반응은 개인 편차가 크다.

흑사병은 박테리아[Yersinia pestis] 질환으로서 미국에서는 남서부 주에 서식하는 설치류 사이에서 주로 발생한다(6장 참고). 감염된 설치류와 접촉하면 고양이도 감염될 수 있다. 뉴멕시코에서는 1977~1988년에 119건의 고양이 흑사병이 보고되었다. 고양이가 사람에게 전파하는 경우도 있지만 대부분은 흑사병에 감염된 벼룩을 매개로 한다. 1977년에서 1998년 사이에 미국에서 발생한 197건의 인체 감염 흑사병 중 23건은 고양이가 옮긴 것으로 추정된다. 그중 5건은 정확한 진단을 내리지 못해 항생제 치료가 늦어지는 바람에 사망으로 귀결되고 말았다.[75]

톡소포자충증은 수백만 년 동안 고양이를 비롯한 고양잇과 동물에 적응해온 원생동물인 톡소플라스마 곤디Toxoplasma gondii가 유

발한다. 고양이가 증상을 나타내는 경우는 거의 없지만 최초 감염
시 1일 최대 2,000만 개의 충낭을 대변으로 배설한다. 충낭은 매
우 단단하기 때문에 흙이나 모래 속에서 18개월까지도 전염력을
유지할 수 있다. 다른 동물이 섭취한 충낭은 근육 조직으로 이동
해 그곳에 머문다. 이 동물을 고양잇과 동물이 포식할 경우에는
충낭이 고양이의 몸속에서 복잡한 한살이를 완료한다. 하지만 임
신한 포유류가 톡소포자충을 섭취했을 경우에는 특별한 상황이
전개된다. 이 미생물은 태반을 감염시키거나 태반을 통과해 태아
를 감염시킨다. 이는 양의 자연 유산의 주요 원인이며 사람의 태
아에서도 심각한 문제를 일으킬 수 있다.

사람은 흡입이나 섭취를 통해 톡소포자충에 감염된다. 고양이
의 분변이 쓰레기통 안에 있거나, 의자 밑, 마당, 집 주변의 토양,
어린이 놀이터의 모래밭에 있을 경우 여기에 노출되는 모든 사람
은 충낭을 흡입할 수 있다.

어린 아이들은 주로 놀이터 모래밭에서 톡소포자충에 감염된
다. 여러 연구에서 이곳이 고양이 분변에 심하게 오염되어 있다는
사실이 밝혀졌다. 도심 공원의 공공 놀이터 모래밭 세 곳을 조사
한 어느 연구에서는 4주 동안 176개의 고양이 대변이 발견되었는
데 주로 밤중에 배변한 것이었다.[76] 감염된 고양이 한 마리가 하루
에 수백만 개의 충낭을 배설할 수 있고, 충낭은 축축한 모래나 흙
속에서 18개월이나 감염력을 유지할 수 있기 때문에 모래밭에서
노는 아이들이 감염될 가능성은 매우 높다.

사람이 톡소포자충에 감염되는 두 번째 경로는 고양이 대변
에 든 충낭을 먹고 감염된 동물의 고기를 제대로 익히지 않고 먹
는 경우다. 감염된 동물의 근육에는 미세한 양의 충낭이 들어 있

우리는 모두 짐승이다—동물, 인간, 질병

어 그 근육을 먹은 사람이나 다른 동물에게 전파된다. 프랑스나 독일, 터키, 파키스탄, 수단, 에티오피아처럼 고기를 살짝 익혀 먹는 음식 문화권에서는 이것이 일반적인 감염 경로다. 제대로 익히지 않은 고기를 먹었을 때 톡소포자충에 감염된다는 생각은 프랑스의 한 어린이 시설을 대상으로 한 조사에서 입증되었다. '거의 익히지 않은 쇠고기 혹은 말고기와 설익은 양고기'를 급식한 결과, 1년 뒤에는 대상자 전원이 톡소포자충에 대한 항체를 획득했기 때문이다.[77]

톡소포자충 충낭을 보유한 파리나 바퀴벌레에 노출된 과일과 채소를 씻지 않고 먹거나 마찬가지로 오염된 물이나 우유를 마시는 경우에도 톡소포자충증에 걸릴 수 있다. 파리는 감염된 고양이 분변에 접촉한 뒤 2일까지 톡소포자충으로 음식을 오염시킬 수 있다. 바퀴벌레는 감염된 고양이 분변을 섭취한 뒤 10일까지 대변으로 톡소포자충을 배설한다.[78]

이처럼 감염 경로가 다양한 톡소포자충에 사람이 감염될 확률은 얼마나 될까? 연구에 따르면 미국에서는 고양이의 1% 정도가 활성 감염 상태로서 충낭을 배설한다. 톡소포자충에 대한 항체의 존재 여부로 얼마나 많은 고양이가 감염되었는지를 측정한 결과 약 1/3이 감염된 것으로 나타났다.[79] 감염률은 집고양이보다는 길고양이가 높다. 먹이를 스스로 찾아서 먹는 길고양이는 감염된 설치류를 잡아먹을 가능성이 높기 때문이다. 새끼고양이가 혼자 사냥할 정도로 자라면 감염 확률도 높아진다. 따라서 충낭은 혼자서 사냥을 하기 시작하는 나이에 가장 활발하게 배설된다. 노르웨이에서 임신부를 대상으로 다양한 톡소포자충 감염 요인의 상대적 중요도를 평가해본 결과, 감염된 여성은 고양이 배설 상자와 덜 익은 고기, 생과일과 채소에 유의하게 높은 수준으로 노출되었다. 결국 감염원이 복수로 존재하는지 여부가 감염에 있어 결정적인 역할을 하는 것으로 보인다.[80]

톡소플라스마 곤디에 감염된 사람의 수를 항체의 존재 유무로 측정한 결과 고양이에 대한 노출 및 식습관에 따라 지리적으로 다양한 분포가 나타났다. 미국에서 실시한 조사에서는 23%가 감염된 것으로 드러났다.[81] 반면 고기를 덜 익혀 먹는 사람이 많은 파리에서 임신부를 대상으로 실시한 조사에서는 84%가 감염된 것으로 나타났다.[82] 고양이가 많고 고양이 분변에 노출될 확률이 높은 나라에서의 감염률이 더 높았다.[83]

임상적으로 가장 활발하게 연구된 인간 톡소포자충증은 선천성 톡소포자충증이다. 이 질병은 톡소포자충에 감염된 적이 없는 임신부가 톡소포자충에 감염되었을 때 나타난다. 미국에서는 "해마다 1,000명 중 1명이 감염되어 400~4,000건의 선천성 톡소포자충증이 발생한다."[84] 사례의 약 60%는 모체가 기생충에 감염되었다 해도 증상이 없고, 태반이나 태아에도 영향을 미치지 않는다. 나머지 40%에서는 톡소포자충이 태반 및 태아에 영향을 미치기 때문에, 약 5%에서 유산 혹은 사산을 야기하고 10%에서는 출생 시 선천성 톡소포자충증을 일으킨다. 선천성 톡소포자충증의 증상으로는 머리 크기의 변화(수두증水頭症, 혹은 소두증), 뇌 낭포, 정신지체, 청력 상실, 간질, 뇌성마비, 간 및 비장 비대, 망막 손상이 있다.

자궁에서 톡소포자충에 감염된 나머지 25%는 출생 당시에는 정상으로 보이지만 그 증상이 나중에 나타난다. 이러한 톡소포자충증은 대부분 눈의 염증(망막 및 맥락막)으로 나타나며 그 결과 상처나 시력 장애가 생긴다. 이처럼 발현이 지연되는 경우에는 20대 및 30대에 증상이 가장 뚜렷하게 나타난다. 진단만 정확하다면 선천성 톡소포자충증으로 인한 손상은 적절한 시기에 항생제를 써서 방지할 수 있다.

후천성 톡소포자충증은 톡소포자충이 임신부를 제외한 사람을 최초로 감염시킬 때 나타나는데 대부분은 소아나 청소년이 대상이다. 증상이 없는 경우도 있고, 두통과 열, 림프절 비대가 나타나기 때문에 감기나 독감, 단핵구증, 기타 장애로 오진되는 경우도 있다. 때로는 후천성 톡소포자충증이 재발성 혹은 만성 단계로 이행해 보다 심각한 증상을 유발하기도 한다. 이러한 증상에는 간염, 심근염, 뇌염, 폐렴, 망막맥락막염이 포함된다. 후천성 톡소포자충증 환자 70명을 대상으로 실시한 한 시험에서는 26명이 이와 같은 중증 증상을 나타냈다.[85]

선천성 및 후천성 톡소포자충증 이외에 존재하는 제3의 감염 형태는 항암치료를 받거나 HIV에 감염된 경우처럼 면역계에 결함이 있는 사람에게서 찾아볼 수 있다. 톡소포자충증으로 인한 뇌염은 이전에 1차 감염을 경험한 AIDS 환자의 약 30%에서 발생하며 해당 환자들의 사망 원인 중 10%를 차지한다.[86] 뇌성 톡소포자충증은 눈병이나 다양한 신경 증상 및 정신 증상을 유발하는데, 여기에는 간질, 뇌신경마비, 국소 신경 증상, 그리고 착란이나 망상, 환각과 같은 정신 이상이 포함된다.[87] 면역력이 약화된 사람의 톡소포자충증은 보통 수 년 동안 체내에 잠자고 있던 잠복 톡소포자충이 재활성화된 경우다.

AIDS 환자에서 잠복 톡소포자충이 활성화된 것은 "톡소플라스마 곤디가 세계적으로 중추신경계 잠복 감염의 가장 유력한 원인이라는 사실"을 인식시켰으며, 이것이 사람의 뇌 안에서는 또 어떤 작용을 하는가에 대한 활발한 연구로 이어졌다.[88] 톡소포자충은 양이나 돼지, 소에서 신경 증상을 유발한다. 생쥐와 쥐를 이용한 시험에서는 톡소포자충 감염이 기억력과 학습 능력을 저하시키는 것으로 나타났다.[89] 영국에서 조앤 웹스터Joanne Webster가 실시한 연구는 특히 흥미롭다. 이 시험에서 톡소포자충에 감염된 쥐는 활동성이 고양되었으며 고양이 냄새에 대한 선천적인 혐오감을 상실했다. 다시 말해 고양이에게 잡아먹힐 확률을 증가시키는 습성을 획득했다. 결국 톡소플라스마 곤디의 충낭은 고양이에게 돌아가고 그 안에서 한살이를 완료하게 된다. 이러한 행동 변화는 기생충이 조작하는 진화의 예로 이용되어왔다.[90]

톡소포자충은 인체에서 정신 지체나 간질, 길랭-바레 증후군, 수막종 같은 뇌종양을 유발할 수 있다.[91] 톡소포자충증이 정상인의 성격을 미묘하게 변화시키고 정신운동 기능을 저해하며 IQ를 떨어트린다는 흥미로운 연구 결과도 있다.[92]

최근의 연구는 톡소플라스마 곤디가 중증 정신 장애의 원인으로 작용할 가능성에 초점을 맞추고 있다. 톡소포자충증이 재활성화된 AIDS 환자들이 망상, 환각, 사고 처리 장애를 경험한다는 사실이 연구의 기폭제 역할을 했다. 후천성 톡소포자충증 환자에게도 이러한 정신 증상이 나타난다는 보고가 있다. 해당 사례 114건을 검토한 결과 24명이 '정신 동요가 매우 잦은' 것으로 나타났다.[93]

정신분열증 및 기타 중증 정신 장애 환자의 톡소플라스마 곤디에 대한 항체 분석을 실시한 19개 시험에서 1개를 제외한 모든 시험은 환자군이 대조군에 비해 더 많은 항체를 갖고 있다고 보고했다.[94] 자라서 정신분열증이나 기타 정신병을 앓게 된 환자의 친모에 대한 연구에서도 출산 직전 채취한 혈액 속에 톡소포자충에 대한 항체가 대조군 여성에 비해 더 많은 것으로 나타났다.[95] 마지막으로 2개 시험에서는 정신분열증이나 조울증 진단을 받은 환자가 그렇지 않은 사람보다 어린 시절에 고양이를 기른 경우가 더 많다는 사실이 입증되었다.[96] 톡소포자충증 감염과 중증 정신 장애의 관계를 살펴보는 시험은 아직도 다수가 진행 중이다. 그중에는 톡소포자충 치료가 임상적으로 뚜렷한 개선 효과가 있는지를 평가하는 시험도 있다.

고양이가 일정한 역할을 했을 것으로 추측되는 또 다른 질병으로 류마티즘성관절염이 있다. 류마티즘성관절염은 관절에 생기는 병으로서 남자보다 여자에게 많이 생기고 보통은 40대가 넘어야 증상이 뚜렷해진다. 류마티즘성관절염에 걸리기 쉬운 유전적 소인을 가진 사람이 따로 있으며, 그런 사람의 면역계에는 이상이 있다는 주장이 널리 받아들여지고 있다. 일부 연구자는 병원체가 류마티즘성관절염의 진행을 촉발한다는 가정을 바탕으로 다양한 미생물을 제시하기도 한다.

류마티즘성관절염이 병원체에 의해 촉발된다면 이 병원체는 동물에게서 전파된 것일까? 이러한 질문을 최초로 던진 사람은 마이애미 대학의 노먼 고틀립Norman Gottlieb이다. 이 연구진은 1974년의 연구에서 105명의 류마티즘성관절염 환자를 대상으로 질병 발현 전 5년 간의 애완동물 사육 기록을 비교했다. 비교 대상은 다른 형태의 관절염 환자 105명과 관절염 이외의 질병을 앓는 환자 95명이었다. 그 결과 "류마티즘 군은 관절염 대조군에 비해 한 마리 이상의 개나 고양이, 새(혹은 이들의 복합)에 대한 노출 수준이 유의하게 높았다." 애완동물을 개별적으로 분석해보자 류마티즘성관절염 환자의 집에는 애완용 개가 있거나 다른 아픈 동물이 있을 확률이 통계적으로 유의하게 높았다. 또한 "새나 고양이도 류마티즘성관절염 환자의 집에 더 많았으나 그 차이가 통계적으로 유의할 정도는 아니었다."[97]

1996년, 오스트레일리아 애들레이드 대학의 콜린 본드Colin Bond 와 레슬리 클리랜드Leslie Cleland가 고틀립의 연구를 이어받았다. 이들은 류마티즘성관절염 환자 122명과 기타 관절염(대부분 골관절염) 환자 114명의 동물 노출 기록을 비교했다. 여기에는 개, 고양이, 토끼, 기니피그, 생쥐, 잉꼬, 앵무새, 비둘기, 물고기, 오리, 양, 소, 돼지, 염소, 말을 포함해 광범위한 동물에 대해 질문이 포함되었다. 가장 주목할 만한 결과는 류마티즘성관절염 환자들이, 특히 사춘기 이전 5년 사이에 통계적으로 유의한 수준으로 고양이에 더 많이 노출되었다는 사실이다. 잉꼬에 대한 노출도 유의했으나 나머지 동물에 대한 노출은 두 군 사이에 유의한 차이가 없었다.[98] 이 시험 이후로는 류마티즘성관절염 환자의 동물 노출에 대한 시험이 실시되지 않았다.

기타 애완동물

애완동물로는 개와 고양이의 인기가 가장 높지만 물고기나 토끼, 새, 작은 설치류를 기르는 사람도 많다.

미국에서는 2,000만 가구 이상이 물고기를 소유하고 있다. 질병 위험과 관련해서 이들은 '비교적 무해'하다고 한다.[99] 물고기가 옮기는 가장 흔한 질병은 항산균에 의한 피부 감염으로서 손에 상처가 있는 사람이 수조를 닦을 때 흔히 발생한다.

야생을 길들인 것이 아니라 처음부터 집에서 기른 토끼의 경우라면 '사람에게 전파되는 미생물이 거의 없으며' 훈련을 통해 좋은 애완동물이 될 수 있다.[100] 토끼를 서툴게 안았을 때는 토끼가 뒷발로 세게 할퀼 수 있는데 이때 생긴 상처에 염증이 생기기도 한다. 야생토끼에게는 야토병이 있을 가능성이 있으므로 잡아서 기르는 것은 좋지 않다(3장 참고). 미국에서는 해마다 야생토끼로 인한 야토병 인체 감염이 100건 정도 발생한다. 아버지에게서 행운의 부적으로 야생토끼 발을 받은 두 자녀가 모두 야토병에 걸린 사례도 있다.[101]

새를 새장에 가두어 애완동물로 기르는 경우도 흔한데 이들은 천식 발작을 포함해 알레르기 반응을 유발할 수 있다. 또한 살모넬라증과 편모충증, 독감(9장 참고), 파라믹소 바이러스가 유발하는 인플루엔자 유사 증후군인 뉴캐슬병을 퍼트리기도 한다. 조류가 전파하는 가장 심각한 질환 중 하나는 앵무병이다.

앵무병은 앵무열이라고도 하며 클라미디아 시타시Chlamydia psit-taci라는 박테리아가 유발하는데, 앵무새와 잉꼬, 왕관앵무새, 카나리아, 피치를 비롯한 거의 모든 조류가 옮긴다. 플로리다에서 애완용 조류를 조사한 연구에서는 20%가 감염된 것으로 나타났다.[102]

앵무병은 새가 걸렸을 경우에는 거의 증상이 없다. 일부 조류는 평생 이 박테리아를 갖고 있다고 한다. 새장 안이 비좁거나 다른 곳으로 운송되는 등 스트레스가 생기면 잠복해 있던 박테리아가 활동을 시작하면서 증상을 유발한다. 새의 앵무병 증상은 종에 따라 다르고 박테리아 균주에 따라서도 다르지만 보통은 눈의 염증, 콧물, 설사, 늘어짐, 깃털 곤두섬 같은 증상이 나타난다. 스트레스에 약한 새는 죽기도 한다. 회복했다가 주기적으로 재발하는 경우도 있고, 완전히 회복하는 경우도 있다.

클라미디아 시타시가 새에서 사람으로 옮겨가는 가장 흔한 경로는 공기 중에 떠다니는 새의 분변 입자 흡입이다. 새는 눈과 코 분비물, 분변으로 박테리아를 배설하며 깃털로 옮기기도 한다. 연구에 따르면 감염된 새와 같은 방에 있기만 해도 감염될 수 있고, 새 한 마리가 여러 사람을 감염시킬 수도 있다. 조류 공원에서도 마찬가지로 감염될 수 있다.[103] "새와 입을 맞추거나 코를 비비거나, 새를 손으로 만지거나, 새에게 모이를 줄 때" 감염 확률이 높아진다.[104] 근접 노출은 전파 확률을 크게 증가시킨다. "새로 산 앵무새가 병이 나자 '입 대 부리' 인공호흡을 시도했다가 앵무병에 걸려 죽을 뻔한 남자"의 이야기도 있다.[105] 클라미디아 시타시는 드물게 사람 대 사람으로 전파될 수도 있다고 하지만 아직은 입증되지 않았다.[106]

인간 앵무병은 무증상에서부터 목숨이 위태로운 수준까지 다양하게 발현한다.[107] 전형적인 감염 증상은 오한, 발열, 두통, 근육통, 권태감으로서 독감과 유사하다. 기침, 흉통, 숨 가쁨, 폐렴이 그 뒤를 잇는다. 클라미디아 시타시에 의한 폐렴은 심각한 결과를 가져올 수 있다.[108] 이 폐렴은 같은 클라미디아 족에 속하는 클라미디아 뉴모니아Chlamydia pneumonia가 유발하는 폐렴과 유사할 수 있다. 클라미디아 시타시는 심장이나 간, 신장, 관절, 뇌를 포함한 다른 장기를 감염시키기도 한다. 항생제를 쓸 수 없었던 시절에는 클라미디아 시타시 감염으로 인한 사망률이 20%를 넘었으나 지

우리는 모두 짐승이다—동물, 인간, 질병

금은 1% 미만이다.[109]

클라미디아 시타시의 가장 큰 문제점은 다른 질병을 촉발한다는 데 있다. 동물계에서는 클라미디아 시타시 감염이 폐렴, 관절염, 설사, 장염, 사산과 관련이 있다.[110] 사람의 경우 클라미디아 시타시는 측두동맥염 및 턱관절 장애와 관련이 있는 듯하나 확증된 사실은 아니다. 다른 유사 클라미디아에 대한 교차 반응일 가능성도 있기 때문이다.[111] 클라미디아 족에 속하는 다른 구성원들과 마찬가지로, 이 박테리아가 얼마나 많은 질병을 일으키는지에 대해서는 이제 막 밝혀지기 시작했다는 것이 연구자들의 공통된 견해다.

햄스터나 황무지쥐, 기니피그, 생쥐, 쥐 같은 작은 설치류들도 집에서 키우기 좋은 애완동물이다. 오랫동안 실험실에서 연구용으로 사용되었기 때문에 이들이 옮길 수 있는 질병에 대해서는 많은 내용이 알려져 있다. 작은 설치류도 위험이 없지는 않기 때문에 알레르기를 유발하거나 다양한 병원체를 옮길 수 있지만, 흑사병이나 발진티푸스, 한타 바이러스 감염처럼 중증 질환을 유발하는 박테리아는 야생설치류가 전파할 뿐 가정용으로 판매되는 설치류와는 무관하다.

애완동물용 설치류가 옮길 수 있는 가장 중요한 미생물은 림프구성 맥락 수막염lymphocytic choriomeningitis, LCM을 유발하는 바이러스다. LCM 바이러스는 아레나 바이러스 중 하나다. 치명적인 라사열의 원인이 되는 바이러스와 바이러스성 출혈열을 일으키는 몇 가지 바이러스도 이 족에 속한다. 햄스터와 생쥐는 LCM 바이러스 감염 후에도 질병 증상을 나타내지 않았다. 두 종이 매우 긴 시간 동안 해당 바이러스를 보유해왔다는 의미다. 이들은 동물을 다루는 사람에게 바이러스를 전파한다. 하지만 그저 우리 근처에 있기만 해도 감염될 수 있다. 설치류의 소변과 대변으로 배설된 바이러스가 공기 중에 떠다니기 때문이다.

LCM은 대부분 발열, 두통, 근육통, 눈 통증, 구역, 구토와 같은 비교적 경미한 질환을 유발한다. 그러나 인체 감염 사례의 1/3은 뇌수막염이나 뇌염으로 이어지면서 극심한 두통과 뒷목 경직, 여러 가지 신경 증상을 나타낸다. LCM 감염이 치명적인 경우는 드물지만 이전에 생각했던 것보다는 빈도가 높다. 생쥐가 흔한 독일 북부 농촌 지역의 주민을 대상으로 한 시험에서는 LCM에 대한 항체를 측정한 결과 인구의 9%가 LCM에 노출되었던 것으로 나타났다.[112]

햄스터가 LCM 유행을 일으킨 적도 있다. 뉴욕 주에서 LCM이 돌았을 때는 4개월 사이에 57건의 LCM 뇌수막염이 발생했다. 환자의 연령은 3~70세였다. 햄스터를 철망 우리에 넣어 거실이나 가족이 함께 사용하는 장소에서 길렀을 경우의 가내 감염률이 가장 높았다.[113] 식구들이 한꺼번에 LCM에 걸리기도 하는데 본인은 뇌수막염, 장모님은 뇌염, 아내와 딸은 그보다 정도가 덜한 질병에 걸린 사례도 있다. 네 사람은 모두 햄스터를 손으로 만졌다고 한다.[114] 한 병원에서는 복사기와 연구용 햄스터를 가둬둔 우리가 함께 있는 방에 출입했던 직원들이 LCM에 감염되기도 했다. 또한 햄스터를 사용하는 실험실 연구원들이 LCM에 감염된 사례도 있다. 7명이 감염되었고 그중 2명이 입원했다.[115]

사람의 LCM 감염은 흔한 일은 아니지만 매우 심각한 결과를 가져올 수 있다. 임신한 여성이 감염되면 바이러스가 태반을 통과하면서 유산이나 사산을 유발한다.[116] 또한 LCM 바이러스는 동물

우리는 모두 짐승이다—동물, 인간, 질병

에서 림프종을 유발하고, 종양에 대한 감수성을 높이는 것으로 알려져 있다.[117]

애완동물과 가축에 대한 노출의 증가

미국에서는 애완동물뿐 아니라 떠돌이 짐승, 특히 고양이가 점점 많아지고 있다. 이들은 원래 애완동물이었다가 도망치거나 버려진 것들이다. 길고양이는 대부분 수풀이 우거진 곳이나 빈 건물에서 산다. 미국에는 약 200만 마리의 길고양이가 있는 것으로 추정되며 대부분이 텍사스를 비롯한 남쪽 주에서 살고 있다.[118]

미국 내 길고양이 수를 6,000만 마리에 달한다고 추정하기도 하지만 정확한 수치는 알기 힘든 실정이다.[119] "고양이 수를 헤아리는 일은 고양이 떼를 이끄는 것보다 약간 덜 어렵다"는 이야기가 있을 정도다.[120] 일반적으로 미국 내 고양이(애완용 고양이와 길고양이) 수는 대략 1억 마리로 추정된다. 사람 세 명당 고양이가 한 마리인 셈이다. 길고양이는 "가축 및 야생동물과 모두 접촉함으로써 서로 분리된 두 숙주군 사이에서 병원체 교환의 통로 구실을 한다"는 점에서 미생물 전파와 관련해 심각한 문제를 야기한다.[121]

하지만 애완동물이 길고양이에 노출되지 않도록 할 필요까지는 없다. 미국 어린이들은 근래 들어 점점 더 인기를 얻고 있는 체험형 동물농장이나 동물원에서 동물에 노출된다. 관련 사이트에서는 아이들에게 이로운 점을 줄줄이 나열하면서 '근방에서 제일 귀여운 녀석들'이 있다고 선전한다. 대부분의 동물원에서는 염소,

양, 토끼, 오리, 돼지, 송아지, 당나귀, 조랑말을 비롯한 농장 동물을 전시하고 있지만 이국적인 동물이 있는 곳도 있다. 예를 들어 캘리포니아 썬랜드의 WOW 동물원에는 "50종의 포유류와 조류, 파충류, 양서류, 무척추 동물이 있다"고 한다.[122]

체험형 동물농장이나 동물원은 적극적인 홍보 활동을 펼친다. '파티나 이벤트에 쓸 수 있는 귀여운 동물들을 보유'한 곳도 있고, 일정 금액을 내면 "새끼오리나 병아리, 아기토끼 같은 아가 동물이나 어른 동물을 데려온다"는 곳도 있다.[123] 기업 야유회나 교회 행사, 학교 축제에 동물 친구들을 불러달라고 광고하기도 한다. 2002년 라피엣에 있는 루이지애나 대학에서 홈경기에 관중을 불러 모으기 위해 풋볼 경기장 주차장에 동물들을 데려다놓았던 것이 아마 최초의 사례일 것이다. 뉴스 보도에 따르면 "이 경기에는 2만여 명의 관람객이 참석했는데 이는 평소 인원인 1만 5,000명보다 1/3가량 늘어난 수준이다."[124]

동물농장이나 동물원에서 동물에 노출되는 어린이의 수는 놀라울 정도다. 예를 들어 펜실베이니아 필라델피아 근처의 유명한 동물농장은 하루에 1,500~2,000명 정도가 방문한다. 관람객은 대부분 어린이들이며, 그 아이들은 사진을 찍기 위해 동물을 쓰다듬거나 붙잡는 과정에서 동물과 직접 접촉하게 된다. 이 동물농장은 방문객 51명이 심한 설사 증세를 일으키는 바람에 2000년 말에 보건 당국의 조사를 받기도 했다. 설사 환자 중 4명을 제외한 전원이 10세 이하 어린이였다. 16명이 입원했고 8명이 신부전으로 발전하면서 용혈성요독증후군 진단을 받았으며, 그중 1명은 신장 이식을 받아야 했다. 이 사건의 원인은 농장의 소들이 옮긴 대장균 O157인 것으로 밝혀졌다(8장 참고). 전염된 아이들은 동물과

우리는 모두 짐승이다―동물, 인간, 질병

많은 시간을 보냈고, 그 뒤 대부분이 손을 씻지 않았으며, 동물농장 구내매점에서 음식을 사먹은 경우가 많았다.[125]

체험형 동물농장이나 동물원을 방문한 뒤 아이들이 병에 걸리는 빈도에 대한 전반적인 데이터는 없다. 하지만 펜실베이니아 사태는 특이한 사례가 아니다. 워싱턴, 위스콘신, 잉글랜드, 캐나다에서도 동일한 대장균으로 인한 유사 사례가 보고되었기 때문이다. 캐나다에서는 환자 수가 159명에 달했다.[126] 2002년 5월 6일, "인사이드 에디션Inside Edition"에서는 체험형 동물원에 대한 내용이 방송되었다. 이 보도에 따르면 프로듀서가 플로리다에 있는 8개 체험 동물원을 방문한 결과 동물과 접촉했을 때 병에 걸릴 수 있다고 안내해둔 곳은 하나도 없었다. 방문객으로 인해 동물이 병에 걸릴 수 있다는 경고문을 부착한 곳은 세 곳 있었지만 말이다.[127]

외래 애완동물

오래전부터 여러 문화권에서는 외래 동물을 애완용으로 길러왔다. 고대 이집트에서는 가젤이나 사슴영양, 하이에나를 길들이려는 시도가 있었고, 인도 무굴 제국의 황제는 치타를 길렀다. 오스트레일리아 원주민은 왈라비를 길들였고, 북아메리카 인디언 중에는 곰을 기르는 사람이 있었다. 미국 대통령 존 퀸시 애덤스 John Quincy Adams는 백악관 "이스트룸 욕조에서 악어를 길렀다"고 한다.[128]

외래 동물을 기르는 풍습은 새로울 것이 없지만, 이 풍습이 매우 빠른 속도로 증가하고 있다는 점은 새로운 현상이다. 미국 내 외래 애완동물 판매고가 연간 10억 달러에 달한다는 통계도 있다.[129] 인터넷 구매와 총알 택배 서비스가 결합되면서 이제는 누구나 제한 없이 거의 모든 동물을 소유할 수 있게 되었다. 외래 동물의 구입은 개성의 표현으로 여겨질 수도 있다. 미국 신종 애완동물 협회는 웹 사이트에 다음과 같은 문구를 올려놓았다. "특이한 애완동물을 기르고 계십니까? 당신이 기르는 애완동물이 사회적으로 수용할 수 있는 고양이나 개, 금붕어가 아니라는 이유로 주위 사람들에게 비난받고 있습니까? 사람들이 오해를 풀고 신종 애완동물을 사랑할 수 있도록 합시다."[130]

빠르게 인기가 치솟고 있는 외래 애완동물의 대표적인 예로 흰담비를 들 수 있다. 흰담비는 수백 년 동안 쥐 사냥에 사용되어 온 짐승이다. 미국에서는 "전국적으로 400만~500만 가구가 500만~700만 마리의 흰담비를 기르는 것으로 추정된다."[131] 애완용 흰담비의 레이스 모자, 비옷, 스웨터, 티셔츠, 와이셔츠, 산타클로스 복장까지 파는 인터넷 사이트도 생겼다. 하지만 흰담비는 어린아이에게 큰 상처를 입힐 수 있으며, 독감이나 공수병, 결핵, 렙토스피라증, 리스테리아병, 살모넬라증, 캄필로박터증, 와포자충증을 옮길 수 있다. 하지만 현재로서는 그중 독감만이 사람에게 전파되는 것으로 밝혀져 있다.[132]

흰담비는 이제 너무 흔해졌기 때문에 이를 신종 애완동물로 생각하는 사람은 그리 많지 않다. 진짜 신종 애완동물을 기른다는 얘기를 듣고 싶다면 요즘에는 아프리카 주머니쥐나 부시베이비, 꼬리가 복슬복슬한 저드, 캐피바라, 긴코너구리, 데구, 사막날쥐, 아프리카여우, 무당개구리, 군디, 고슴도치, 킨카주너구리, 미니

시칠리아당나귀, 호저, 서벌고양이, 나무늘보, 왈라비 정도는 사들여야 한다. 이 모든 동물들은 외래 애완동물 웹 사이트에서 구매할 수 있다. 자금과 공간이 문제가 되지 않는다면 대형 외래 동물을 고를 수도 있다. 2003년 10월, 뉴욕시경은 할렘 지구의 한 아파트에서 무게가 200킬로그램이나 나가는 벵골호랑이와 악어를 압수했다.[133] 인터넷에서는 물소(2,000달러)나 침팬지(5만 5,000달러), 기린(6만 달러), 재규어(5,000달러), 캥거루(6,000달러), 순록(2,700달러), 표범(3,900달러)까지 팔고 있다.[134] 물소나 순록을 데리고 산다고 상상하기는 어렵기 때문에 이런 동물들을 구입하는 사람에게는 무엇인가 다른 목적이 있을 것으로 생각된다.

이처럼 외래 동물을 애완용으로 기르는 사람이 늘어가는 추세는 미국뿐 아니라 유럽, 아시아, 남아메리카, 아프리카에서도 마찬가지다. 33년 동안 욕조에서 장어를 길러왔다는 독일의 한 가정에서 이러한 세계적인 유행의 단면을 목격할 수 있다. 리히터 부인은 "장어는 우리 가족입니다"라고 자랑스럽게 이야기했다. 1969년 낚시하러 갔던 남편이 장어를 잡아왔으나 "아이들이 장어와 사랑에 빠지는 바람에" 저녁 식사로 먹으려던 계획이 바뀌어 "식구들이 욕조를 써야 할 경우에 대비해서 장어들이 양동이 안에서 헤엄치도록 훈련시키게 되었다"고 한다.[135]

하지만 외래 애완동물을 파는 웹 사이트나 상점에서는 애완동물이 새로운 혹은 그다지 새로울 것 없는 질병까지 함께 가져온다는 사실을 이야기하지 않는다. 모든 신종 애완동물은 주인에게 질병을 유발하는 미생물을 옮길 가능성이 있다는 점에서 고위험 동물로 간주되어야만 하는데도 말이다. 이구아나, 미국너구리, 프레리도그가 이러한 문제점을 단적으로 보여주는 외래 애완동물이다.

이구아나는 '파충류 기르기 붐'을 일으킨 원조 동물이다.[136] 이 외에도 도마뱀이나 뱀, 거북, 악어 등이 날로 인기를 더해가고 있다. 1991년에서 2001년 사이에 파충류를 기르는 미국 가정은 두 배로 껑충 뛰어 170만 가구에 달하게 되었다.[137] 연방 조사관의 2004년 보고에 따르면, "거의 매주" 왕도마뱀이 항구로 들어오고, "콜롬비아산 보아뱀이나 인도네시아산 비단구렁이 새끼가 1,000 마리씩 실려 오는 경우도 드물지 않다"고 한다.[138] 2003년의 뉴스 보도에 따르면 코네티컷에 사는 한 부부는 1.5미터짜리 악어들을 집에서 키우고 있었다. 당국이 악어를 압수하려 하자 남편은 "이 악어들은 우리 자식"이라며 선처를 호소했다.[139]

이구아나는 중앙아메리카와 남아메리카에서 찾아볼 수 있고, 콜롬비아와 엘살바도르의 농장에서 수출용으로 사육된다. 미국의 이구아나 수입은 1986년에서 1993년 사이에 30배로 늘어 이 제는 연간 80만 마리가 유입되고 있다.[140] 다른 파충류와 마찬가지로 이구아나도 수백만 년 전부터 살모넬라 박테리아에 감염되어 있었고, 따라서 증상이 없다. 앞으로 살펴보겠지만 살모넬라에 감염되면 설사, 구역, 구토, 복통이 나타나고, 어린이나 면역력이 떨어진 성인에게서는 그보다 훨씬 심각한 증상이 나타난다. 1993년 뉴욕 주에서 파충류로 인한 살모넬라 감염 실태를 조사한 결과 약 700건의 사례가 발견되었는데 그중 83%가 이구아나로 인한 감염이었다.[141] 이 수치가 미국 전체를 대표한다고 가정하면 1993년에는 이구아나로 인한 살모넬라 감염이 약 1만 6,000건이나 발생한 셈이다.

미국에서 이구아나로 인한 살모넬라 감염이 가장 심각한 사태

우리는 모두 짐승이다—동물, 인간, 질병

를 일으키는 경우는 어린 아이가 감염되었을 때다. 1998년 위스콘신에서는 5세의 남아가 살모넬라 마리나Salmonella marina로 인한 패혈증으로 가정에서 돌연사했다. 집에서 키우던 이구아나가 이 미생물에 감염되었던 것으로 드러났다.[142] 인디애나의 3주 된 영아와 뉴욕의 신생아 역시 이구아나의 살모넬라로 인해 사망했다.[143] 면역력 결핍이 얼마나 중요한지는 1997년 매사추세츠의 사례에서 똑똑히 실감할 수 있다. "선천성 면역결핍증 환자인 8세의 남아는 심한 구토와 복통, 혈변, 두통을 일으켰다." 질병 발생 사흘 전 구입한 두 마리의 이구아나에게서 살모넬라가 옮은 것이 원인으로 밝혀졌다.[144] 어른이 파충류의 살모넬라로 인해 중증 질환을 앓게 될 확률은 낮은 편이지만 전혀 없는 것은 아니다. 1995년에는 코네티컷에서 40세의 남자가 집에서 키우는 이구아나에게 옮은 살모넬라로 인해 만성 뼈 질환인 골수염에 걸렸으니까 말이다.[145]

이러한 사례들을 살펴보면 이구아나의 살모넬라가 사람에게 전파되는 경로가 가장 중요한 문제임을 알게 된다. 대부분의 어린이들은 이구아나와 직접 접촉한 것이 아니라 다른 식구에게서 옮았다. "아이의 엄마가 이구아나에게 먹이를 주고 우리를 닦았는데 먹이를 주거나 우리를 청소한 뒤에 손을 씻었다고 했다"는 보고도 있었고,[146] 아기와 따로 사는 아버지가 이구아나를 길렀는데 "아기를 보러 찾아왔다가 보채는 아기에게 손가락을 빨렸다"는 경우도 있었다.[147] 또한 아이를 맡긴 집에서 이구아나를 길렀는데 그 집에서 감염되었다거나 이구아나를 기르는 집의 생일 파티에 참석했다가 감염된 경우도 있었다.[148]

미국너구리는 가면처럼 독특한 얼굴과 돌돌 말린 꼬리로 인기를 끌면서 인터넷 애완동물 사이트를 통해 불티나게 팔리고 있다. 이들이 미국에서는 공수병의 주요 병원소다. 공수병은 미국 동부 연안과 뉴잉글랜드 지역의 풍토병이다.

공수병은 감염된 동물의 타액에 노출되거나 감염된 동물에게 물렸을 때 옮은 바이러스가 원인이다. 일단 감염되면 거의 예외 없이 근육 경직, 착란, 환각, 혼수, 사망으로 진행된다. 이 불가피한 과정의 전개를 막기 위해서는 노출 뒤에 환자에게 공수병 백신과 예방 면역 글로불린을 투여하는 수밖에 없다. 단, 증상이 나타나기 전이어야 한다. 미국에서는 공수병 예방 조치가 연간 4만 건 정도 실시되고 있으며 그 비용 또한 6,000만 달러에 이른다.[149]

미국 북동부에서 미국너구리 공수병이 풍토병으로 자리잡게 된 것은 1977년에 시작된 일이었다. "카터Carter 대통령 시절, 정부 인사 몇 사람이 주말에 '너구리 사냥'을 너무나 하고 싶었던 나머지 조지아에서 버지니아로 미국너구리 몇 마리를 들여왔다."[150] 사냥을 위해 옮겨진 것은 3,500마리 이상이었고, 그중 일부가 공수병에 감염되어 있었다.[151] 1977년에는 미국너구리가 동부 연안 지역 공수병 동물의 2%에 불과했으나 1983년에는 84%를 차지하게 된다.[152] 반면 개와 고양이는 2% 미만이다. 박쥐, 스컹크, 여우, 코요테, 마멋, 비버 역시 공수병을 옮길 수 있다. 공수병에 걸린 비버는 "카누나 카약에 덤벼드는 공격적인 습성을 나타낸다"고 한다.[153]

미국너구리 공수병이 북동부 지역에 유행하기 시작하면서 전염된 미국너구리에 노출되는 사람도 증가했고, 따라서 공수병 백신과 예방 면역 글로불린을 투여해야 했다. 사례는 다양하다. "두 가족이 새끼너구리를 돌려가며 키웠고 같은 동네에 사는 많은 어린이들도 여기에 관여했다. 그 과정에서 16명이 노출되었다." "과학 선생님이 학생에게 집에서 기르는 너구리를 학교에 가져오라고 이야기했다." 플로리다에서는 애완용 너구리 한 마리 때문에 "172명이 6만 4,000달러 이상의 비용을 들여 예방 주사를 맞아야 했다."[154] 뉴햄프셔에서는 공수병 너구리에게서 병이 옮은 고양이 한 마리에 665명이 노출되었고, 뉴욕에서는 마찬가지로 감염된 염소 한 마리에 438명이 노출되었다.[155]

2003년 2월, 너구리의 공수병이 사람에게 옮는 최초의 사건이 발생했다. 버지니아 북부에 사는 25세의 남성은 입원 2주 뒤 사망했다. 분자 분석 결과 공수병 바이러스는 미국너구리가 전파한 것으로 밝혀졌다. 그러나 이 환자는 애완용 너구리나 야생너구리에 노출된 적이 없었다.[156] 정확한 감염 경로는 아직도 밝혀지지 않았다. 동물에게 백신을 접종함으로써 공수병을 예방하겠다는 시도가 있기는 하지만 애완용 너구리의 인기가 갈수록 높아지면서 우리의 건강은 새로운 위험에 직면해 있다.

다리가 길고 다람쥐나 마멋에 가까운 프레리도그는 1990년대에 신종 애완동물로 인기를 끌었었다. 미국 내 애완용 프레리도그의 수에 대한 통계는 없지만 "텍사스에서만 한 해 2만 마리의 프레리도그가 애완동물용으로 수출된다는 공식 집계가 있다."[157] 이들이 일본에서 애완용으로 인기를 끌자 일본 정부는 원두와 야토병, 흑사병을 옮길 수 있다는 이유에서 판매를 금지시켰다.[158]

2003년 6월, 미국 중서부 지역에서 애완용 프레리도그와 접촉한 사람들이 원두에 감염되었다. 원두는 고열, 기침, 림프절 부종, 천연두와 유사한 발진을 특징으로 한다. 원두를 유발하는 바이러스는 오르소팍스 바이러스orthopoxvirus 족에 속하며 천연두 바이러스와 가깝다. 아프리카에서 원두가 발생했을 때는 사망률이 20%에 달했다. 미국에서는 86명 중 1/4이 입원했고, 다행히도 사망자는 없었다.

2003년 6월 이전에는 아프리카를 제외한 세계 어느 지역에서도 원두가 보고된 적이 없었기 때문에 보건 당국은 즉각 질병 역학 조사에 나섰다. 조사 결과, 감염된 프레리도그는 일리노이의 한 판매업자가 판매했으며 그는 프레리도그를 아프리카에서 수입한 감비아주머니쥐 및 기타 설치류들과 가까운 곳에 두고 키운 것으로 밝혀졌다. 그리고 이 설치류 중 일부가 원두 바이러스를 보유하고 있었다.

감비아주머니쥐는 작은 고양이만한 크기로서 햄스터와 비슷한 주머니를 가지고 있는데, 미국에서는 색다른 애완동물로서 인기를 끌고 있다. 어느 인터넷 웹 사이트의 선전에 따르면 "감비아주머니쥐는 매우 영리하고, 주인과 깊은 유대를 맺을 수 있으며, 애정을 표현할 수 있습니다. 주머니가 가득 차면 주머니쥐는 너무너무 사랑스럽고 귀여운 표정을 짓지요. 설치류, 특히 쥐를 좋아하는 분이라면 감비아주머니쥐에게 마음을 송두리째 빼앗길 것입니다."[159] 매년 몇 마리나 되는 감비아주머니쥐가 아프리카에서 미국으로 수입되는지는 파악되지 않았지만, 감염된 쥐를 싣고 아프리카에서 들어온 배에는 "아프리카 줄무늬다람쥐, 감비아주머니쥐, 호저, 동변쥐, 줄무늬쥐 등 9종의 소형 포유류 800마리가 함께 타고 있었다."[160]

2003년에 발생한 원두가 완전히 박멸되었는지 여부는 알 수 없다. 아프리카에서는 원숭이가 아닌 다람쥐가 이 바이러스의 병원소다. 원두라는 이름을 얻게 된 이유는 이 바이러스로 인해 원

프레리도그

숭이가 죽는 경우가 많기 때문이었다. 미국에서 원두가 발생했을 때는 애완용 토끼 한 마리가 이 바이러스에 감염되었다. 감염된 프레리도그를 전부 추적하겠다는 노력은 허사로 끝났다. 애완동물 업체를 통해 판매된 것 외에도 '애완동물 교환 모임'에서 교환된 것들이 있었기 때문이다. 이런 경우에는 기록이 남지 않는다.

보건 당국은 원두가 햄스터나 황무지쥐 등의 다른 설치류로 퍼졌을 가능성을 염려하고 있다. 더욱 우려스러운 것은 감염된 프레리도그가 야생으로 풀려나 다람쥐나 쥐, 야생프레리도그에게 질병을 전파시킴으로써 한 세기 전의 흑사병 박테리아가 그랬듯이 원두를 미국의 야생동물 사이에 영구 정착시킬 가능성이 있다는 점이다.

2003년 미국 원두 사태에도 한 가지 좋은 점은 있었다. 외래 애완동물들이 거의 아무런 규제도 받지 않은 채 광범위하게 매매되고 있다는 사실을 사람들이 인식하게 되었으니까 말이다. 몇몇 주에서는 프레리도그의 판매를 금지했고, 연방 정부는 일부 아프리카 설치류의 수입을 제한했다. 2003년 6월 11일자 《뉴욕 타임스》에 실린 사설에서는 프레리도그 사태에 대한 날카로운 촌평을 찾아볼 수 있다. "새끼사자든 감비아쥐든 간에, 야생동물은 가정생활에 적합하지 않다. 프레리도그prairie dog란 프레리prairie, 즉 대초원를 소유한 사람에게나 어울리는 애완동물이다."

8

포식하는 인간
미친 소와 미치지 않은 닭

Humans as Diners:
Mad Cows and Sane Chickens

자연의 위계질서에서 인간은 독특한 위치를 차지한다. 음식 재료로 쓰고 싶은 것은 무엇이든 쓸 수 있지만 일반적인 환경에서는 다른 종의 먹이가 되지 않는다. 인간의 지배적 위치에도 딱 한 가지, 그러나 매우 큰 예외가 있다. 다른 모든 살아 있는 생명체들과 마찬가지로 인간 역시 미생물의 먹이가 된다는 점이다. 인간의 질병은 대부분 이 사실에서 비롯된다.

— 르네 뒤보Rene Dubos, 《건강의 신기루Mirage of Health》

처음으로 고기를 먹기 시작했던 구석기시대 이래로 인간은 동물의 미생물에 감염되어왔다. 구석기인은 브루셀라병이나 야토병, 마비저 등의 질병을 유발하는 박테리아는 물론이고 촌충이나 선모충 같은 거대 기생충도 다수 갖고 있었다. 동물의 살코기를 먹고 동물의 젖을 마심으로써 인간은 수천 년 동안 동물의 미생물에 노출되어온 셈이다. 또한 동물의 분변에 오염된 음식과 식수를 통해서도 미생물에 노출되었다. <신명기>나 <레위기>에 자세히 나오는 것처럼 성서 시대에는 음식 섭취와 동물 취급에 대한 모세의 법률을 이용하여 음식으로 인한 질병이나 기타 질병이 동물에서 사람으로 확산되는 것을 막았다.

최근까지는 고기나 젖, 오염을 통해 동물의 미생물에 노출되는 일이 국지적인 사건이었다. 소나 닭은 가족이 운영하는 농장에서 기르고 도살하며 현지에서 소비되었다. 과일과 채소 역시 집에서 길렀고, 대부분의 가정이 먹을 것을 직접 준비해 집에서 식사했다. 하지만 근래에 들어서 인간의 먹이사슬은 크게 변했다. 소와 닭은 대규모 기업형 농가에서 사육되고 기계화된 도살장에서 도살된 뒤 수백, 수천 개의 인근 직판장으로 공급된다. 과일과 채소는 먼 지역, 더 나아가 위생 및 식품 가공의 기준이 자국보다 덜 엄격한 나라에서 수입되는 추세다. 직접 식사를 준비하는 가정은 갈수록 줄어들고 있으며, 많은 이들이 조리된 식품을 사거나 시키거나 나가서 먹는다.

근래에 미국에서 증가하고 있는 음식 관련 질병의 대부분은 배달 음식이나 외식과 관련되어 있다. 음식점 주방 일은 일반적으로 임금이 적고, 병가 혜택이 적거나 아예 없기 때문에 종업원들은 병이 났을 때도 어쩔 수 없이 일하러 나올 가능성이 높다. 또한 음식점 종업원의 다수는 장 질환 유병률이 높은 나라에서 온 이민자다. 한 조사에 따르면 일반인의 1% 미만이 질병을 옮기는 장 기생충을 보유한 반면에 "식중독이 발생한 음식점에서는 음식을 취급하는 사람의 최대 18%에게 장 감염이 있는 것으로 나타났다." 음식을 취급하는 사람이 음식을 오염시킬 수 있는 경로는 수없이 많다. 어느 음식점의 종업원은 맨손과 맨팔로 버터크림 당의糖衣 76리터를 뒤섞는다. 그것을 '독창적인 조리법'이라고 부르면서 말이다.[1]

사람의 먹이사슬이 변하면서 동물의 미생물이 식중독을 유발할 새로운 기회도 속속 생겨났다. 스시나 사시미라는 이름으로 미국에서 인기를 끌게 된 날생선이 한 예다. 생선에는 50종 이상의 기생충이 사는데 그 대부분은 제대로 익히면 죽는다. 날생선을 먹는 덕분에 나타나는 질환으로는 긴촌충diphyllobothrium latum이라는 기생충이 유발하는 질병이 가장 흔하며 지속적인 설사와 체중 감소,

빈혈이 특징이다. 최근에는 고래회충Anisakis simplex이라는 기생충 감염도 수차례 발생했다. 이 기생충은 복통과 장 폐색을 유발하기 때문에 장 종양으로 오진되기도 한다. 갑각류를 날로 먹으면 A형 간염이나 노워크 바이러스 간염에 걸린다. 이 모두는 해산물을 날로 먹거나 덜 익혀 먹지 않으면 피할 수 있는 질병들이다.

사람의 먹이사슬이 변하면서 동물의 미생물이 음식을 통해 질병을 일으킬 새로운 기회도 풍부해졌다. 물론 모든 식중독이 동물이 전파한 미생물로 유발되는 것은 아니지만 절대 다수가 그렇다. 예외로는 사람의 분변에서 나온 유기체의 오염에 의한 식중독 정도를 들 수 있다. 2003년에 펜실베이니아의 한 음식점에서 오염된 골파를 먹고 500명 이상이 A형 간염에 걸렸던 사건이 그 예다.[2]

미국에서 식중독을 유발하는 동물원성 미생물의 중요도를 질병 통제 예방 센터에서 마련한 척도로 측정해본 결과 해마다 7,600만 명의 미국인이 식중독에 걸리는 것으로 나타났다.[3] 주요 원인으로 짐작되는 열 가지 미생물에 대한 연구가 현재 진행 중이다. CDC가 조사하는 미생물 열 가지 중 아홉 가지는 동물에서 유래하며 캄필로박터, 리스테리아, 살모넬라, 대장균 O157, 페스트균, 와포자충, 원포자충, 용혈성요독증후군이 여기에 포함된다. 열 번째 균인 비브리오의 기원은 아직 밝혀지지 않았다.

장티푸스, 살모넬라, 닭

1915년, 뉴욕 보건 당국은 아일랜드 이민자 출신 요리사 메리 맬런Mary Mallon을 장티푸스균Salmonella typhi에 감염되었다는 이유로 맨

해튼 인근의 작은 섬에 있는 오두막으로 추방했다. 메리 맬런에게는 아무 증상이 없었지만 그녀로 인해 아홉 차례의 장티푸스가 유행하여 54명이 감염되었고 4명이 사망했기 때문이다. 다른 사람이 먹는 음식과 물을 그녀는 의도치 않은 상태에서 오염시켰던 것이다. 메리 맬런은 추방될 무렵 '장티푸스 메리'라는 이름으로 널리 알려졌다. 그녀는 1938년에 사망할 때까지 그 섬에서 살았다.

장티푸스균은 2,500가지에 달하는 살모넬라 혈청형 중 사람에게 적응한 유일한 혈청형이다. 장티푸스균이 모든 살모넬라의 기원으로 짐작되는 파충류나 조류에서 사람으로 전파되었을 것은 거의 확실하지만, 나중에는 사람에서 사람으로 직접 옮겨가는 능력까지 획득한 것이다. 이때는 음식이나 식수 감염을 이용한다. 메리 맬런이 위험인물이 된 것도 요리사라는 직업 때문이었다.

장티푸스는 19세기에도 미국의 여러 도시에서 자주 발생했다. 1899년 필라델피아에서는 장티푸스로 인해 948명이 사망했다. 아메리카-에스파냐 전쟁에서는 미군 병사들 사이에 장티푸스가 돌면서 총탄에 맞아 사망한 병사보다 7배나 더 많은 병사가 목숨을 잃었다.[4] 장티푸스균은 지금도 전 세계에서 해마다 1,200만 건의 질병을 유발하며, 인도네시아나 나이지리아, 인도 같은 나라에서는 주요 사망 원인으로 꼽히고 있다. 장티푸스균은 살모넬라가 사람에게 적응할 때 어떤 사태가 벌어질 수 있는지를 끊임없이 일깨워주고 있다.

다행히 현재까지 밝혀진 살모넬라 혈청형의 대부분은 사람에게 적응하지 못했고, 감염된 닭이나 달걀을 매개로 할 때만 질병을 유발할 수 있다. 살모넬라 박테리아는 미국에서의 식중독 유발 요인 중 가장 큰 사망 원인이다.[5] 해마다 약 7,600만 명이 식중독에 걸리고 32만 5,000명이 입원하며 5,000명 정도(대부분 노인)가 사망한다. 1976년에서 1995년 사이에 미국 내 살모넬라 감염은 8배나 증가했고, 영국을 비롯한 다른 선진국에서는 그보다 더 가파르게 상승했다.[6]

살모넬라 식중독은 임상적으로 경미한 수준에서부터 중증에 이르기까지 다양하게 나타난다. 1.5~3일의 잠복기가 지난 뒤 열, 복통, 심한 설사가 나타나는데 치료하지 않고 내버려두면 4~5일간 지속된다. 폐렴이나 심장 판막의 심장 내막염, 신장의 신우신장염, 뼈의 골수염, 관절염, 그리고 거의 모든 기관의 농양과 같은 합병증으로 발전하기도 한다. 합병증은 노인층에서 가장 빈번하게 관찰된다. 요양원의 살모넬라로 인한 사망률이 모집단에 비해 40~70배나 더 높을 정도다.[7] 신생아 역시 살모넬라 감염으로 인한 합병증 위험이 높다. 신생아 보호소에서 살모넬라 감염이 발생하면서 끔찍한 결과로 이어진 적도 있다.[8] 대체로 살모넬라 식중독에 걸릴 경우 94%가 의료적 도움 없이 자연 회복하고 5%는 병원을 찾으며 0.5%가 입원하고 0.05%는 사망하는 것으로 추정된다.[9]

최근에는 일부 살모넬라 혈청형이 항생제 내성을 나타낸다는 보고가 있어 우려를 자아내고 있다. 살모넬라 뉴포트Salmonella Newport는 "시험한 17개 항균제 중 최소 9개 항균제에 대해 내성"이 있는 것으로 나타났다. 여기에는 소아의 중증 감염 치료에 흔히 사용되는 항생제도 포함된다. 여러 사례를 종합해볼 때 "항균제 내성 살모넬라 감염으로 인해 입원율과 이환율, 사망률은 증가했다."[10] 덴마크에서 실시한 조사에서는 퀴놀론계 항생제에 내성이 있는 살모넬라 혈청형에 감염된 사람의 사망률이 "모집단보다도 10.3배나 높았다."[11] 항생제에 대한 내성 증가는 음식 재료로 사용되는 동물에 항생제를 광범위하게 투여한 결과일 가능성이 높다.[12] 살모넬라 박테리아에 노출되는 사람이 많기 때문에 항생제 내성 균주는 질병 발생의 위험을 크게 높인다. 식용 동물의 관리가 사람의 건강에 어떤 영향을 미치는지를 알려주는 좋은 예다.

음식을 통한 살모넬라 감염은 개인이 일회적으로 감염되었을 때보다 많은 사람이 한꺼번에 병에 걸렸을 때 훨씬 큰 사회적 이슈가 된다. 한 해에 살모넬라증이 정확히 몇 건이나 발생하는지를 아는 사람은 아무도 없다. 대부분의 사례가 비교적 경증이고, 단순히 '음식이 상했기 때문'으로 생각하고 지나치기 때문이다. 살모넬라 감염 1건이 보고될 때마다 20~100건의 동일 감염이 보고되지 않은 채 넘어가는 것으로 추정된다.[13] 2001년 2월에는 사우스캐롤라이나의 한 감옥에서 살모넬라 감염이 발생했다. 재소자 688명은 살모넬라 엔테리티디스Salmonella enteritidis에 감염된 달걀로 만든 참치 샐러드를 먹은 뒤 심한 복통과 구역질, 구토, 설사를 일으켰다. 4개월 뒤에는 노스캐롤라이나에서 51명이 오염된 달걀을 먹고 유사한 증상을 나타냈다. 이는 1990년에서 2001년 사이에 미국에서 보고된 살모넬라증 677건 중 2건에 불과한 이야기이다. 같은 시기 동안에 살모넬라증의 발병으로 23,366명이 감염되었고 1,988명이 입원했으며 33명이 사망했다.[14]

살모넬라증과 관련된 달걀 요리는 놀랄 만큼 다양하다. 영국에 있는 감옥[15]과 체인 레스토랑의 바 테이블[16]에서 발생한 사건은 달걀부침이 원인이었다. 결혼식 만찬에서는 달걀 샌드위치가 원인이었고, 병원에서는 스카치 에그가 원인이었다.[17] 어느 날 저녁 한 레스토랑에서 식사한 손님 73명이 식중독에 걸렸던 사태는 네덜란드 소스와 베어네이즈 소스가 원인이었다.[18] 자선 브리지 대회에서는 수제 아이스크림을 먹은 참가자 75명 중 63명이 병에 걸렸으며, 호텔에서 열린 회의에 참석했던 381명은 아몬드 파르페 디저트를 먹고 병에 걸렸다.[19] 한 가정의 어린이 5명은 초콜릿 무스를 먹은 뒤 살모넬라증에 걸렸다. 무스는 아이 중 한 명이 학교에서 '가정 시간'에 만들어온 것이었다.[20]

살모넬라증은 달걀을 사용하는 모든 음식—오믈렛, 에그노그, 시저 샐러드, 커스터드, 머랭 파이, 프렌치 토스트, 타르타르 소스, 아스파라거스 에그 소스, 키시, 라자냐, 스터프트 파스타—과 관련이 있다. 400명 이상이 살모넬라 엔테리티디스에 감염되었던 중서부 지역 사건의 직접적인 원인은 달걀이 아니었지만, "살균하지 않은 난액을 나른 트레일러를 제대로 청소하지 않고" 아이스크림 믹서를 실어 운반한 것이 원인이었다.[21]

달걀로 인한 최근의 전염병 발생에 관여한 주요 살모넬라 혈청형은 살모넬라 엔테리티디스지만 다른 혈청형도 마찬가지 결과를 야기할 수 있다. 살모넬라 하이델베르크Salmonella heidelberg는 캘리포니아 병원에 입원한 환자 121명을 감염시켰다. 이들은 모두 날달걀 흰자가 들어간 타피오카 푸딩을 먹었다. 살모넬라 하이델베르크는 "여학생 클럽 오찬에 참석했던 유타 대학생 700명"의 집단 살모넬라 감염증의 원인이기도 했다.[22]

살모넬라 타이피뮤리엄Salmonella typhimurium은 살모넬라 엔테리티디스 이후 달걀 관련 감염의 대부분을 유발하고 있는 살모넬라 혈청형이다. 워싱턴 주에 있는 한 대학의 학생 187명은 이 박테리아에 감염된 초콜릿 머랭 파이를 먹고 병에 걸렸다.[23] 영국 상원의 사교 모임에서는 700명에 달하는 손님들이 "신선한 달걀로 만든 마요네즈가 들어간 다양한 요리"를 먹고 병이 났다. 그 신선한 달

걀이 살모넬라 타이피뮤리엄에 오염되어 있었던 것이다.[24]

달걀로 인한 살모넬라 감염은 덜 익힌 달걀이나 에그노그처럼 날달걀을 넣은 음식을 먹었을 때 발생한다. 실험에 따르면, 살모넬라 박테리아는 노른자를 익히지 않은 달걀 프라이나 반숙으로 삶은 달걀은 물론이고 한쪽을 익힌 뒤 뒤집어 노른자가 있는 쪽을 살짝 익힌 달걀 프라이에서도 생존할 수 있다.[25] 또 다른 실험에서는 평소보다 길게 달걀을 조리한 경우, 즉 7분 동안 삶거나 5분 동안 수란으로 끓이거나 3분 동안 양면을 익힌 뒤에도 노른자에 인위적으로 접종한 살모넬라가 파괴되지 않았다. 반면 "노른자를 확실히 익히면 반대쪽을 익히지 않아도 살모넬라를 박멸할 수 있었다."[26] 조리 전의 달걀 온도 역시 중요한 요인이었다. 냉장고에서 바로 꺼낸 달걀은 좀 더 긴 시간 동안 조리해야만 살모넬라가 사멸하는 온도에 도달했기 때문이다.

닭을 비롯한 가금류가 유발하는 살모넬라증은 달걀에 의한 살모넬라증만큼 빈번하지는 않다. 보고율에서 편차가 나타나는 주요 이유는 달걀과 닭의 일반적인 조리법과 관계가 있다. 예를 들어 한 교회에서는 만찬 행사에 오염된 닭고기 다섯 조각을 사용하고, 다른 교회에서는 오염된 달걀 다섯 개를 사용했다고 해보자. 앞 교회에 참석한 손님 100명 중 5명이 닭고기를 한 조각씩 먹고 하루나 이틀이 지난 뒤 병이 났다. 하지만 이 다섯 사람의 질환을 교회의 만찬이나 특별한 음식과 연결시키는 사람은 거의 없다. 다른 교회에서는 감염된 달걀을 이용해 수제 아이스크림을 만들었고 40명이 배탈이 났다. 이 사건은 쉽게 눈에 띄고, 따라서 보고될 확률이 높으며, 감염된 달걀이 원인이라는 것까지 추적할 수 있다. 감염된 닭고기로 치킨 샐러드를 만들었고 이를 여러 사람이

우리는 모두 짐승이다─동물, 인간, 질병

먹었다면, 살모넬라증의 발생 원인이 닭고기라는 사실을 발견하기는 훨씬 쉬웠을 것이다.

영국에서 음식으로 인한 장 질환 1,426건을 조사한 결과 11%가 살모넬라에 감염된 가금류가 원인이었는데 그중 3/4은 닭, 나머지는 칠면조와 오리가 차지했다. 가금류의 살모넬라 혈청형 중 2/3는 살모넬라 엔테리티디스에 의한 것이었다. 달걀과 마찬가지로 닭이나 칠면조를 덜 익혀 먹는 경우에도 살모넬라에 노출될 위험이 증가한다.[27] 재료 안에 속을 넣어 낮은 온도에서 조리하면 설익기 쉽다. 조리된 닭고기를 구입해서 먹은 것이 원인이 된 경우도 있었다.

살모넬라증은 살모넬라에 감염된 달걀이나 가금류로 인해 다른 음식이 오염될 때도 발생한다. 음식을 만든 뒤 주방에서 사용하는 조리 기구를 제대로 씻지 않고 다른 음식을 조리할 때 오염이 생길 수 있다. 한 대학병원에서 102명이 살모넬라증에 걸린 사례를 추적 조사해본 결과 "칠면조 요리와 동일한 시간 및 공간에서 만든" 바닐라 푸딩의 오염이 원인으로 밝혀지기도 했다.[28]

살모넬라는 살모넬라로 오염된 물로 음식을 세척할 때도 전파된다. 최근에 살모넬라 뉴포트 감염으로 13개 주에서 최소 78명이 병에 걸려 15명이 입원하고 2명이 사망한 일이 있었다. 역학조사 결과 브라질 농장에서 수입된 망고가 원인으로 밝혀졌다. 망고를 미국으로 수출하기 전 지중해열매파리 유충을 제거하기 위해 농장에서 실시했던 새로운 공정에 오염된 물이 사용되었던 것이다.[29] 위험을 방지하려다 다른 위험을 불러오게 된 셈이다.

마지막으로, 살모넬라는 닭을 비롯한 기타 살아 있는 가금류를 다루기만 해도 옮을 수 있다. 1999년에는 2개 주 어린이들 사이에서 살모넬라증이 발생했다. 조사 결과 어린이들은 병아리나 새끼오리를 만진 것으로 나타났는데 대부분은 부활절에 받은 선물이었다. "한 어린이는 새끼새들을 침실에서 길렀고, 다른 어린이는 웃옷 안에 넣고 다녔다"고 한다.[30] 1991년 북동부 주에 사는 어린이들 사이에서도 비슷한 살모넬라증이 16건 발생했다. 이들은 모두 새끼오리를 길렀고, 원인균은 살모넬라 하다Salmonella hadar 였다. "모든 가정이 처음에는 새끼오리를 집 안에서 길렀다. 세 집에서는 마음대로 돌아다니게 내버려두었다. 한 집에서는 아이들이 목욕하는 욕조에서 새끼오리를 길렀다."[31]

미국에서 살모넬라 감염률이 상승한 데에는 사례 보고 개선을 포함해 몇 가지 이유가 있다. 조리된 식품을 사먹거나 외식하는 사람이 많아진 것도 요인이겠지만, 무엇보다도 큰 이유는 가금류 산업의 기계화다.

미국의 가금류 생산은 대규모 사업이다. 2001년 한 해 동안에만 857억 개의 달걀과 84억 마리의 닭이 팔렸다. 인구를 기준으로 한다면 1인당 연 300개의 달걀과 30마리의 닭을 소비한 셈이다. 달걀의 약 2/3가 날달걀로 팔렸고, 나머지는 파스타나 아이스크림, 케익 반죽, 각종 빵과 과자에 쓰는 계란 재료로 가공되었다.

8,000마리까지 사육하는 대규모 양계장들은 고도의 자동 설비를 갖추고 있다. 1970년대에는 달걀 생산을 늘리기 위한 방편으로 닭과 기타 가금류에 영향을 미치는 2종의 살모넬라 혈청형, 즉 살모넬라 갈리나룸Salmonella gallinarum과 살모넬라 풀로룸Salmonella pullorum을 박멸하려는 시도가 있었다. 이 혈청형은 사람에게는 영향을 미치지 않지만 가금류에게서는 설사 등의 질병을 유발하기 때문에 달걀 생산을 감소시킨다. 전염병이 심했을 때에는 두 박테리

아가 양계장 닭 전체를 몰살시킨 적도 있다.[32] 살모넬라 엔테리티디스는 이 두 가지 혈청형과 밀접한 관계가 있다. 연구에 따르면 세 혈청형은 동일한 조상에서 진화했기 때문이다.[33] 사람에게 질병을 일으키지 않는 살모넬라 갈리나룸과 살모넬라 풀로룸이 박멸되자 인체 감염을 유발하는 살모넬라 엔테리티디스가 그 자리를 차지했다.[34] 아주 어린 닭이 살모넬라 엔테리티디스에 감염되면 증상이 나타날 수도 있지만 조금 큰 닭에서는 증상이 없다. 따라서 양계장 닭 전체가 이 박테리아에 감염되었다 해도 겉으로는 표시가 나지 않기 때문에 사람에게 문제를 일으킬 수 있는지 여부를 판단할 수가 없다.

살모넬라 엔테리티디스에 감염된 닭은 달걀이나 고기를 통해 사람에게 박테리아를 전파한다. 달걀은 닭의 분변이나 기타 감염된 물질과 접촉했을 때 껍데기의 갈라진 틈을 통해 박테리아에 감염된다. 더욱 우려스러운 점은 감염된 닭에서 달걀의 노른자나 흰자로 살모넬라 엔테리티디스가 전파될 수도 있다는 사실이다.[35] 따라서 완벽하게 건강해 보이지만 사실은 감염된 닭이 낳은, 완벽하게 정상으로 보이지만 사실은 감염된 달걀을 먹게 되는 경우가 발생하는 것이다.

껍질에 금이 간 달걀은 가공 과정에서 교차 오염되기도 한다. 불량한 냉장 시설 때문에 박테리아가 증식했다면 달걀을 날로 먹거나 덜 익혀 먹었을 때 살모넬라증에 걸릴 위험은 더욱 커진다. 달걀에는 소매업자가 판매를 위해 날짜를 표시하고 있으나 농산부에 따르면 "유통기한이 얼마 남지 않은 달걀을 소매점에서 수거해 가공 공장으로 돌려보내면" 새로운 유통기한을 찍어준다고 한다.[36] 이러한 관행 때문에 달걀 속의 박테리아는 증식할 수 있는 시간을 추가로 벌게 된다. 1998년 미 농산부의 <살모넬라 엔테리티디스 위험 분석Salmonella Enteritidis Risk Assessment>은, 그 해에만 약 230만 개의 살모넬라 오염 달걀이 팔려 국민 건강에 위협을 가하고 있다고 보고하고 있다.[37] 달걀의 감염률이 2만 8,000개당 1개인 셈이다.

닭도 다양한 경로로 살모넬라에 감염된다. 쥐가 박테리아를 닭장에 퍼트리는 경우가 흔한데, 쥐를 잡기 위해 기르는 고양이가 매개 역할을 하기도 한다.[38] 사람이 살모넬라 엔테리티디스에 감염될 수도 있기 때문에 사람이 다른 양계장으로 퍼트릴 수도 있다.

감염된 닭이 다른 닭을 감염시키는 교차 감염은 도살 과정에서 발생하는 것으로 보인다. 가금류 가공 공장은 고도로 자동화되어 있어 "1분에 200마리까지 도살할 수 있다."[39] 도살된 닭을 뜨거운 탱크에 한데 넣고 털을 느슨하게 만든 뒤 기계로 털을 제거하는데, 이처럼 데치고 뽑는 과정에서 살모넬라가 전파된다. 내장도 기계로 제거한다. 한 연구에 따르면, 닭 한 마리를 감염시키자 "그 다음 닭 42마리에서 연속으로 박테리아가 검출되었고, 이후에도 150마리까지 산발적인 감염이 일어났다."[40]

미국에서 판매되는 닭이 살모넬라에 감염될 확률은 얼마나 될까? 1998년 《컨슈머 리포트Consumer Reports》에서 몇몇 브랜드를 조사한 결과 살모넬라 감염률은 평균 16%로서 브랜드에 따라 4%에서 53%에 이르기까지(여기에는 프리미엄 브랜드도 몇 개인가 포함되어 있다) 편차를 보였다.[41] 2001년에 미국에서 84억 마리의 닭이 팔렸으니까 감염률을 16%로 본다면 13억 마리가 살모넬라 보균자인 셈이다. 영국의 한 연구에서는 "생닭의 30%가 살모넬

　　　　　　우리는 모두 짐승이다—동물, 인간, 질병

라에 감염"되어 있는 것으로 나타났다. 가장 흔한 혈청형은 살모넬라 엔테리티디스였다.[42]

달걀과 닭뿐만 아니라 살모넬라는 다른 음식 재료를 통해서도 전파될 수 있다. 1984년에는 일리노이와 위스콘신에서 20만 명이 살모넬라증에 걸리는 사상 초유의 사태가 벌어졌다. 감염원은 살모넬라 타이피뮤리엄에 감염된 우유였다.[43] '타히니Tahini, 생 향신료 및 건조 향신료, 바나나 잎, 콩나물 등의 수입 채소, 향신료, 열매'를 통해서도 이 혈청형에 의한 살모넬라증이 발생한다. 참깨로 만드는 타히니는 후머스humus를 만드는 데 쓴다. 참깨로 만든 달콤한 할바helva는 중동 지역에서 많이 먹는 음식인데 이것을 먹고 살모넬라증에 걸린 경우도 있었다.[44]

육회나 육포를 먹고 살모넬라에 감염된 사례도 있다.[45] 초콜릿을 좋아하는 사람에게는 안 된 이야기지만 살모넬라 이스트번Salmonella eastbourne에 감염된 '크리스마스 선물용 초콜릿 볼'을 먹고 살모넬라증에 걸린 사례도 80건이나 있었다. "공장에서 샘플을 뽑아 박테리아 검사를 실시한 결과 카카오 열매가 살모넬라 오염원일 것으로 추측되었다. 촉촉한 초콜릿을 생산하는 가열 공정에서 살모넬라가 살아남았던 것이다."[46] 마리화나 사용자도 안심할 수 없다. 1981년, 85건의 살모넬라 감염이 살모넬라 뮌헨Salmonella muenchen에 오염된 마리화나로 인해 발생한 것으로 보고되었다. 오염 기전은 "마리화나와 동물 분변의 직접적인 혼합"으로 판단되었다. "충분히 썩히지 않은 동물의 분변을 비료로 사용했거나, 건조 혹은 저장 과정에서 우연히 감염되었거나, 제품 중량을 늘리기 위해 건조한 동물의 분변을 혼합한 결과로 보인다."[47]

기타 식중독을 유발하는 동물원성 미생물

미국 내 식중독으로 인한 사망 원인에서 첫 순위로 꼽히는 것은 살모넬라지만 CDC는 다른 다섯 가지 미생물 역시 사망 건수의 상당 부분을 차지한다고 발표했다.[48] 여기에는 리스테리아증, 캄필로박터증, 대장균에 의한 대장염을 유발하는 박테리아와 톡소플라스마증을 일으키는 기생충(7장 참고), 설사를 유발하는 노워크 바이러스가 포함된다. 앞의 4가지는 일반적으로 동물에서 사람으로 전파된다. 바이러스성 설사의 가장 큰 원인인 노워크 바이러스는 사람에서 사람으로 전파되는 것으로 보인다. 그러나 최근 연구에서 가축에서도 노워크 바이러스 균주가 발견되면서, 이 바이러스가 동물에서 전파되었거나 동물이 감염의 병원소 역할을 할 가능성이 제기되고 있다.[49]

아직은 귀에 설지 모르겠지만 리스테리아증도 중요한 식중독 질환으로 떠오르고 있다. 감염 환자의 1/3은 목숨이 위험한 상태에 이르기 때문이다. 리스테리아증은 매우 단단한 박테리아인 리스테리아 모노사이토제네스Listeria monocytogenes가 유발한다. 이 박테리아는 토양 속에서 2년까지 생존할 수 있다. 40종 이상의 가축 및 닭, 오리, 칠면조 등 20종 이상의 조류에서 리스테리아 균이 발견되었다. 양과 염소에서는 리스테리아증이 사산 및 기타 질병의 주요 원인이다.

리스테리아증의 대부분은 오염된 음식을 통해 동물에서 사람으로 옮는다. 많은 사람들이 리스테리아 균에 감염되었던 사례들을 살펴보면 치즈, 돼지고기, 칠면조, 고기 파이, 홍합, 양배추 샐러드, 우유 등의 다양한 음식이 원인이었다.[50] 가장 감염에 취약한 사람은 임신부와 노약자, 면역계 장애 환자다. 임신부가 감염되면 유산이나 조산, 태아의 중증 감염으로 이어진다. 태아가 목숨을 건지더라도 장기적인 부작용이 남는다. 감염이 뇌나 중추신경계에 영향을 미쳤을 경우에는 특히 그러하다. 노인 및 면역력이 약한 사람의 리스테리아증은 독감 유사 증상으로 시작해 발열, 두통, 박테리아 전신 분포와 함께 뇌수막염으로 진행된다.

리스테리아증은 사망률이 매우 높다. 2002년 여름 북동부 주에서 발생한 46건의 리스테리아증으로 7명이 사망하고 3명이 사산했다.[51] 발병 원인은 펜실베이니아 가금류 가공 공장에서 생산한 칠면조 요리였다. 이 사건으로 1만 2,000톤 정도의 고기가 회수되면서 [당시로서는] 사상 최대 규모의 육류 리콜 사태가 기록되었다. 이와 더불어 식품 공급에 대한 정부의 안이한 규제 역시 비난의 표적이 되었다.[52]

캄필로박터증도 중요성에 비해 덜 알려진 식중독 질환이다. 이는 25년 전에 처음으로 발견되었으며, "대부분의 선진국에서 발생하는 급성 전염성 설사의 가장 흔한 유형"이다.[53]

캄필로박터증은 위궤양의 원인인 헬리코박터 박테리아와 유사한 캄필로박터 박테리아가 유발한다. 대부분 소아와 청소년을 대상으로 하며, 발열을 비롯한 독감 유사 증상으로 시작해서 복통을 동반한 심한 설사로 진행한다. 대부분은 하루나 이틀 정도 지속되다가 합병증 없이 치유되지만, 약 1%에서는 캄필로박터증에 이어 관절염 혹은 중증 신경계 질환인 길랭-바레 증후군이 나타난다. 최근에는 캄필로박터 박테리아가 림프종의 일종인 면역세포증식 소장 질환과도 연관이 있는 것으로 밝혀졌다.[54]

캄필로박터 박테리아는 조류와 가축 사이에 널리 분포한다.

전체 캄필로박터증의 절반은 닭에서 유래하는데, 특히 가금류 가공 공장에서 가공한 식품이 원인인 경우가 많다. 감염된 새 한 마리가 가공 과정을 거치면서 다른 새들을 감염시킬 수 있기 때문이다. 감염된 닭은 다른 음식에도 미생물을 전파한다. "수백만 마리의 박테리아로 뒤덮인 생닭에서 근처의 샐러드나 빵으로 몇 백 마리의 박테리아가 옮겨가는 일이 얼마나 쉬울지는 대단한 상상력을 동원하지 않더라도 쉽게 판단할 수 있다."[55] 바비큐나 퐁듀 요리를 할 때는 고기가 덜 익는 일이 많은데 이런 때 문제가 발생하기 쉽다.

영국에서는 우유 배달원이 알루미늄 포일로 덮은 우유병을 문 앞에 둔 것이 원인이 되어 캄필로박터증이 퍼졌다. 캄필로박터를 옮기는 까치와 갈가마귀가 우유를 먹으려고 알루미늄 포일 덮개를 쪼았고, 이 과정에서 우유가 캄필로박터에 오염되었기 때문이다. 이런 문제는 우유병을 단단한 마개로 봉하면 해결할 수 있다.

CDC가 미국 내 식중독 관련 사망의 주요 원인으로 꼽은 세 번째 박테리아 질환은 대장균과 이질균이 함께 유발하는 설사병이다. 이 둘은 원래 별도의 박테리아 족에 속하는 것으로 생각되었으나 지금은 동일 족에 속한다는 사실이 밝혀졌다.[56] 이 족에서 가장 위험한 균주인 대장균 혈청형 O157은 중증 설사병을 수차례나 유발한 장본인이다.

대장균은 경미한 설사나 혈변을 동반한 중증 설사, 소아 신부전의 가장 큰 원인으로 꼽힙는 용혈성요독증후군hemolytic uremic syndrome, HUS을 유발한다. HUS를 보인 소아의 5% 이상이 사망하며, 1/3은 고혈압과 같은 만성 신장 장애를 갖게 된다.

대장균은 소에 널리 분포하는데 소에게서는 거의 아무런 증상도 유발하지 않는다. 주로 덜 익힌 쇠고기, 특히 쇠고기버거나 살균하지 않은 우유를 통해 사람에게 질병을 전파하지만 소의 분변에 오염된 음식이나 식수에 대한 노출이 원인일 때도 있다. 1996년에는 스코틀랜드에서 한 도살업자가 도축한 고기가 오염되면서 400명 이상이 감염되었는데, 그중 151명이 입원했고 18명이 사망했다.[57] 일본에서는 1996년에 6,000명 이상의 학생이 감염되어 그중 102명이 HUS를 동반한 신장 질환으로 진행되었다.[58] 미국에서는 37명의 어린이가 쇠고기버거를 먹은 뒤 HUS를 일으켰다. 그중 절반은 심장, 폐, 췌장, 장, 중추신경계를 포함한 다른 장기에까지 장애가 나타났고, 3명은 결국 사망했다. 이후 조사를 통해, 동일한 원인으로 3개 주에서 501명의 환자가 발생하고 301명이 입원했다는 사실이 드러났다.[59] 다른 지역에서도 비슷한 사례가 보고되었는데 그중에는 보건 당국의 조사가 있고 나서야 전염병으로 확인된 경우도 있었다.[60]

대장균은 돼지나 염소, 양 등의 동물에서 사람으로 전파되기도 한다. 오염된 음식을 먹고 증상을 나타내는 경우도 있다. 1997년에는 오염된 알팔파 싹 때문에 버지니아에서 48명의 환자가 발생했고, 그중 11명이 입원했다. 1998년에는 노스캐롤라이나의 한 식당에서는 오염된 양배추 샐러드를 먹고 142명이 감염되었으며, 1999년에는 네브래스카의 식당에서는 오염된 양상추를 먹고 72명이 감염되었다.[61]

광우병이 주는 교훈

2003년 12월 23일, 기자회견을 소집한 미 농산부 장관 앤 비너먼 Ann Veneman은 미국에서 최초로 광우병 bovine spongiform encephalopathy, BSE 진단을 받은 소가 발견되었다고 발표했다. 그보다 7개월 전 캐나다에서 BSE가 보고되었으므로 이러한 발표는 예견된 것이었다. 실제로 광우병 소는 캐나다에서 수입한 소였다. 쇠고기 관련 회사의 주가는 급락했고, 다른 나라들은 미국 쇠고기의 수입을 거부했으며, 감염된 소의 고기를 먹었으리라고 짐작되는 수천 명의 미국인은 불안에 휩싸였다.

비너먼은 기자회견에서 이렇게 말했다. "인체에 해를 미칠 위험은 지극히 낮습니다. […] 저는 크리스마스 파티 때 쇠고기를 먹을 생각입니다. 식품의 안전성에 대해서는 자신이 있습니다."[62] 비너먼의 확신은 1989년 영국의 BSE 파동 때 영국 농산부 장관이었던 존 거머 John Gummer의 발언을 떠올리게 했다. 당시에는 BSE가 소에서 사람으로 전파된다는 사실이 입증되지 않았다. 거머는 네 살배기 딸을 동반하고 텔레비전에 출연해서는 쇠고기를 먹어도 안전하다고 큰소리치며 둘이서 커다란 쇠고기버거를 먹는 모습을 보여주었다.

이러한 확신이 지나치게 낙관적이었다는 사실은 1995년이 되어서야 드러났다. 젊은 공군 사관후보생이 BSE의 첫 번째 희생자가 되었다. 2004년 중반까지 146명의 영국인과 11명의 외국인이 사망했다. 모두 오염된 쇠고기를 먹고 BSE에 걸린 것으로 판단되었다. 게다가 편도선 제거 수술 중 무작위로 추출한 샘플 검사에서는 3,800명에 이르는 사람들이 BSE 유발 인자로 추측되는 프리

우리는 모두 짐승이다—동물, 인간, 질병

온을 갖고 있는 것으로 나타났다.[63] 그중에서 몇 명이나 광우병에 걸리게 될지는 알 수 없다. 영국 소 사이에 번졌던 BSE는 400만 마리를 도살하고 나서야 그 기세가 누그러졌다. BSE 유행의 가장 큰 희생자는 보수당이었다. BSE에 대한 부실 대처를 이유로 선거에서 참담한 패배를 맛보아야 했기 때문이다.

BSE 유발 인자로 추측되는 프리온은 밝혀진 바가 거의 없는 낯선 미생물이다. DNA나 RNA 같은 유전자 물질을 포함하지 않는 단백질 조각으로서 세포 내에서 증식하여 질병을 유발한다. 이들은 박테리아도, 바이러스도, 원생동물도 아니며 다만 접힘이 달라져 구조와 임상적 특성이 변화된 변형 단백질에 불과하지만 병원체로서 기능한다. 프리온은 뇌 조직을 공격하여 작은 구멍을 뚫어놓기 때문에 사후 현미경 관찰시에는 뇌가 스펀지 모양으로 보인다. 프리온 질환에 해면상 뇌장애라는 이름이 붙은 것도 그 때문이다. 인체에 침입한 뒤 몇 년이 지나서야 증상을 유발한다는 점에서도 프리온은 특이한 물질이다. 인간 광우병 사례 중 다수가 10년 이상의 잠복기를 거친 것으로 추측되었고, 다른 프리온 질환에서는 잠복기가 20년까지 길어질 수도 있다.

인간 프리온 질환의 증상은 정신 이상, 기억 상실, 의지와 상관없는 움직임, 발작, 그리고 필연적인 치매와 사망이다. 치료법은 없다. 가장 많은 연구가 이루어진 인간 프리온 질환이 크로이츠펠트야콥병CJD이며, 100만 명당 한 명이 이 병에 걸린다. 인간 광우병의 공식 명칭은 '변형 CJD'다. CJD는 감염자 사후에 경질막 이식이나 뇌하수체 호르몬 이식 같은 뇌 조직 이식 또는 각막 이식을 통해 다른 사람에게 옮을 수 있다. CJD가 저절로 생기는 경우도 있기 때문에 여기에 걸리기 쉬운 유전적 소인이 있는 것으로 여겨진다. 일부 '자발적' CJD가 사실은 BSE에 감염된 쇠고기를 먹었기 때문에 발생한 것이라는 의견을 제시한 연구자들도 있다. 그것이 사실이라면 BSE 감염 소를 통한 변형 CJD와 '자발적' CJD는 동일한 질병의 다른 형태가 된다.

또 다른 인간 프리온 질환으로 쿠루병이 있다. 쿠루병은 최근까지 파푸아뉴기니 고원 지대의 풍토병이었다. 이 병은 죽은 자의 뇌를 나눠 먹는 장례식 풍습 때문에 사람에서 사람으로 전파되기 시작했다.

소 사이의 BSE 전파나 소 대 사람의 BSE 전파는 소를 키우고 도살하는 현대적인 방법이 불러온 결과다. 수천 년 동안 인간은 작은 농가에서 소를 길렀고, 송아지는 어미 소가 키우는 것이 관행이었다. 하지만 이처럼 목가적인 풍경은 대규모 농업이 등장하면서 사라졌다. 이제 "송아지는 어미의 젖 대신 피를 마시며, 소가 먹는 사료에는 닭장에서 긁어모은 퇴비—여기에는 깃털과 닭 사료, 분변까지 포함된다—가 들어 있다."[64]

게다가 송아지와 소는 죽은 소의 고기와 뼈가 들어간 사료를 먹는다. 육골 사료는 동물의 사체를 끓여 지방과 단백질을 추출한 제품이다. 지금은 소의 고기와 뼈가 들어간 사료를 소에게 쓰지 못하게 되어 있지만 닭이나 돼지에게는 흔히 먹인다. 닭이나 돼지가 죽으면 이번에는 그 사체를 추출해 소 사료를 만든다. 바로 이것이 농가마다 활용하고 있는 하이테크 동족상잔 체계다. 육골분은 대부분의 애완동물 사료에도 포함된다.

육골 사료가 위험한 것은 프리온을 포함하는 것으로 추측되는 주요 조직인 뇌와 연수, 신경 등의 중추 신경계 조직을 함유하고 있기 때문이다. BSE에 감염된 동물 한 마리로 만든 육골 사료가 이론적으로는 이 사료를 먹는 수백 마리의 동물을 감염시킬 수 있다. 사실 1980년대와 1990년대에 영국에서 벌어졌던 BSE 유행은 육골 사료를 만드는 공정에 실수로 변화가 생김으로써 프리온 전달이 용이해지면서 발생한 것이다.[65]

감염된 소에서 사람으로 BSE가 전파된 것은 고깃점을 남김없이 긁어모으려는 선진적인 자동 회수 체계의 결과이기도 하다. 뇌나 척수, 기타 신경 조직까지도 회수되는 경우가 있기 때문이다. 2002년 농산부 검사에서는 고기 회수 체계의 35%가 이러한 조직을 포함하는 것으로 나타났다.[66] 이 조직들이 간 쇠고기나 소시지, 볼로냐 소스, 살라미, 핫도그, 피자 토핑, 타코를 채우는 내용물 또는 기타 유사 음식들에 들어간다. BSE 감염 소가 우연히 섞여 들었다면 가공 수일 이내에는 전염성 쇠고기가 널리 퍼지게 된다. 기본적으로 쇠고기버거처럼 간 고기를 먹는 것보다는 스테이크나 로스트비프처럼 통고기를 먹는 편이 안전하다. 간 고기에는 프리온을 포함한 조직이 섞여 있을 가능성이 더 높기 때문이다.

미국에서 최초로 BSE 사례가 보고된 뒤 육류 산업에는 변화가 일어났다. 당시까지는 미국에서 해마다 도살되는 3,500만 마리의 소 중 1% 미만이 BSE 검사를 받았지만 지금은 그 비율이 상승했다. 육골 사료의 조성 및 고기 회수 체계의 기능에 대한 규제도 강화되었다. 이러한 변화로 프리온 질병의 전파가 예방될 수 있을지는 앞으로도 수 년 동안 알기 어렵다. 사람이 프리온에 감염되어도 증상이 발현되기 전까지의 잠복기가 길어서 이러한 예방 조치의 효과를 판단하기가 힘들기 때문이다.

기타 동물의 프리온 질환으로는 양의 스크래피와 전염성 밍크 뇌병증이 있다. 이 질병이 사람에게까지 전파되는지는 아직 밝혀지지 않았다. 최근에는 사슴과 엘크의 프리온 질환인 광록병 CWD에 대한 면밀한 조사가 실시되었다. CWD는 서부 지역 주에서 점진적으로 퍼져나가면서 사슴을 잡아 가정에서 요리해 먹는 사슴 사냥꾼들을 불안에 빠트리고 있다.[67] 현재까지는 CWD가 사람에게 전염된다는 증거가 없지만 사슴 사냥꾼 중 크로이츠펠트야콥 병에 걸린 사람이 정기적으로 사슴 고기를 먹었다는 보고는 있다.[68]

동물에서 사람으로 전파되는 식중독 질환 중 BSE가 가장 널리 알려져 공포를 야기하고 있기는 하지만 미국에서 BSE로 사망한 유일한 환자는 영국에 사는 동안 감염되었기 때문에 그만한 대중적 공포에는 근거가 희박하다. 사실 BSE로 죽을 확률은 번개에 맞을 확률보다도 훨씬 낮기 때문이다. 사람들은 BSE 걱정에 떨지만, 그 사이에 해마다 수백 명의 미국인이 살모넬라증과 리스테리아증, 캄필로박터증, 대장균에 의한 대장염으로 죽어가고 있다.

BSE나 CWD 같은 프리온 질환이 우려스러운 이유는 프리온이 무엇인지가 거의 밝혀지지 않았기 때문이다. BSE는 오염된 쇠고기 단백질을 함유한 먹을거리를 통해 인간을 제외한 영장류에 전파되었다.[69] 또한 오염된 사료를 통해 고양이에도 전파되었다.[70] 고양이와 주인이 동시에 크로이츠펠트야콥 병에 걸린 걱정스러운 사례도 있다. 사례 보고자의 의견에 따르면 이는 "양방향 수평 전파나 알 수 없는 공통 원인에 의한 감염, 두 가지 서로 다른 감염의 우연한 동시 발생"으로 생각된다.[71] 생쥐와 햄스터, 너구리는 인공 접종시 프리온 질환에 대해 감수성을 나타냈다.[72] 프리온 질환이 모체에서 태아로 전달된다는 주장도 있다.[73] 연구에 따르면 프리온 질환에 걸린 일부 동물은 증상을 보이지 않지만 다른 동물을 감염시킬 수는 있다.[74] 특히 우려스러운 것은 프리온이 한 종에서 다른 종으로 전파되었을 때 독성이 강해진다는 연구 결과다.[75]

많은 사실이 밝혀지지 않은 지금은 육류 공급에 대한 안전 수칙 제정에 보다 엄격한 태도를 취하는 것이 마땅하다고 본다. 미국에서는 최초로 BSE 사례가 보고된 이후 소에 대한 BSE 검사가 확대되고 병든 소를 식품 공급망에서 제외하며 육류 회수 체계의 안전성을 강화하는 등 올바른 방향으로 일이 진행되고 있다. 하지만 과연 이것만으로 충분한 것일까?

9

현대의 먹이사슬이 전파하는 미생물

SARS, 인플루엔자, 조류 독감이 주는 교훈

Microbes from the Modern Food Chain:
Lessons from SARS, Influenza, and Bird Flu

적어도 우리는 동물을 어떻게 대할 것인지, 어떻게 기를 것인지, 그리고 어떻게 팔 것인지를 생각해야 한다. 동물 세계와 인간 세계의 관계는 총체적인 곤경에 처해 있다.

— 피터 코딩리Peter Cordingly, 세계보건기구

감염된 동물의 고기나 젖, 알을 먹으면 그 동물의 미생물이 사람에게 옮는다는 사실은 많은 이들이 알고 있다. 하지만 현대적인 먹이사슬로 인해 동물의 미생물이 전파될 수 있다는 사실은 별로 알려져 있지 않다. 먹이사슬이 복잡하게 상업화되면서, 새로운 미생물이 출현하거나 기존의 미생물이 돌연변이를 일으킬 기회가 늘었다. SARS나 인플루엔자, 조류 독감이 보여주듯이 이러한 변화는 인류의 건강에 심각한 위협이 될 수 있다.

재래시장과 SARS

2003년 봄, 토론토는 도시 전체가 사실상 문을 닫았다. 세계보건기구와 CDC는 토론토를 방문하지 말라는 여행자 지침을 내렸고, 호텔 소유주들은 1억 2,500만 달러의 손실을 입었다. 문을 닫은 것은 SARS[중증급성호흡기증후군] 때문이었다. 이 전염병으로 인해 토론토에서 24명이, 세계적으로는 910명이 사망했다. 마스크를 쓰고 다니는 사람들도 눈에 띄었다. 1918~1919년의 인플루엔자 대유행 이후 볼 수 없었던 현상이다.

SARS 유행이 시작된 곳은 요리에 쓰일 동물을 파는 중국 남부의 재래시장들이었다.[1] 광저우廣州나 선전深圳 같은 도시의 대규모 상설 재래시장에서는 음식 재료로 쓰일 다양한 동물들을 산 채로 판다. 닭이나 오리, 거위, 비둘기, 거북, 개, 고양이, 게, 기타 해물은 물론이고 사향고양이나 너구리, 족제비 같은 특이한 동물도 판매한다. 한 목격자의 말을 따르면 "조금이라도 먹을 수 있을 듯한 것은 모두 다 판다."[2] 이곳에서는 동물이 빽빽하게 들어찬 수백 개의 창살 우리가 두 겹, 세 겹으로 쌓여 있기 때문에 마치 노아의 방주가 방금 짐을 부려놓은 듯한 광경이 연출된다. 장사꾼들은 우리 꼭대기에 누워 낮잠을 자고, 수많은 사람들은 우리 사이를 거닐며 쳐다보고 기침하고 재채기하고 마시고 먹는다. 새로운 집을 찾는 미생물에게 재래시장은 천국이다.

2003년 SARS 발생 뒤, 원인 물질이 코로나 바이러스라는 사실은 곧바로 확인되었다. 코로나 바이러스는 개와 고양이, 소, 말, 돼지, 닭, 칠면조, 생쥐, 쥐는 물론이고 사람도 감염시키는 것으로 알려져 있다. 코로나 바이러스 중에는 감기의 주요 원인인 것도 있다. 코로나 바이러스는 종간 장벽을 선택적으로 넘는다고 한다. 예를 들면 소의 코로나 바이러스는 닭을 감염시킬 수 있지만 칠면조에는 전파되지 않는다. SARS의 원인이 된 코로나 바이러스는 이전에는 발견되지 않은 신종으로서 분자 연구에 따르면 SARS 발생 직전에 다른 코로나 바이러스에서 진화한 듯하다.[3]

SARS 코로나 바이러스가 어느 동물에서 유래했는지는 이 글을 쓰는 시점까지도 밝혀지지 않았다. 몽구스의 동족인 사향고양이가 중국 시장에서는 음식 재료로 흔히 판매되는데 이들 중 다수가 이 바이러스를 보유하고 있었다. 이 조사 결과를 바탕으로 중국 당국은 시판 목적으로 농장에서 사육되던 사향고양이 1만 마리를 도살하도록 지시했다. 그러나 2004년 2차 SARS 발생시에는 한 환자가 자신의 아파트에서 잡은 쥐 중 일부가 SARS 양성 반응을 나타냈다.[4] 결국 쥐 역시 최초의 전염병 발생에 기여했을 것으로 판단되었고,[5] SARS 바이러스의 정확한 병원소를 가리는 문제는 갈수록 어려워졌다. 생쥐와 족제비, 고양이, 여우, 원숭이 모두가 특정 상황에서는 이 바이러스에 감염될 수 있는 것으로 나타났기 때문이다.

SARS의 유행으로 인해, SARS 바이러스가 사람에서 사람으로 빠른 속도로 이동하며 감염자의 약 9%를 사망에 이르게 한다는 사실이 밝혀졌다. 바이러스는 기침이나 재채기를 할 때 공기 중에 분무된 비말이나 소변, 대변, 심지어 땀을 통해서도 전파된다. 따라서 감염된 사람과 접촉하는 것만으로도 SARS에 걸릴 수 있다.[6] 비행기의 도움을 받은 SARS는 몇 주가 채 지나지 않아 5대륙 30개국으로 퍼져나갔다.[7] 설상가상으로 감염력이 매우 강해 다수의 사람에게 바이러스를 퍼트릴 수 있는 슈퍼 전파자와 SARS 바이러스 보균자이면서도 증상이 거의 나타나지 않는 환자가 존재한다는 사실까지 확인되었다.[8] 또한 2003년 SARS 유행과 그보다 작은 규모였던 2004년 유행 사이에 SARS 바이러스는 약간의 변화를 거치면서 사람에 대한 감염력을 크게 증가시켰다.[9]

어류 양식과 인플루엔자

인플루엔자는 현대 먹이사슬과 관련 없는 질병으로 생각되기 쉽

광저우의 재래시장 풍경

돼지우리 아래의 연못에서 이루어지는 물고기 양식, 태국

지만 사실은 결코 그렇지 않다. 오리, 물고기, 돼지, 사람을 함께 키우는 중국 남부의 어류 양식 체계가 아니었더라면 인플루엔자가 세계적으로 유행하는 질병이 되지는 않았을 것이다.

인플루엔자를 이해하려면 오리를 비롯한 물새들이 인플루엔자 바이러스의 병원소라는 사실부터 알아야 한다. 백로, 갈매기, 제비갈매기, 섬새, 바다오리, 도요새 역시 인플루엔자 바이러스에 감염될 수는 있지만 이들이 인플루엔자를 다른 종에게도 옮기는지는 분명하지 않다. 오리가 관심의 초점이 된 이유는 약 4,000년 전부터 길들여져왔으며 사람과 자주 접촉하는 동물이기 때문이다. 지금까지 밝혀진 24종의 인플루엔자 A 중에서 23종이 오리에서 발견되며 나머지 하나는 갈매기를 비롯한 바닷새에서 발견된다. 인플루엔자 전문가 로버트 웹스터Robert Webster에 따르면 "물새는 인플루엔자 A 바이러스의 광대한 저장소"다.[10]

오리를 비롯한 물새는 아마도 수백만 년 동안 인플루엔자 바이러스에 감염된 채 살았을 것이다. 한편 사람에게 전파되는 인플루엔자 바이러스는 겨우 8,000년 전에 출현했다.[11] 가금류를 기르는 농부들은 오리가 인플루엔자 증상을 나타내지 않는다는 사실을 오래전부터 알고 있었다. 오리와 닭, 칠면조를 한 마당에 길러보아도 감기 증상을 보이는 것은 닭과 칠면조뿐이다.[12] 바이러스에 대한 분자 연구에서도 새의 인플루엔자 바이러스 단백질은 인간 인플루엔자 균주의 단백질에 비해 상대적으로 안정적인 것으로 나타났다. 오리를 집에서 기르지 않았더라면 우리는 인플루엔자 A 바이러스가 있다는 사실조차 모르고 살았을 것이다.

오리를 처음으로 길들인 곳은 중국이었을 것이다. 현재에는 중국에 가장 많은 집오리가 있다. 중국에서는 벼농사를 짓는다.

오리는 논에서 자라는 잡초와 해충을 먹지만 벼는 건드리지 않기 때문에 벼농사에 유용하다. 알과 고기도 제공한다. 중국, 특히 논이 넓게 펼쳐진 남부 지방에는 사람보다 집오리 수가 더 많은 것으로 추정된다.

중국 남부에는 논도 많고 오리도 많지만 물고기 양식장도 많다. 물고기를 천연 혹은 인공 연못에서 길러 요리에 사용하는 것이다. 물고기 양식이 발달하면서 동물의 분변으로 연못을 비옥하게 만들면 더 큰 물고기를 얻을 수 있다는 사실을 알게 되었다. 분변이 플랑크톤의 성장을 촉진하고, 이 플랑크톤은 물고기의 먹이가 되기 때문이다. 전통적으로 돼지와 닭, 오리의 분변을 연못의 비료로 사용했다. 분변을 모아 말려서 연못 전체에 뿌리는 경우도 있고, 돼지나 닭, 오리를 우리에 가둬두고 그 우리를 연못 위에 매 닮으로써 동물들의 분변이 수면으로 직접 떨어지게 하는 경우도 있었다. 이런 체계가 점차 정교해지면서, 태국의 한 기록에 따르면 "돼지-닭-물고기의 복합 양식이 널리 활용되었다. 닭장을 돼지우리 위에 매달아 돼지에게 닭똥을 먹이고, 돼지우리는 연못 위에 지어 돼지 똥이 곧장 연못으로 떨어지도록 했다."[13] 최근에는 동남아시아 전역에서 물고기 양식이 성행하면서 '청색 혁명'이라는 말까지 생겨났다. 1970년에 세계 양식 협회가 결성되었고, '중국 복합 물고기 양식을 위한 아시아 태평양 지역 연구 및 훈련 센터'가 생기면서 '중국의 복합 물고기 양식' 같은 지침이 등장했다. 물고기 양식은 "지난 10년 사이에 10% 넘게 성장했고, 향후 10년 이내에 세계 쇠고기 생산을 따라잡을 것"이라고 한다.[14]

물고기 양식장을 오리, 돼지, 닭, 기타 동물, 사람과 함께 두는 독특한 방식은 인플루엔자 바이러스의 빠른 변화를 초래했다. 인플루엔자 A 바이러스는 8개의 RNA 유전자 단위로 구성된다. 이 8개의 유전자 단위 각각이 여러 단위의 mRNA를 암호화하는데, 이 과정은 끊임없이 변화한다. RNA 유전자의 돌연변이로 바이러스의 단백질이 달라지며, 그에 따라 복제하고 질병을 유발하며 숙주 면역계의 탐지를 피하는 바이러스의 능력도 달라진다. 이 과정을 통해 '유전적 부동浮動'이라는 느린 변화가 생겨난다. 이따금 8개의 유전자 단위 중 하나가 완전히 대체되면서 '유전자 변동'이라는 빠른 변화를 낳기도 한다. 유전자 부동 혹은 유전자 변동으로 인해 바이러스의 단백질 외피 안에 있는 두 가지 주요 분자인 헤마글루티닌H과 뉴라미니다아제N에 변화가 생기면 이전에 이에 대항해 항체를 생산하던 세포에게는 더 이상 인플루엔자 바이러스가 인식되지 않는다.

이와 같은 인플루엔자 바이러스의 줄기찬 변화 때문에 해마다 그 수많은 사람이 독감에 걸리게 된다. 작년에 맞은 독감 예방주사는 그 해의 바이러스에 존재하는 H 및 N 항원 배열에 맞는 항체를 생산할 뿐이다. 항원의 배열은 한 해 동안에 얼마든지 바뀔 수 있기 때문에 작년에 맞은 예방주사는 올해의 바이러스에 대한 항체를 생산하는 데 아주 약간의 효과밖에 발휘하지 못한다. 유전자 변동에서처럼 유전자 단위 전체가 달라지면 작년의 예방 접종으로는 항체가 거의 생산되지 않는다. 유전자 부동과 유전자 변동은 균주가 새로운 숙주 세포에 적응함으로써 과거의 감염이나 예방접종에서 남은 항체를 피하기 위해 활용하는 기전이다.

인플루엔자 바이러스의 유전자 변동은 2개 이상의 바이러스가 동일 동물을 감염시켜 유전자 성분이 재조합되면서 새로운 균주가 형성될 경우에 발생한다는 것이 현재의 통설이다. 돼지는 1

종 이상의 인플루엔자 바이러스에 동시 감염될 수 있다는 점에서 특이한 동물이다. 한 연구에 따르면 연구 대상이 된 돼지의 14%가 2종의 인플루엔자 바이러스 균주에 감염되어 있었다.[15] 이러한 동시 감염 덕분에 H와 N의 표면 항원이 새로운 항원으로 교체되는 유전자 변동이 발생한다. 다시 말해 돼지는 인플루엔자 바이러스의 믹싱 볼로서 유전자 조각의 '재조합을 위한 선도적인 중간 숙주' 역할을 한다.[16]

동남아시아의 물고기 양식은 인플루엔자 바이러스의 유전자 재조합을 위해서라면 매우 이상적인 환경을 제공한다. 돼지의 분변으로 영양을 공급한 양식장을 야생오리와 집오리가 정기적으로 헤엄친다. 이들은 물을 마시는 동시에 배설기관으로도 물을 흡수한다. 오리들은 물속에 오줌도 누고 똥도 누는데 이때 그들이 가지고 있던 인플루엔자 바이러스도 함께 내보낸다. 돼지는 이 물을 마시고 따라서 인플루엔자 바이러스도 함께 섭취한다. 돼지는 죽은 오리의 시체를 먹기도 한다. 인플루엔자 바이러스는 이제 오리를 벗어나 연못의 물을 먹는 돼지와 다른 여러 동물에게 긴 시간에 걸쳐 반복적으로 접근할 수 있다. 오리와 돼지, 사람의 사이를 왕복하는 동안 진화한 새로운 바이러스 균주는, 양식장에 내려앉아 물을 마신 뒤 수천 마일을 날아가 다른 물가에 내려앉는 야생오리의 도움을 받아 이번에는 머나먼 곳까지 퍼져나가는 것이다.

인플루엔자 바이러스의 병원소인 집오리가 돼지 및 사람과 함께 생활하면서 새로운 인플루엔자 균주가 발달하게 되었다는 사실에 주목해야 한다. 오리가 없다면 물고기 양식은 아무런 위협이 되지 못한다. 마찬가지로 오리는 많지만 다른 동물이 거의 없다면

우리는 모두 짐승이다—동물, 인간, 질병

이번에도 문제의 소지는 적다. 예를 들어 여름 몇 달 동안 야생오리가 떼를 지어 서식하는 캐나다의 여러 호수들은 "조류 인플루엔자의 본거지"라고 불린다.[17] 하지만 이 호수의 물을 마시는 돼지나 다른 가축이 없기 때문에 인플루엔자 유전자가 재조합되어 새로운 인플루엔자 균주가 탄생할 가능성은 없다.

중국에서 오래전부터 물고기 양식을 해왔고 이는 인플루엔자의 근원이므로, 수백 년 전부터 인플루엔자가 유행해온 것은 당연한 일이다. 인플루엔자로 짐작되는 1562년의 런던 전염병은 "도시에 널리 퍼진 새로운 질병으로서 궁정의 고관이나 귀부인, 아가씨들을 가리지 않고 휩쓸었다. 일부 노인을 제외하면 이 질병으로 사망할 위험은 없어 보인다." 1781년의 전염병은 정도가 심했다. "상트페테르부르크에서는 날마다 3만 명이 병에 걸렸고, 로마에서는 거주민의 2/3가, 뮌헨에서는 3/4이 질병의 공격을 받았다. 전염병은 가을에 중국에서 시작되었다는 것이 한결같은 보고였다."[18]

의료사학자들은 인플루엔자의 유행이 지난 2세기에 걸쳐 증가해왔다고 입을 모은다. 물고기 양식과 교통의 발달이 가져온 결과다. 1802년, 1830년, 1847년, 1857년에 대규모 유행이 발생했다. 특히 정도가 심했던 1889년의 유행은 중앙아시아에서 시작되었기 때문에 '아시아 독감'으로 불렸다. 유럽의 일부 도시에서는 거주민의 절반까지 질병에 감염되면서 그중 1%가 사망했다. 환자 중 다수는 청소년이었는데 이는 30년 뒤에 발생할 사건의 전조였다.

1918~1919년의 인플루엔자 대유행은 새로운 인플루엔자 균주의 치명적인 독성을 세상에 입증해 보였다. 이 사건은 전 세계에

서 2,000만 명 이상의 목숨을 앗아가면서 "인류 역사상 최악의 재난 중 하나"로 이름을 올렸다.[19] 앨프레드 크로스비Alfred Crosby의 결정적인 표현을 빌리자면, "그 어떤 전염병도, 그 어떤 전쟁도, 그 어떤 기근도 이처럼 짧은 시간에 이처럼 많은 사람의 목숨을 앗아가지는 못했다."[20] 미국에서만도 약 55만 명이 사망했는데 이는 제1, 2차 세계대전과 한국전쟁, 베트남 전쟁에서 사망한 미국인의 수를 모두 합친 것보다도 더 많은 숫자다.

독감의 대유행은 1918년 봄 스페인에서 처음으로 시작되었다. 최초로 보고된 곳의 이름을 따 '스페인 독감'으로 불리기는 했지만 진짜 근원은 밝혀지지 않았다. 투르키스탄에서 시작되었다는 의료인들의 공통된 의견이 있기는 하지만 연합군의 참호를 파는 데 고용되었던 중국인 인부들이 유럽으로 전파했다고 주장하는 사람도 있다. 대유행의 원인 인플루엔자 바이러스 균주를 분석해 본 결과, 1900~1915년에 처음으로 사람에게 전파되었으며 몇 년 동안 조용히 돌아다니다가 대유행을 일으킨 것으로 밝혀졌다.[21]

독감이 미국에 상륙한 것은 8월이었다. 유럽 배치를 기다리며 보스턴의 비좁은 막사에서 생활하던 수병들 중 수백 명이 독감 증세를 나타냈고, 9월 초에는 일반 시민들이 그 뒤를 이었다. 놀랍게도 이 독감으로는 건강한 젊은이 다수가 목숨을 잃었다. 의료계는 우려를 표명했고 보스턴 주식시장은 문을 닫았지만, 많은 사람의 주목을 끌지는 못했다. 프랑스에서는 89만 6,000명의 미군이 독일 전선을 공격할 준비를 갖추고 있었다. 펜웨이 파크에서는 베이브 루스Babe Ruth와 보스턴 레드 삭스가 시카고 컵스와의 월드 시리즈 경기를 준비 중이었다. 보스턴의 학교에서는 여학생들이 새로운 노래에 맞추어 줄넘기를 했다.

작은 새가 있었네.

이름은 엔자(인플루엔자).

창문을 열었더니

날아 들어왔다네[in-flew-Enza, influenza와 발음이 같다].[22]

인플루엔자는 프랑스로 떠나기를 기다리던 미군 사이에서 빠르게 퍼져나갔다. 미국 내 여러 기지에서 병사의 35~40%가 병에 걸렸으며 약 3%는 생명이 위태로운 상태에 이르렀다. 매사추세츠의 포트 데븐스에 사는 한 의사는 독감의 전개를 이렇게 설명했다. "처음에는 일반적인 독감 증상으로 시작하지만 병원으로 이송된 뒤에는 이전에 본 적이 없는 극심한 점성粘性 폐렴으로 빠르게 발전한다. 입원 후 2시간이 지나면 광대뼈에 적갈색 반점이 나타나고 몇 시간 뒤에는 청색증이 귀부터 시작해 얼굴 전체로 번지면서 유색인과 백인을 구분하기 어려울 정도가 된다. 이렇게 되면 사망은 시간문제다. 질식사하는 순간까지 가쁜 호흡을 이어갈 뿐이다. 끔찍하다. 하루에 평균 100명 정도의 사람이 죽어가는 모습을 목격하고 있다."[23] 포트 데븐스에서는 인플루엔자로 죽어가는 병사들을 후송하기 위해 '특별 열차'를 편성해야 했다. 약 4,000명의 보병과 수병이 유럽으로 가는 선상에서 혹은 상륙 직후에 사망했다. 인플루엔자는 어마어마한 파괴력으로 미군을 공격했다. 미 88사단에서 사망하거나 부상당하거나 실종되거나 포로가 된 병사는 90명이었지만, 인플루엔자로 사망한 병사는 444명에 달했다.[24] 1918년의 대유행 당시에 젊은 층의 사망률이 높았던 이유는 지금도 말끔하게 설명되지 않는다. 대부분은 2차 세균 감염이 원인이었을 것으로 추측되며 항생제를 썼다면 많은 생명을 구할 수 있었으리라 생각될 뿐이다. 혹은 독성이 매우 강한 바이러스 균주였는지도 모르겠다. 만약 그렇다면 항생제도 도움이 되지 못했을 것이다.

1918년 10월 무렵에는 인플루엔자가 일반 시민들에게로 급속히 확산되면서 많은 인명을 앗아갔다. 필라델피아가 가장 큰 타격을 입어 약 1만 1,000명이 목숨을 잃었다. 시립 시신 안치소에는 시체가 "거의 모든 방과 복도에 서너 겹으로 쌓인 채 핏물이 든 더러운 시트로 덮여 있었다. 6대의 마차와 트럭이 시가지를 돌면서 시신을 수거했다."[25] 10월 10일 하루 동안에만 필라델피아에서 759명이 인플루엔자로 사망했다. 10월 23일 뉴욕시에서는 851명이 사망했다. 시카고에서는 "손수레에 검은 천을 씌워 시신을 수거하는 데 이용했다." 또한 장례식 참석자는 장의사를 포함해 최대 10명으로 제한했다.[26] 워싱턴 D.C.의 병원들은 "장의사를 문앞에 상주시켰다가 사망자가 나오는 즉시 시신을 치워가도록 했다. 다른 환자를 받을 공간을 확보하기 위해서였다."[27] 인플루엔자가 얼마나 맹위를 떨쳤는지 알려주는 일화가 있다. 어느 날 저녁 네 명의 여자가 카드 게임을 했다. 다음날 아침에는 그중 세 명이 사망했다. 전차를 타고 출근하던 남자가 여섯 정거장을 지났을 무렵 사망해버린 사례도 있다. 워싱턴 D.C.에서는 국회의원 제이콥 미커Jacob Meeker가 독감에 걸렸다. 그는 즉시 비서와 결혼했고 "몇 시간 뒤 사망했다."[28]

미국의 1918년 인플루엔자 대유행을 시각적으로 가장 강렬하게 보여주는 상징물은 거즈 마스크였다. 마스크가 인플루엔자 바이러스의 확산을 막아준다는 증거는 없었지만 당국은 이를 적극적으로 권장했다. 공공장소 및 "2인 이상이 모이는 곳에서는 식사하는 경우를 제외하고" 반드시 마스크를 사용하도록 규정한 조례가 통과된 곳도 있었다. 신랑, 신부를 포함해서 결혼식에 참석한 하객 전원이 마스크를 착용하고 있는 기상천외한 사진도 있다. 마이너리그 야구 경기를 찍은 어느 사진에서는 모든 선수와 관람객이 마스크를 쓰고 있다. 휴전 소식이 전해지자 "수천, 수만 명의 사람들이 마스크를 쓴 채 몰려나와 기뻐 날뛰며 노래하는" 진풍경이 펼쳐지기도 했다.[29]

많은 미국인들이 마스크 쓰기에 반대하기도 했다. '마스크 거부자'라고 불렸던 이들은 벌금을 물어야 했고, 일부 도시에서는 버스나 전차의 승차를 거부당했다. 하지만 마스크를 쓴 사람과 쓰지 않은 사람 사이에 감염률의 차이가 없자 사람들은 점점 마스크의 효용을 의심하게 되었다. 시민 자유주의자와 크리스천 사이언스 신봉자들이 후에 마스크 반대 리그라고 불리게 된 반대 운동에 앞장섰다. 1918년이 끝날 무렵에는 사람들이 마스크를 쓰고 다니면서부터는 담배를 피울 수 없게 된 탓에 담배와 시가 판매가 50% 이상 감소했다는 담배 판매상들의 주장이 등장했다. 식당 주인들 역시 급격한 사업 부진을 걱정했고, 상인들은 마스크 때문에 사람들이 크리스마스 쇼핑에 나서지 않을 것을 염려했다. 좀 더 현실적인 문제들도 나타났다. 샌프란시스코 경찰은 마스크 사용으로 인해 절도 행위가 늘었다고 보고했다. 조지아 주 메이컨에서는 마스크를 쓴 군의관들이 기차역에 나와 1,500명의 흑인 신병이 도착하기를 기다렸는데, 플랫폼에 내린 흑인 신병들은 군의관을 KKK로 착각한 나머지 정신없이 달아나고 말았다.[30]

이전에 인플루엔자에 노출된 경험이 적기 때문에 새로운 균주의 공격에 조금이라도 도움이 될 항체도 적은 고립된 지역 사회가 가장 심각한 타격을 입었다. 아메리카 원주민의 사망률은 9%로서 도시 사망률의 4배에 달했다.[31] 알래스카 주의 놈Nome에서는 마을에 거주하는 에스키모 300명 중 59%가 사망했다. 여기서 10킬로미터 정도 떨어진 텔러 미션에서는 "단 일주일 사이에 인구의 85%가 목숨을 잃었다."[32]

1918~1919년의 인플루엔자 대유행은 미국의 여러 작가들에게도 손을 뻗쳤다. 메리 맥카시Mary McCathy는 시애틀에 살던 여섯 살때 양친이 모두 독감에 걸렸다. 놀란 가족은 기차를 타고 미니애폴리스에 있는 조부모 댁으로 향했다. 차장이 "노스다코타 대초원 한가운데에 있는 작은 목조 간이역에서" 그들을 강제로 하차시키려 했고, 메리의 아버지는 총을 휘두르며 저항했다. 그들은 여행을 계속할 수 있었고 닷새 뒤에는 미니애폴리스에 도착했다. 하지만 아버지와 어머니는 모두 사망한 상태였다. 메리를 포함한 네 자녀는 수천, 수만 명의 다른 어린이들처럼 고아가 되고 말았다.[33]

토머스 울프Thomas Wolfe는 노스캐롤라이나 대학에 재학하던 시절에 형 벤저민이 독감에 걸렸다는 소식을 듣고 집으로 갔다. 그는 후에 《천사여, 고향을 보라Look Homeward, Angel》에서 약간의 허구를 가미하여 형의 죽음을 이렇게 묘사했다. "벤은 사람들이 내려다보는 가운데 침대에 누워 있었다. 그는 빛을 흠뻑 받으며, 동식물 연구가의 탁상 위에 놓인 거대한 곤충처럼 자신의 가엾고 쇠약한 몸을 추스르고자 애썼다. 아무도 그를 구해줄 수 없었다. 그 무자비함에 몸서리가 쳐졌다."[34]

덴버에서는 24세의 캐서린 앤 포터Katherine Anne Porter가 신문기자로 일하고 있었다. 그녀가 깊이 사랑했던 약혼자는 전쟁터로 떠날 날을 기다리는 중이었고, 그녀는 인플루엔자에 걸렸다. 병세가 너

우리는 모두 짐승이다—동물, 인간, 질병

무 위중했기에 "신문사에서는 부고를 작성했다"[35]고 한다. 그러나 그녀는 독감을 이겨냈고 오히려 약혼자가 훈련소에서 독감에 걸려 곧장 목숨을 잃고 말았다. 세월이 흐른 뒤 포터는 «창백한 말, 창백한 기수Pale Horse, Pale Rider»를 통해 지난날의 힘겨웠던 시절을 소설로 형상화했다.

"신기하네." 미란다가 말했다. "도대체 어떻게 해서 출발을 연기시킨 거야?"
"그냥 연기시켜줬어." 애덤이 말했다. "어쨌거나 사람이 파리처럼 죽어나가고 있으니까. 신종 전염병이란 놈이 한 방에 날려버리고 있다고."
미란다가 말했다. "꼭 중세 시대의 흑사병 같아. 요즘처럼 많은 장례식을 본 적 있어?"[36]

1918~1919년 대유행 이후에도 인플루엔자는 계속해서 출몰했다. 하지만 1957년까지는 그 규모가 그리 크지 않았다. '아시아 독감'으로 불렸던 이 해의 인플루엔자는 중국 남부에서 시작되어 점차 전 세계로 번져갔다. 미국에서는 약 6만 명이 목숨을 잃었다. 대부분이 노인이었다. 또 다른 인플루엔자 대유행인 '홍콩 독감'은 1968년에 세계 대부분의 지역을 휩쓸었으며 미국에서만 약 3만 명의 목숨을 앗아갔다. 1976년에는 '돼지 독감swine flu'이라는 또 한 번의 독감 대유행 조짐이 있었기 때문에 수많은 사람들이 앞을 다투어 예방접종을 했다. 그러나 대유행은 발생하지 않았고 오히려 접종 부작용으로 문제가 생겨났다. 정치와 공중 보건의 난맥상이었다.

1918년, 1957년, 1968년의 인플루엔자 대유행으로 바이러스는 유전자 변동을 통해 새로운 균주를 만들어냈다. 이 세 가지는 모두 오리의 몸속에서 뒤섞여 탄생한 혼합물이었고, 돼지와 사람에게 적응한 바이러스들이었다. 1918년의 균주는 "일종의 키메라chimera로서, 한쪽 끝은 인간 인플루엔자의 염기 서열과 닮았고 가운데는 돼지의 것과 흡사했는데 반대쪽 끝은 다시 인간의 것과 비슷했다."[37] 1957년의 대유행을 유발한 인플루엔자 바이러스 균주에는 오리 바이러스에서 온 유전자 조각 세 개와 인간 바이러스에서 온 유전자 조각 다섯 개가 들어 있었고, 1968년 대유행의 원인 균주에는 오리에서 온 것 두 개와 사람에게서 온 것 여섯 개가 들어 있었다.[38] 인플루엔자 전문가들은 하나같이 또 다른 대유행의 도래를 예언하고 있으며 대부분은 그날이 멀지 않다고 믿고 있다.

가금류 사육과 조류 독감

인플루엔자 A 바이러스는 여러 종류의 동물을 감염시키는데 여기에는 닭을 비롯한 가금류도 포함된다. 흔히 말하는 조류 독감이 이전에는 '조류 흑사병'으로 불렸는데, 이 병은 한 세기 전에 출현해서 닭과 칠면조, 때로는 집오리를 죽음으로 몰아넣었다. 인플루엔자 바이러스의 병원소로 짐작되는 야생오리와 기타 물새들은 일반적으로 조류 독감의 영향을 받지 않는다. 최근까지는 가금류 사육이 작은 규모로 진행되었지만 지금은 규모가 큰 기업식 농업에 편입되면서 십여 마리가 한 무리를 이루던 것이 수천 마리가 한 단위를 형성하게 되었다. 이런 환경에서 조류 독감이 발생하면

우리는 모두 짐승이다―동물, 인간, 질병

훨씬 빠르고 광범위하게 확산된다.

1997년 이전에는 인플루엔자가 새에서 사람으로 직접 전파된다는 보고가 없었다. 유전자 믹싱 볼의 역할을 하는 돼지가 중간에 개입해야만 하기 때문이다. 하지만 1997년에 홍콩에서 조류독감이 발생했을 때에는 감염된 닭에서 사람으로 인플루엔자 바이러스가 직접 전파되었고, 환자 18명 중 6명이 사망했다. 이는 조류 독감의 인체 감염이 최초로 입증된 사건이었으며 이후로는 누구라 할 것 없이 불길함을 느끼기 시작했다. 원인이 된 인플루엔자 바이러스 균주는 H5로 밝혀졌다. 그때까지는 인체 감염 독감의 원인이 모두 H1, H2, H3 균주였다. 1997년 유행으로 인해 닭도 돼지와 마찬가지로 새로운 인플루엔자 균주의 발달을 위한 믹싱 볼 역할을 할 수 있다는 사실을 알려지게 되었다. 닭에서 새로운 균주가 나타날 수 있다면 말이나 소, 개, 사슴, 바다표범, 고래, 또는 사람이라고 해서 안 될 것도 없지 않은가?

1997년 사건 이후에도 H5 인플루엔자 균주는 계속해서 중국의 오리 사이를 맴돌았지만 인체 감염 사례는 보고되지 않았다. 그러던 2003년 2월, 2명의 홍콩 거주민이 중국 남부를 방문했다가 조류 독감에 걸렸고 그중 1명이 사망했다. 2003년 12월에는 심각한 H5(정확히는 H5N1) 조류 독감이 한국에서 시작되었다. 바이러스는 닭에 대해 강력한 독성을 발휘했다. 바이러스에 감염된 닭은 2~3일 내에 죽었고, 무리 전체가 몰살되는 경우도 있었다. H5N1 바이러스 균주는 빠른 돌연변이를 통해 "다른 동물종을 감염시키는 바이러스로부터 유전자를 획득하는 성질을 갖고 있는 것"으로 추측되었다.[39]

H5N1 조류 독감은 동남아시아로 빠르게 퍼져나가 2개월 만

에 10개국의 가금류를 감염시켰다. 보건 당국은 확산을 막기 위해 감염 지역과 지리적으로 인접해 있는 곳의 가금류까지도 모두 도살하도록 했다. 2004년 중반 무렵까지 1억 마리 이상의 닭과 칠면조, 거위, 오리가 도살되었다.[40] 가금류 사이에 퍼진 이 조류 독감은 "역사적으로 유례없는" 사건으로 기록되었다.[41]

조류 독감이 광범위하게 확산되면서 다른 동물들도 감염되기 시작했다. 태국에서는 집고양이 몇 마리와 동물원의 표범 한 마리가 감염되어 사망했다. 이들은 모두 조류 독감으로 폐사한 닭을 먹은 것으로 추정되었다. 마침내 인체 감염 사례까지 발생했다. 베트남과 태국에서 37건이 발생해 23명이 사망한 것이다. 사망률은 62%였다.[42] 거의 모든 환자가 조류와 직접 접촉했고, 바이러스는 조류에서 사람으로 직접 전파되었을 것으로 추측되었다(1장에서 살펴보았듯이 동물에서 사람으로 옮긴 뒤에는 다수의 미생물이 더 이상 확산되지 않는다). 애초에 동물에서 사람으로 전파된 미생물이 사람에서 사람으로 옮아가기 위해서는 약간의 유전자 재조합이나 돌연변이를 거쳐야만 한다. 다행히도 이는 대부분의 미생물이 하기 어려운, 결코 간단치 않은 일이다. 《뉴잉글랜드 의학 저널New England Journal of Medicine》의 사설은 동물 대 사람 전파와 동물 대 사람 대 사람 전파의 차이를 최초로 달에 착륙한 우주인의 말을 인용해 이렇게 설명했다. 미생물이 동물에서 사람으로 종간 장벽을 넘었을 때 그것은 "하나의 작은 발걸음"이었지만 사람 대 사람 전파가 가능해진다면 그것은 "하나의 거대한 도약"이라고 말이다.[43]

사람 대 사람 전파력의 획득은 조류 독감을 둘러싼 최대 관심사였다. 2004년 1월, 한 가정에서는 결혼식 직후에 조류 독감 4건이 발생했다. 신랑과 그를 보살폈던 누이 둘이 사망했고, 신부는 목숨을 건졌다. 4명 중 2명이 조류와 접촉한 일이 없다고 했으므로, 아직 입증된 것은 아니지만 이는 최초의 사람 대 사람 전파 사례일 것으로 생각된다.[44]

나쁜 소식은 H5N1 조류 독감의 인체 전파뿐만이 아니었다. 1999년에는 인플루엔자 바이러스 H9N2 균주가 인체에서 발견되었다. 다행히도 심각한 질병을 유발하는 균은 아니었지만 말이다.[45] 2003년에는 H7N7 균주가 네덜란드의 가금류에 치명타를 가했고, 83명의 농장 인부들이 감염되었다. 증상은 경미했으나 수의사 1명은 결국 사망하고 말았다.

2004년, H5N1 조류 독감이 다시 시작되었다. 인체 전파 사례가 있는 만큼 이 조류 인플루엔자 균주에는 사람이 감염될 가능성이 충분했다. 게다가 2004년의 전염병 결과와 상관없이 인플루엔자 바이러스가 빠른 변화를 겪고 있다는 사실은 분명하다. 변화하는 가금류 사육 방식에 대한 대응일 수도 있다. 의학 저널 《란셋Lancet》의 사설은 "살아 있는 가금류를 판매하는 아시아 여러 나라의 재래시장은 조류 인플루엔자를 키우는 온상"이라고 지적했다.[46] 보다 많은 사람에게 보다 많은 고기를 공급하기 위해 사육 방식을 능률화하는 과정에서, 우리는 뜻하지 않게도 야생오리의 무해한 기생충이 사람의 목숨을 앗아가는 치명적인 균으로 바뀔 수 있는 환경을 제공하고 만 것이다.

미국과 캐나다에는 수년 전부터 조류 독감이 존재했다. H5N1 조류 독감이 동남아시아 전역으로 확산되던 무렵, 사람에 대한 병원성은 없는 것으로 생각되는 인플루엔자 H7 균주에 델라웨어, 펜실베이니아, 텍사스, 브리티시컬럼비아 주의 닭들이 감염되었다.[47] 몇 명의 관련 노동자들이 H7 균주에 감염되었으나 증상은 경미했다. 그보다 우려스러운 점은 가금류와 접촉한 적이 없는데도 뉴욕시 근처에 사는 한 남자가 H7 조류 인플루엔자 진단을 받았다는 사실이다.[48]

미국에는 조류 독감이 존재할 뿐만 아니라 조류 사이에서 미생물이 퍼지기 쉬운 환경까지 조성되어 있다. 8만 마리까지 수용할 수 있는 양계장이나 가금류를 산 채로 판매하는 시장을 우리는 미국 내의 어느 대도시에서나 찾아볼 수 있다. 한 전문가의 말에 따르면 "뉴욕 주에서 가금류 판매 시장의 수는 1994년의 44개에서 2002년의 80개로 거의 두 배 가까이 불어났다."[49]

또한 다양한 새들이 수입된다는 점도 문제다. "런던 히드로 공항과 뉴욕 케네디 공항, 암스테르담의 스키폴 공항에 있는 동물 대기 시설을 본 적이 있는 사람들은, [중국] 광동의 재래시장에서 볼 수 있는 것처럼 온갖 종류의 새와 희귀한 동물들이 다닥다닥 붙어 비행기에 실리기를 기다리고 있고 가금류가 야생조류와 가까이 접촉할 수 있는 풍경을 묘사하곤 한다."[50] 인플루엔자 바이러스를 비롯한 미생물들이 성공가도를 달리며 영역을 확장하기에 이보다 더 이상적인 환경은 없으리라.

우리는 모두 짐승이다—동물, 인간, 질병

10

다가오는 전염병

에이즈, 웨스트 나일 바이러스,
라임병이 주는 교훈

The Coming Plagues:
Lessons from AIDS, West Nile Virus, and
Lyme Disease

인간은 환경에 대한 고투에서 자신이 동물이라는 사실부터 자각해야만 한다. 신과 별을 꿈꿀지라도 인간은 동물로서 진화하기 때문이다.

—르네 뒤보Rene Dubos, ≪건강의 신기루Mirage of Health≫, 1959

1969년, 미국의 일반 외과의사 윌리엄 H. 스튜어트William H. Stewart는 인간의 오만함이 어디까지 갈 수 있는지를 확실히 보여주었다. 그는 이렇게 선언했다. "감염성 질환에 대한 싸움에서 우리는 승리했다."[1] 이 싸움에서 박테리아와 바이러스, 원생동물이 20억 년 이상 먼저 출발했다는 사실을 생각하면 까마득한 후배인 호모 사피엔스가 거둔 승리는 대단하다고 할 수 있다. 하지만 사실 감염성 질환에 대한 전쟁은 이제 막 시작되었을 뿐이고, 인간이 지구라는 행성 위에 거주하는 한 계속될 것이 틀림없다.

동물의 미생물에 맞서 앞으로 벌이게 될 소규모 전투는 세계 각처에서 날마다 시연되고 있다. 대부분은 인식하지 못한 채 지나가지만 이따금씩은 주의를 집중시키는 것들도 있다. 예를 들어, 무작위로 2개월을 선택해(2003년 5월과 6월) ProMED-메일(감염성 질환을 감시하는 인터넷 서비스)에서 보고한 동물 질병 발생 상황을 보면 다음과 같다.

• 탄자니아 비비들이 "원인을 알 수 없는 성병"에 걸려 생식기가 망가지고 "말할 수 없는 고통 속에서" 죽어가고 있다.

- 날아다니는 곤충들이 퍼트리는 아까바네 바이러스에 오스트레일리아의 임신한 암소들이 감염되어 "끔찍한 기형의 송아지를 출산했고, 이 송아지들의 대부분은 사망했다."
- 인도에서 키아사누르 바이러스로 인해 수많은 원숭이가 죽어가고 있다. "근래 들어 가장 심각한" 상황이라고 한다.
- 핀란드의 소, 양, 돼지에게서 헤르페스 바이러스가 유발하는 악성 카타르 열이 발견되었으며 "치사율이 매우 높다."
- 인도의 "원인 불명의 송어병"은 이리도 바이러스가 유발하는 것으로 밝혀졌는데, 이 병으로 인해 "수천 마리의 송어가" 피를 흘리다가 죽어간다고 한다.
- 쿠바의 새끼돼지들이 코로나 바이러스가 유발하는 위장염에 걸려 그 치사율이 43%에 이르고 있다.
- 브라질의 양과 염소들이 청설병 바이러스에 감염되었다.
- 영국의 애완용 잉꼬 사이에 알 수 없는 질병이 발생하면서 "매우 높은 치사율"을 기록하고 있다. 바이러스가 원인일 것으로 짐작된다.
- 콩고 민주공화국에서 아프리카 돼지열이 보고되었는데, 감염된 돼지의 "치사율은 매우 높다."
- 네덜란드와 벨기에, 독일에서 "독성이 매우 강한" 조류독감이 발생해 감염 지역의 닭과 오리, 기타 조류 150만 마리를 도살한 뒤에야 유행이 잦아들고 있다.[2]

다행히 위에서 인용한 것과 같은 동물 질환의 대부분은 종 특이적 미생물에 의해 발생하기 때문에 사람에게 영향을 미치지 않는다. 그러나 조건이 유리하면 동물의 미생물은 한 종에서 다른 종으로 넘어갈 수 있다. 그 다른 종이 인간일 경우에는 재난이 초래된다.

동물의 미생물이 사람에게 옮겨가기 좋은 조건에는 사람의 행태 변화, 기술 변화 그리고 생태 변화가 관여되어 있다.

인간의 행위와 에이즈

에이즈를 유발하는 미생물은 지난 수백만 년 동안 아프리카 원숭이와 함께 살아온 영장류 레트로바이러스다. 아프리카 원숭이는 이 바이러스에 감염되어도 아무 이상이 없거나 가벼운 증상을 보일 뿐이다. 증상이 가벼운 에이즈를 유발하는 HIV-2는 서아프리카의 수티망가베이원숭이가 옮기는 원숭이 면역결핍 바이러스 SIV가 약간 바뀐 변종이다. 중증 질환을 유발하는 HIV-1은 중앙아프리카에 서식하는 두 종의 원숭이가 보유한 SIV 균주의 조합체다. 두 균주가 침팬지의 일종인 판 트로글로다이테스 토르글로다이테스Pan troglodytes torglodytes를 동시에 감염시켜 결합 형성된 새로운 SIV 균주가 사람에게 전파되는 것이다.[3]

영장류가 인간 HIV의 근원임을 뒷받침하는 증거는 많다. 일단 HIV-1과 HIV-2는 영장류가 보유한 바이러스와 매우 유사한 분자 구조를 보인다. 또한 중앙아프리카와 서아프리카를 중심으로 해서, 이 영장류들이 서식하는 지역과 에이즈 사례가 최초로 발견된 지역이 거의 겹친다. 다른 레트로바이러스 역시 영장류에

서 사람으로 전파되었다. 예를 들어 원숭이 거품 바이러스는 침팬
지와 개코원숭이, 사바나원숭이, 짧은꼬리원숭이에서 사람으로
전파되었다.[4] 또 다른 영장류 레트로바이러스인 영장류 T 세포
림프 친화 바이러스PTLV-1 역시 영장류에서 사람으로 전파되었다.
이 바이러스들의 후손인 HTLV-1과 HTLV-2가 인체에서는 신경
질환을 유발한다.[5] 이러한 종간 전파는 그리 새삼스러울 것이 없
다. 영장류 전체, 특히 침팬지는 유전적으로 인간과 매우 가깝기
때문이다. 제레드 다이아몬드Jerad Diamond는 "침팬지와 가장 가까운
친척은 고릴라가 아니라 사람"이라고 말했다.[6]

아프리카인들은 고기를 얻기 위해 원숭이와 침팬지를 수천 년
동안 사냥했을 것이다. 그리고 원숭이가 물었을 때나 짐승을 도살
하다가 생긴 손의 상처로 바이러스가 들어갔을 때, 또는 익히지
않았거나 덜 익힌 원숭이 고기를 먹었을 때 SIV는 영장류에서 인
간으로 전파되었을 것이다. 이러한 영장류 대 인간 전파는 오랜
세월에 걸쳐 반복해서 일어났을 것이며 실제로 8회 이상의 독립
적인 전파가 있었음을 입증하는 증거도 존재한다.[7]

영장류 바이러스가 과거에도 수차례나 사람에게 전파되었다
면 20세기 후반이 되어서야 에이즈가 유행하게 된 이유는 무엇일
까? 이 질문에 대해 명확한 답변을 하기는 어렵지만 몇 가지 요인
을 고려해볼 수는 있다. 가장 중요한 요인은 인간 행위의 변화다.
에이즈는 기본적으로 혈액을 통해 성적으로 전파되는 질병이다.
성적 접촉으로 전파되는 다른 질병과 마찬가지로 사람의 성적 관
습이 달라지면 전파 방식도 달라지는 것이다.

1960년대는 아프리카에 대한 식민 통치가 종식되고 내전이 발
발한 시기였다. 도시화가 진전되면서 사회적 붕괴와 성매매의 만

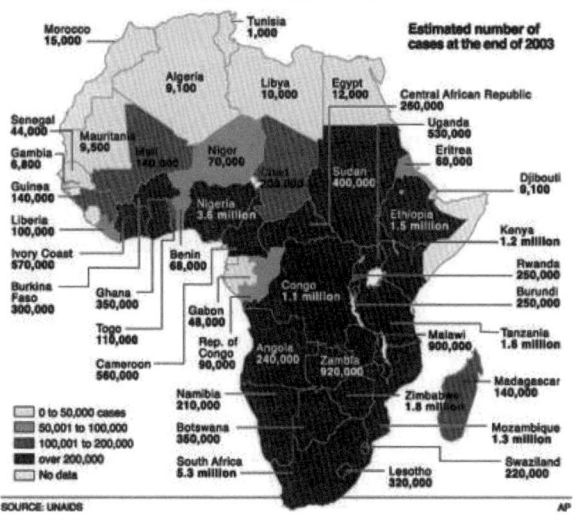

아프리카의 에이즈 현황—감염자의 수

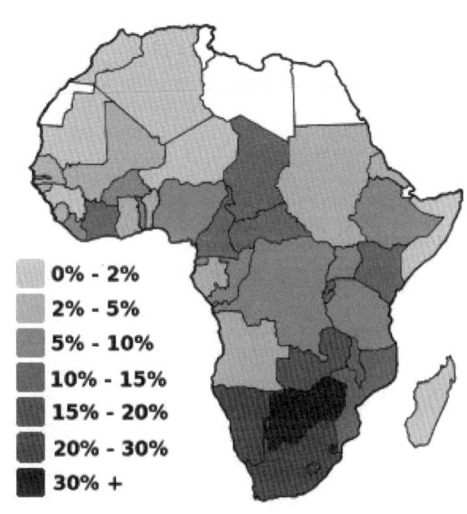

아프리카의 에이즈 현황—감염자 인구 비율

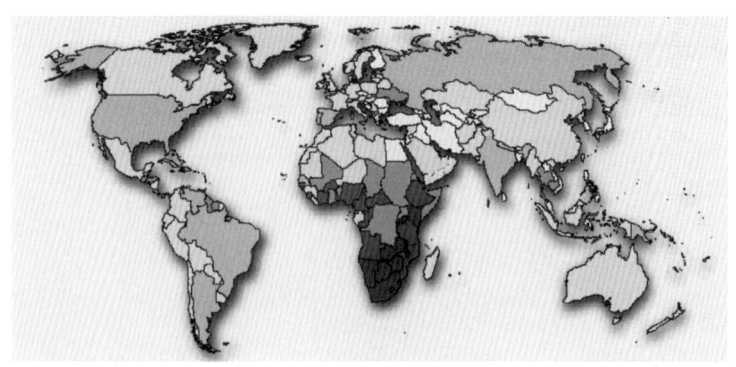

전 세계 에이즈 현황

연이 이어졌다. 아프리카 사회의 붕괴는 선진국의 성적 혁명, 특히 동성애 혁명과 주사약 사용의 증가 및 바늘 공유에 반영되었다. 성적 접촉을 통해 전파되는 미생물을 아프리카에서 전 세계로 퍼트리기에 가장 유리한 사회 환경을 조성하고자 한다면 20세기 말의 상황이 완벽한 모델이 되어줄 수 있을 것이다.

영장류 바이러스의 인체 전파에서 비롯된 에이즈의 유행은 흑사병과 같이 역사적인 대규모 전염병에 비견되어왔다. 1980년 이후 세계적으로 2,000만 명 이상이 에이즈로 사망했다. 4,000만 명이 HIV에 감염되어 있는데, 그중 300만 명이 2003년에 사망하고 나머지 역시 이후 10년 이내에 사망할 것으로 예상된다. 2002년의 보고에 따르면 "날마다 1만 4,000명 — 1만 2,000명은 성인, 2,000명은 아동 — 이 HIV에 감염되고 있다. 2010년에는 4,500만 건의 HIV 감염이 추가로 발생할 것"이라고 한다. 사하라 이남의 아프리카가 가장 큰 타격을 받았다. 보츠와나에서는 성인의 39%가 감염되었고, 사하라 이남의 일부 국가에서는 '15% 이상의' 아

우리는 모두 짐승이다—동물, 인간, 질병

동이 에이즈로 양친을 잃어 고아가 되었다.[8] 미국에서는 "1999년에 4만 907건의 에이즈가 새로 발생했고, 2000년에는 41,113건이 추가 발생할 것으로 예상된다." 2004년 중반, 약 90만 명의 미국인이 HIV에 감염되어 있는 상태다.[9]

에이즈는 동물원성 미생물의 인체 전파가 전염병 유행의 첫 단계에 불과하다는 사실을 보여준다. 질병의 확산에는 주사약의 사용이나 비행기를 통한 빠른 확산, 바이러스의 돌연변이 등 다양한 요인이 작용하지만, 에이즈를 전 세계적인 전염병으로 만든 가장 큰 요인은 성적 관습의 변화였다.

기술 변화와 웨스트 나일 바이러스

1999년 8월, 뉴욕 퀸스의 한 의사는 기이한 뇌염 유사 신경 증상을 보인 환자 2명을 보건 당국에 신고했다. 일주일 이내에 비슷한 사례는 6건이나 더 발생했다. 환자들과 면담해본 결과 "환자들을 시간이나 공간면에서 하나로 묶어주는 유일한 특성은 그들이 저녁 무렵에 마당이나 동네 등 야외에서 시간을 보냈다는 점뿐"이었다.[10] 이는 이 전염성 질환을 모기가 옮겼을 가능성이 있음을 의미한다.

뇌염의 발생 원인은 그때까지 미국에서 발견된 적이 없었던 웨스트 나일 바이러스인 것으로 확인되었다. 이 바이러스는 1937년에 우간다의 나일 강 수원 서쪽 지류 근처에서 최초로 발견되었다. 아프리카와 아시아, 중동, 유럽 지역에서 뇌염을 유발한 적은 있었지만 북아메리카에서는 전례가 없었다. 최근에는 러시아, 루

마니아, 이스라엘에서 심각한 전염병을 일으키기도 했다. 뉴욕에서 확인된 바이러스는 이스라엘에서 확인된 것과 동일했다.[11]

웨스트 나일 바이러스는 원래 모기를 벡터로 하는 조류 질환으로서 여기서 인간은 우연 숙주다. 사람의 2/3에서는 증상이 없지만 나머지 1/3는 열이 나며 뇌에 염증이 생기기도 한다. 감염 환자의 약 7%가 사망한다. 인체에 침투한 바이러스는 수혈을 통해 다른 사람에게도 전파될 수 있다.

웨스트 나일 바이러스는 원래 모기와 철새를 통해 확산되지만 1999년에는 비행기를 이용했다. 날마다 1,000명 이상이 비행기를 타고 이스라엘에서 뉴욕으로 이동한다. 바이러스 역시 감염된 사람을 통해서든 모기를 통해서든 비행기를 타고 뉴욕으로 이동한 듯하다.[12]

미국에 도착한 바이러스는 빠르게 퍼져나갔다. 2001년에는 10개 주에서 66명의 환자가 발생했고, 2002년에는 37개 주에서 4,161명이 감염되어 284명이 사망했다.[13] 감염되어 죽은 까마귀가 백악관 마당에서 발견되기도 하면서 어느 누구도 안전할 수 없음을 실감케 했다.[14] 웨스트 나일 바이러스의 빠른 확산이 어느 정도까지 철새 때문이고 어느 정도까지 비행기로 이동하는 사람 때문인지는 아직도 불명확하다.

동물원성 미생물의 전파에서 비행기가 하는 역할은 SARS의 확산에서도 명확하게 드러났다. 2003년 2월 21일, SARS에 감염된 한 남자가 홍콩의 한 호텔에서 하룻밤 묵는 사이에 최소 17명의 호텔 투숙객과 방문객들이 SARS에 감염되었다. 투숙객 중 일부는 SARS가 진행되는 동안 하노이와 싱가포르, 토론토로 날아가 이 3개 도시 시민들에게 SARS를 퍼트렸다. 하지만 호텔에 머물렀던 나머지 사람들은 SARS 증상을 보여 홍콩의 병원에 입원했다. 홍콩 병원에 입원한 형제를 만나러 왔던 한 남자가 베이징으로 향하는 비행기에 탑승하면서 기내에서 22명의 승객을 감염시켰고 그중 5명이 사망했다. 베이징 항공편에서 승객들이 앉았던 좌석의 배치를 살펴보면 감염된 승객의 바로 앞 혹은 양옆이 가장 감염되기 쉬운 자리임을 알 수 있다. 환자가 기침을 했을 때 날아간 바이러스 입자를 통해 감염되었을 것으로 추측된다.[15]

사람들이 비행기를 타고 세계 여러 나라를 여행할 수 있게 되면서 미생물이 확산되는 속도 또한 크게 빨라졌다. 20세기 중반까지는 여행 속도가 이처럼 빠르지 않았기 때문에 어떤 질병이라 할지라도 목적지에 도착하기 전에 증상이 나타났다. 2002년에 전 세계 국제 항공기를 이용한 승객은 5억 3,200만 명에 달하며 그중 다수는 여러 편의 항공기를 이용했다.[16] 게다가 독특한 장소를 목적지로 하는 항공기가 갈수록 많아지면서 시카고나 코펜하겐에 사는 사람이 이국에서 휴가를 보낸 후 이국의 미생물과 함께 돌아오게 되었다.

사람의 여행에 더해 "애완동물이 주인과 함께 장거리 여행을 하는 경우도 늘어났다." 최근에 '애완동물 여권 제도'가 도입되고 여러 나라에서 애완동물 검역 규정이 느슨해짐에 따라 애완동물의 장거리 여행은 더욱 용이해졌다.[17] 영국에서는 입국하는 개와 고양이의 수가 2000년에 1만 5,871마리였던 것이 2003년에는 5만 4,572마리로 3배 이상 늘었다. 리버풀 열대 의학원School of Tropical Medicine은 "휴가 기간에 병에 걸린 동물"의 수가 2002년에서 2004년 사이에 2배로 늘었다고 보고했다.[18] 이제 사람만 이국의 미생물을 신속하게 집으로 데려올 수 있는 것이 아니라 멍멍이와 야옹이도 주인 못지않은 역할을 할 수 있게 된 것이다.

동물원성 미생물을 포함한 미생물의 확산에 기여한 현대 기술은 비행기만이 아니다. 기술 발달의 또 다른 예로 광범위한 주사기 사용을 들 수 있다. 1848년에 유리 주사기가 발명되기는 했지만, 1930년대에 인슐린이 시판되기 전까지는 거의 사용되지 않았다. 제2차 세계대전 후 페니실린이 상용화되고 저렴한 플라스틱 주사기가 발명되면서 세계적으로 주사를 널리 활용하게 되었다. 선진국에서는 1회용 플라스틱 주사기를 한 번 사용하고 폐기한다. 하지만 개발도상국에서는 1회용 주사기를 소독조차 하지 않은 채 여러 번 사용하는 것이 일반적인 관행이다. 조사에 따르면, 소독하지 않고 여러 차례 사용한 주사기로 50% 이상의 주사를 놓는다는 나라가 여러 곳이다. 일부 국가에서는 이 수치가 90%까지 올라가기도 한다.[19] 먹는 약보다 주사가 더 효과적이라고 생각하는 사람이 많기 때문에 주사는 결코 작지 않은 규모의 사업이다. 개발도상국에서는 훈련을 받지 않은 비전문인이 주사를 놓는 일도 흔하다.[20]

주사는 혈액을 통해 사람에서 사람으로 미생물을 전파할 위험이 있다. 이러한 주사가 널리 활용되는 것은 근래의 현상이다. 600만 년 전 인류의 조상이 진화한 이래로 인체의 방어막을 뚫을 수 있도록 미생물에게 허용된 유일한 통로는 구강과 장, 호흡기관, 생식기관, 상처뿐이었다. 미생물을 근육이나 혈류 속으로 직접 찔러 넣는 행위는 포위된 도시의 성문을 여는 것이나 다름없다. 세계보건기구는 매년 120억 개의 주사기가 판매된다고 추산했다. 주사기 하나를 단 한 번만 쓰는 것으로 가정한다 해도 전 세계의 모든 남성과 여성, 아동에게 주사기 2개씩이 돌아가는 셈이다. 연구에 따르면 주사기를 여러 차례 사용하는 동남아시아와 지중해 동부 지역의 사람들은 살균하지 않은 주사기로 해마다 평균 3회의 주사를 맞는다.[21] 살균하지 않은 주사기의 사용은 B형 간염과 C형 간염, 말라리아, 에볼라 바이러스, 라사열, 그리고 에이즈 바이러스의 확산에 기여했다.[22]

동물의 미생물이 인체로 전파될 위험을 가중시키는 현대 기술로는 이종 기관 이식, 즉 동물의 기관을 사람에게 인식하는 기술도 있다. 최초의 이종 기관 이식은 1910년에 신부전을 앓는 소녀에게 원숭이의 신장을 이식했던 수술이다. 1963년에는 신부전 환자 6명에게 침팬지의 신장을 이식했으나 가장 오래 살아남은 사람이 겨우 9개월을 더 생존했을 뿐이다.[23] 이때 이후로는 영장류가 이식 기관을 얻는 대상에서 대부분 배제되었다. 윤리적인 문제도 있고, 영장류의 미생물을 사람에게 옮길 위험도 있었기 때문이다.[24]

최근 들어서는 돼지의 기관 및 조직을 인체에 이식하는 수술에 대한 관심이 높아지고 있다. 돼지 심장을 심부전 환자에게, 돼지 신경세포를 헌팅턴 병이나 파킨슨 병 환자에게, 돼지 췌장 세포를 당뇨병 환자에게 사용하는 실험이 진행 중이다. 2010년 무렵에는 이종 이식 시장의 규모가 60억 달러에 달할 것으로 예측되므로 상업적인 중요성도 매우 크다.[25]

인체 기관에 대한 수요는 매우 높다. 어느 시점에나 5만 명 이상이 대기자 목록에 올라 있고, 그 대부분이 기관을 구하기 전에 사망한다. 이식할 기관을 구하기도 어렵지만 이식 수술로 인해 C형 간염이나 거대세포 바이러스 등이 전파될 위험도 있다. 사람의 기관을 이식할 경우에는 공급이 부족하고 여러 가지 위험이 있다는 점을 고려하여 동물의 기관을 사용할 경우와 비교, 판단해야 한다. 다른 모든 동물들과 마찬가지로 돼지 역시 간염 바이러스와 3종 이상의 헤르페스 바이러스, 파라믹소 바이러스, 토로 바이러스, 써코 바이러스 등 다종다양한 감염 인자를 보유하고 있다. 하지만 현재까지는 이러한 바이러스들이 인체에 전파된다는 증거가 발견되지 않았다.[26] 가장 큰 관심거리는 유전자에 통합되어 사람의 세포를 감염시킬 수 있는 돼지의 내인성 레트로바이러스다.[27] 이 바이러스 중 다수가 돼지에서는 문제를 일으키지 않지만 사람에게 전파될 경우에는 질병을 유발한다. 따라서 이종 기관 이식이 널리 행해지게 된다면 미생물이 동물에서 사람으로 이동하는 새로운 경로가 생겨날 것이다.

현대 기술을 바탕으로 한 바이오테러리즘 역시 동물의 미생물에 대한 인체 노출을 증가시킨다. 여기에는 천연두, 탄저병, 브루셀라병, Q열, 야토병, 마비저처럼 수천 년 전부터 알려진 미생물과 에볼라 바이러스나 라싸 바이러스처럼 상대적으로 최근에 동물에서 사람으로 이동한 미생물이 모두 포함된다.[28] 높은 수준의 기술을 자랑하는 바이오테러리스트들이 이러한 미생물을 살포할 수 있는 새로운 방법을 개발할 가능성이 높다. 무엇보다 우려스러운 점은 합성생물학의 영역이 확장됨으로써 기존의 미생물을 수정하여 인체 방어 능력을 무력화시키거나 항염제가 효능을 발휘하지 못하는 새로운 미생물을 만들어낼 수 있게 되었다는 사실이다.[29] 바이오테러리즘이 전쟁에 활용되면서 비위생적인 주거 환경이나 영양실조를 통해 미생물이 확산될 위험도 높아지고 있다. 한스 진서는 이렇게 말했다. "병사들이 싸움에서 이기는 일은 드물다. 그들은 주로 전염병의 일제 사격을 받은 후에 뒷정리를 담당하게 된다. [...] 패배하면 전염병이 비난받고, 승리하면 장군들 공로를 인정받는다. 이제는 그 역이 성립되어야 할 것이다."[30]

생태 변화와 라임병

1999년 10월, 의학원에서는 감염성 질환에 대한 워크숍을 열었다. 도시화, 지구 온난화, 삼림 변화 등의 생태 변화가 미생물 확산에 기여하는 가장 두드러진 요인으로 지적되었다.[31]

대도시가 비교적 최근에 형성되었다는 사실을 아는 사람은 드물다. 인간이 마을에 정착한 뒤 8,000년이 흐르는 동안 아무리 큰 정착촌이라고 해도 거주민의 수가 2만 명을 넘는 곳은 거의 없었다. BC 1000년 무렵에는 인구가 5만 명 이상인 도시가 전 세계에서 네 곳에 불과했다. 14세기 유럽 최대 도시였던 파리에는 10만명이 살았고, 1840년대 말 미국에서 가장 큰 도시였던 뉴욕에는 25만 명이 살았다.

인구가 1,000만 명 이상인 거대도시는 최근에야 탄생했다. 뉴욕이 1950년에 그 경계선을 처음으로 넘었고, 2000년에는 전 세계 14개 도시가 대열에 합류했다. 2015년에는 21개의 거대도시가 탄생할 것으로 예상되며 그중 5개 도시(봄베이, 델리, 다카르, 도쿄, 상파울루)의 인구는 2,000만 명을 넘을 것으로 보인다.[32] 이와 같은 인구 집중으로 인해 감염성 질환의 전파 방식은 새롭게 달라지고, 병원소로서의 대규모 인구가 필요한 새로운 미생물의 출현도 용이해질 것이다. 도시화는 오염된 식수 공급이나 열악한 하수체계, 설치류를 끌어들이는 쓰레기더미, 밀집된 주거 환경을 통해서도 미생물 확산에 이바지한다. 1998년, 한 전문가는 미래의 감염에 대해 이렇게 지적했다. "열악한 위생 체계로 인해 열대지방의 거대도시는 앞으로 출현할 동물원성 감염증의 부화기 역할을 맡게 될 것이다. 다시 말하자면 이 도시들이 다음 세기의 최대 골칫거리가 될 동물원성 감염증의 위험을 대표한다."[33]

지구 온난화 역시 감염성 질환의 분포를 확장시키는 요인으로 널리 논의되어왔다. 지구 온난화로 인해 뉴욕이나 로마, 도쿄 같은 도시에서도 말라리아와 황열, 뎅기열을 유발하는 원생동물과 바이러스가 출현할 수 있게 되었다.[34] 또한 온도가 올라가면 분포 범위가 넓어지는 감염성 질환으로는 바이러스성 뇌염, 주혈흡충병, 리슈만편모충증 등이 있다.[35]

숲 파괴, 재조림, 관개, 댐 공사, 농경 변화 역시 생태 변화로 이어진다. 이들 모두가 미생물의 전파에 변화를 가져온다. 예를 들어 초원을 옥수수 경작지로 전환한 뒤 남아메리카에서는 아르헨티나 출혈열의 발생 빈도가 가파르게 증가했다. 이 변화가 질병을 일으키는 바이러스의 천연 병원소인 설치류에게 유리했기 때문이다.[36]

미국에서 동물의 미생물에 영향을 미치는 생태 변화로 인해 질병이 증가한 가장 좋은 예는 라임병이다. 이 병은 스피로헤타 박테리아인 보렐리아 버그도페리Borrelia burgdoferi가 원인균이며 진드기를 통해 전파된다. 진드기의 한살이는 복잡하다. 2년에 걸쳐 성충이 된 후 사슴 같은 포유류에 붙어서 라임병의 주요 병원소 역할을 한다.

유럽인이 처음 아메리카 대륙을 발견했을 당시에는 사슴이 동부에도 무척 흔했다. 그러나 숲이 밭이 되고 고기를 얻기 위해 사습을 사냥하면서 사슴은 희귀종이 되었다. 1854년 헨리 데이빗 소로는 《월든Walden》에서 자신이 사는 매사추세츠 주 지역에서는 80년 동안 사슴을 단 한 번도 보지 못했다고 썼다.[37]

남북전쟁 이후 뉴잉글랜드 거주민의 다수는 비옥한 토지를 얻기 위해 서쪽으로 이동했고, 그들이 경작하던 밭은 다시 숲이 되었다. 1980년 무렵 동북부 주에는 1860년과 비교해 4배나 많은 숲 지대가 생겨났고, 버려지는 농장이 늘어나면서 이 추세가 지속되었다. 하지만 19세기 초의 숲과 달리 다시 복원된 숲에는 퓨마나 늑대, 곰 등 이전에 사슴 수를 조절하는 포식자 역할을 했던 동물이 거의 생겨나지 않았다.

20세기 초, 사슴은 이제 천적이 사라진 숲으로 돌아갔다. 이들은 꾸준히 번식을 거듭했고 지난 20년 사이에 폭발적으로 늘어났다. 지금은 신대륙이 처음 발견되었을 때와 거의 맞먹는 수의 사슴이 서식하고 있을 것으로 보인다. 하지만 사슴들은 그때보다 면적이 좁은 도시 근교 지역에 밀집되어 있다. 한 연구에 따르면 사슴이 "이제 도시 근교 지역에서는 다람쥐만큼이나 흔히 볼 수 있는 동물이 되었다."[38]

사슴이 얼마나 많은지를 가늠할 수 있는 한 가지 척도는 사슴이 차량에 치이는 빈도다. 최근의 전국 조사에서 사슴은 "한 해에 100만 번 이상 승용차와 트럭, 오토바이에 치이며 이 사고로 100명 이상의 사람이 목숨을 잃는다. 인명 피해만으로 따진다면 사슴은 상어와 악어, 곰, 방울뱀을 합친 것보다도 더 무서운 존재다." 코네티컷에서는 1995년에서 2000년 사이에 "사슴을 치었다고 보고한 운전자 수가 297% 상승했다." 또한 연방 항공국에 따르면 공항에서는 "지난 10년 사이에 전투기와 보잉737기를 포함한

500대 이상의 비행기가 사슴을 치었다."[39]

사슴들이 도시 근교의 숲으로 이동하는 사이에 사람들은 숲 근처의 도시와 빌딩을 벗어났다. 집주인들은 사슴이 좋아하는 꽃과 채소, 관목을 마당에 심었다. 도시 근교의 거주자들은 거기에 개와 고양이도 동반했다. 이들 역시 라임병에 걸릴 수 있고, 근처 숲에서 집으로 진드기를 옮겨와 사람이 쉽게 감염되는 환경을 조성할 수 있다.

미국의 라임병 유행은 사슴의 폭발적 증가에 따른 자연스럽고 당연한 결과다. 1977년 코네티컷에서 라임병이 최초로 발생한 이래 라임병 발생률은 가파르게 치솟았다. 1991년에서 2000년 사이의 10년 동안에 새로 감염된 환자의 수는 한 해 약 1만 8,000명에 달하면서 거의 2배에 육박하게 되었다. 라임병의 신고율이 낮다는 점을 감안하면 수치는 훨씬 클 것으로 보인다.[40] 2002년에는 라임병 신고 건수가 2만 3,763건으로 늘었고, 지금도 꾸준히 늘고 있다. 아이들이 가장 라임병에 걸리기 쉽지만 모든 연령대가 감염될 수 있다. 초기 증상은 독감 유사 증상 및 발진으로서 치료하지 않고 그대로 두면 관절염 및 중추신경계 혹은 심장에 합병증이 나타날 수 있다. 합병증에는 뇌수막염, 뇌염, 안면 신경 마비, 정신 이상 증상, 심장 박동 장애가 포함된다.[41] 라임병을 방치하면 수년 동안 지속되는 만성 질환이나 장애 질환이 될 수 있다.

거대한 미지

동물에서 사람으로 전파되는 미생물의 가장 큰 위험은 우리가 알지 못하는 영역에 존재한다. 1장에서 살펴보았듯이 과학자들은 인체에서 질병을 유발하는 미생물 1,415종의 목록을 작성했다.[42] 하지만 약 30만~100만종에 달하는 박테리아와 5,000종을 헤아리는 바이러스가 존재할 것으로 추정되고 있으며 그 대부분은 아직 분리되지 않았다.

인간이 4,500종의 포유류 가운데 하나에 불과하며 미생물에 대한 거의 모든 연구가 현재 인간에게 영향을 미친다고 판단되는 것만을 대상으로 했다는 점도 고려해야 한다. 연구 목적으로 사용되는 실험실 설치류를 제외하면 다른 포유류를 감염시키는 미생물에 대한 우리의 지식은 거의 전무하다. 조류와 파충류, 양서류, 어류 혹은 그보다 더 단순한 형태의 생명체를 감염시키는 미생물에 대해서는 말할 것도 없다. 한마디로, 우리는 인체에서 질병을 일으키는 미생물 중 극히 일부분에 대해 알고 있을 뿐이다. 그렇다면 인간과 다른 동물 사이의 관계 변화가 미생물에게 어떠한 영향을 미칠 것인가를 예측할 때에는 지극히 조심스러운 자세를 취해야만 할 것이다.

분자 연구가 진행되면서 동물의 미생물이 유발하는 질병이 속속 밝혀질 것은 분명하다. 특히 관심을 끄는 부분은 만성 질환에서 미생물이 담당하는 역할이다. 이 관계를 밝혀내려면 정교한 분자 공학을 적용해야만 하는데, 분자 공학이 만성 질환 연구에는 이제 막 활용되기 시작했다. 예를 들어, 클라미디아 뉴모니아와 관상 질환 사이에는 어떤 관계가 있을까? 관상 질환을 앓는 다수의 환자에게서 얻은 관상 동맥 플라크에서는 이 미생물이 발견되었다.[43] 인체에서 발견된 클라미디아 뉴모니아 균주는 말에서 발견되는 균주와 유사하다. 따라서 이 균이 사람 대 사람 전파의 능

력을 획득하기 전까지는 말을 병원소로 삼았던 것으로 보인다.[44]

사람의 암과 동물의 암 사이의 관계도 거의 밝혀지지 않은 분야다. 암은 개의 주요 사망 원인이다. 유방암, 고환암, 골암이 특히 많다.[45] 고양이는 백혈병과 임파선암에 약하다. 실험에 따르면 사람의 일부 미생물을 동물에 주사함으로써 암을 유발할 수 있다.[46] 또한 위암과 간암, 자궁경부암은 각각 헬리코박터 파이롤리와 B형 간염 바이러스, 인간 유두종 바이러스와 관계가 있다. 인간의 암이 궁극적으로 동물에 대한 노출과 관련이 있는지는 앞으로 밝혀질 문제다. 애완동물과 주인이 유사한 암에 걸리는 사례들은 꽤나 흥미롭지 않은가?[47]

어떻게 해야 할 것인가?

역사적으로 볼 때 인간의 건강은 근세기에 비약적으로 향상되었다. 세계 인구는 1875년의 20억에서 현재 63억으로 늘었다. 현대 의학과 항생제를 이용할 수 있는 현대인은 선조보다 훨씬 질 높은 생활을 누리고 있다.

그와 동시에 감염성 질환 전문가들의 지적처럼 "새로운 동물원성 병원체가 점점 더 많이 출현하고 있다."[48] 최근에 나타난 에이즈나 SARS, 원두, 웨스트 나일 바이러스, 조류 독감, 기타 전염성 질환은 모두 동물에서 사람으로 전파된 미생물이 원인이며 각별한 주의가 필요하다. 2003년, 의학원은 21세기 인류의 건강에 대한 미생물의 위협과 관련된 보고서를 발표했다. 보고서의 어조는 전반적으로 진지하고 암울했다. "이번 조사가 마무리될 무렵

우리는 모두 짐승이다—동물, 인간, 질병

에는 위원들 중 어느 누구도 미생물이 건강에 미칠 위협과 관련해 어떤 미래가 펼쳐질지를 낙관할 수 없게 되었다. 미생물의 위협에 대한 오늘날의 전망은 여러 분야에서 매우 어둡다. 미생물은 우리에게 새롭고 놀라운 위협을 해마다 선사하고 있다."[49]

보고서에 따르면 가장 시급한 과제는 "지구적 전염성 질환의 감시를 강화하고, 국제적인 영향을 미칠 수 있는 미지의 질병 혹은 정체불명의 질병을 사전에 인식하는 것이다."[50] 현재 이 과제를 성취하기 위해 성립된 효과적인 네트워크로는 ProMEDProgram for Monitoring Emerging Diseases가 있다. 이 인터넷 보고 체계에는 국제 전염성 질환 협회가 자금을 대고 있다. 세계보건기구WHO 역시 2000년에 비슷한 네트워크[Global Outbreak Alert and Response Network]를 조직했으나, WHO의 다른 여러 사업들과 마찬가지로 정치적 이해에 가려 제 역할을 수행하지 못하고 있다.

국제적 혹은 국가적 차원에서 시급한 문제는 동물의 건강을 책임지는 부서와 사람의 건강을 책임지는 부서 사이에 협조가 이루어지지 않는다는 데 있다. 파리에 본부를 둔 국제기구인 세계동물보건기구Office International des Epizooties, OIE가 동물의 질병에 관련된 업무를 담당하고, 사람의 질병에 관한 업무는 제네바에 본부를 둔 WHO가 주관하고 있다. 하지만 이 개별적인 두 조직 사이의 협력 관계는 전통적으로 보잘것없었다. 예를 들어 인플루엔자는 사람에게나 동물에게나 매우 중요한 질병이다. 하지만 의학원의 2003년 보고서에 따르면 OIE는 "가금류에 대해 병원성이 강한 특정 인플루엔자 바이러스에만 관심이 있다. 가금류에 대한 병원성은 없으나 사람에 대해 위험 가능성이 있는 바이러스는 무시해버린다."[51]

국가적인 차원에서도 동물의 건강과 사람의 건강을 책임지는 부서 사이에 협력이 제대로 이루어지지 않는 것은 마찬가지다. 예를 들어 미국에서는 국방부Department of Defense, DOD가 이집트, 인도네시아, 케냐, 페루, 태국 5개국에 전염성 질환 연구소를 두고 운영한다. DOD는 군사 기밀 센터Armed Forces Intelligence Center와 전염병 조기 경보를 위한 전자 감시 체계Electronic Surveillance System for Early Notification of Community-Based Epidemics, ESSENCE를 통해 전염성 질환에 대한 정보를 전 세계 군사 시설에서 수집한다. 질병 통제 예방 센터CDC는 신고가 의무로 규정된 전염성 질환에 관한 데이터를 각 주에서 수집하고 이를 매주 «이환율 및 사망률 주간 보고Morbidity and Mortality Weekly Reports»에 게재한다. 그러나 이 데이터에는 우리가 이미 알고 있는 선택된 질병들만 포함된다. CDC는 바이오테러리즘의 위협에 대처하기 위해 최근에는 국가 전자 질병 감시 체계National Electronic Disease Surveillance System, NEDSS와 보건 당국 관리들이 이용하는 웹상의 커뮤니케이션 네트워크Epi-X를 만들기도 했다.

하지만 미국 내 동물의 질병에 관한 정보는 DOD나 CDC가 아니라 농업부의 동식물 건강 감시 서비스Animal and Plant Health Inspection Service, APHIS에서 관리하고 있다. APHIS는 전 세계 27개국에서 300개 이상의 지국을 운영하며 미국의 동식물 자원을 병충해와 구제역 같은 질병에서 보호하는 1차적인 역할을 수행한다. 따라서 이 조직의 초점은 동물과 식물이지 사람이 아니다. 롱아일랜드 연안의 플럼아일랜드에도 APHIS의 연구소가 있는데 이곳은 외국의 동물 미생물에 대한 주요 연구 기관이다.

이처럼 다양한 정부 기관들 사이의 협력관계는 미미하다. 물론 CDC처럼 독자적으로 훌륭하게 업무를 수행해내는 기관도 있다. 1992년 의학원은 《미래의 전염병Emerging Infections》에서 "전염성 질환 감시와 관련해 정부 기관 사이에 협조가 거의 이루어지지 않는다"고 지적했다.[52] 10년 뒤 의학원은 또 다른 보고서에서 "정부 기관 사이에 새로운 줄다리기 조짐이 보이며 이 상황이 악화되면 실험실 및 현장 활동이 연구 프로젝트와 유사해져 다양한 전문가가 다수 참여해야 하는 동물원성 질병 관련 업무에 차질이 빚어질 것으로 보인다. 최근에 발생한 동물원성 질병 사례를 처리하는 과정에서 과학자들은 경쟁적이고 배타적인 모습을 보였으며 국민의 건강보다는 자신의 발표를 더 중시하는 듯했다"고 기술했다.[53]

예를 들어 미국에서 웨스트 나일 바이러스를 담당하는 기관들은 다음과 같다.

- 질병 통제 예방 센터CDC: 인체 감염 사례 보고 및 조사
- 식품의약품국Food and Drug Administration, FDA: 혈액제제를 바이러스 오염에서 보호
- 국립 보건원: 바이러스 연구
- 국방부: 바이러스 연구
- 농무부: 바이러스가 가금류 및 가축에 미치는 영향의 감시 및 보고
- 내무부: 조류 및 야생동물의 바이러스 진단 보조
- 상무부: 모기 군락에 대한 연구, 모기 구제 계획
- 환경보호청: 예방 사업에 사용되는 살충제 연구[54]

정부 부처 간의 협조 부재가 웨스트 나일 바이러스나 SARS, BSE, 원두처럼 동물에서 사람으로 전파되는 미생물의 경우에는 특히

심각하다. 2004년 중반에는 몇 명의 국회의원이 토미 톰슨Tommy Thompson 보건복지부 장관에게 BSE와 같은 질병에 대한 연구를 공동으로 진행할 수 있도록 대책위원회를 구성해달라고 공개적으로 촉구하기도 했다.[55] 이와 같은 협력의 부재를 바로잡지 않는 한 국민은 동물이 전파하는 질병에 불필요하게 노출될 수밖에 없다. 2003년 의학원 보고서가 제시한 주요 대책은 "해외 질병 감시 활동에 관여하는 정부 부처들을 CDC 등의 단일 기관이 조율해야 한다"는 것이었다.[56]

질병 정보와 관련해 협력이 이루어지지 않는 가장 큰 이유는 오래전부터 수의사와 동물 질병 전문가, 그리고 전염성 질환 전문의와 인체 질병 전문가 사이에 깊은 골이 존재해왔기 때문이다. 이 두 개의 집단은 100년이 넘는 기간 동안 서로 다른 학교에서 서로 다른 교육을 받고 서로 다른 세계에서 일해왔다. 새롭게 발견된 전염성 질환이 대부분 동물에서 유래한다는 사실이 갈수록 뚜렷해지고 있지만 두 영역 사이의 골을 메우려는 노력은 찾아보기 힘들다. 동물 질병 전문가와 인간 질병 전문가 사이의 비협조는 최근의 조류 독감 유행에서 다시 한 번 극명하게 드러났다. 동물원성 질병 전문가 프레데릭 머피Frederick Murphy는 "의과대학과 수의과대학이 보다 적극적으로 협력할 필요가 있다"고 지적했다.[57] 모범적인 본보기를 우리는 덴마크에서 찾아볼 수 있다. "국립 보건원의 부속 기관인 동물원성 질병 센터에서는 동물 건강 전문가와 보건 전문가가 함께 일한다."[58]

질병 감시에서 개선이 필요한 또 한 가지 분야는 부검률이다. 1964년에는 미국 내 병원에서 사망한 사람의 41%가 부검 대상이었다. 부검은 사망 원인을 정확하게 집어내고 새로운 질병의 출현을 감지하는 데 유용하다. 하지만 1964년 이후 미국 병원의 부검 률은 점차 감소하여 지금은 5%에 불과하다.[59] 특히 분자 공학을 활용해 미생물을 판별하는 부검은 동물에서 사람으로 전파되는 새로운 미생물과 질병을 발견할 수 있는 가장 좋은 기회다.

동물 전문가와 의료 전문가가 같은 센터에서 협력해 일한다 면 동물에서 사람으로 전파되는 미생물에 대한 연구를 획기적으 로 발전시킬 수 있다. CDC와 국방부, 국립 보건원National Institutes of Health, NIH 산하의 국립 알레르기 및 전염병 연구원National Institutes of Allergy and Infectious Disease, NIAID은 모두 감염성 질환에 대해 중요한 연 구를 수행하고 있지만 동물의 질병에 대한 연구는 농무부 소관이 다. 동물원성 질병의 중요성이 충분히 인식된 지금, 가금류의 조 류 독감에 대한 연구와 인간의 조류 독감에 대한 연구를 각기 다 른 부서에서 진행하는 것은 무척 비합리적인 일이다.

개인 차원에서 동물의 미생물에 대한 노출을 줄이려면 각자가 애완동물과 얼마나 많이 어떤 종류의 접촉을 할 것인지를 결정하 고, 아이들의 경우라면 부모가 대신 결정해야 한다. 희귀한 애완 동물을 멀리하고 애완동물을 만진 다음에는 손을 씻는다든지 개 인위생을 철저히 한다든지 해야 하며 애완동물 예방접종을 게을 리 하지 않는 등의 기본적인 수칙을 지키면 애완동물을 기르면서 도 동물이 전파하는 미생물에 대한 노출을 최소한으로 줄일 수 있 다. 특이한 애완동물을 기르고 싶은 사람도 있겠지만 이는 오토 바이나 스카이다이빙처럼 고위험 행위의 범주에 속한다. 또한 다 른 식구에게 미칠 영향도 고려해야만 한다. 동물의 미생물에 대한 노출을 줄일 수 있는 또 한 가지 중요한 원칙은 알이나 고기, 기타 음식을 권장 온도까지 조리함으로써 식중독 미생물의 감염을 차단하는 것이다.

이 원칙은 희귀 동물 수입에도 적용된다. 현재 미국으로 수입되는 개는 수입되기 최소 30일 전에 공수병 예방접종을 해야 하며, 개와 고양이에게 검역을 적용하는 주도 있다. 하지만 희귀 애완동물에 대해서는 거의 아무런 제한도 없다. 농무부 웹사이트는 다음과 같이 분명한 입장을 표명하고 있다. "물고기, 파충류, 사자, 호랑이, 곰, 여우, 원숭이, 멸종 위기 종, 기니피그, 햄스터, 황무지쥐, 생쥐, 쥐, 친칠라, 다람쥐, 몽구스, 얼룩다람쥐, 흰담비, 연구 목적으로 병원체를 접종하지 않은 설치류에 대해서는 어떤 규정 혹은 제한도 없다."[60] 이 동물들이 병원체로 예방접종을 했는지 여부도 중요하겠지만 이들이 어떤 병원체를 보유하고 있는가도 중요하다.

동물에서 사람으로 전파되는 미생물을 최소화할 수 있는 가장 좋은 방법은 아마도 교육일 것이다. 대부분의 사람들은 동물이 질병을 유발할 수 있다는 사실을 알지 못한다. 한 시험에서는 개를 기르는 사람들 32명 중 단 2명만이 "공수병 이외의 질병이 애완견에서 사람으로 옮을 수 있다는 사실을 알고 있다고 대답했다."[61] "애완동물 관련 질병 위험"에 관한 연구에서는 "소아과 의사의 지식은 불완전하고, 부모들의 지식은 더욱 불완전하며, 애완동물에 대한 예방 지침은 전무"한 것으로 나타났다. 또 다른 연구에서는 "대부분의 내과의사가 동물과 접촉할 경우 건강에 문제가 생길 수 있다는 조언을 쉽게 하지 못하는 것으로 나타나, 수의사가 보다 큰 역할을 해야 함을 알 수 있었다."[62]

또한 애완동물 상점을 운영하는 사람들에게도 손님을 교육시킬 책임이 있다. 애완동물 상점 관리인이 동물을 구입한 사람에게 해당 동물이 옮길 수 있는 질병에 관해 알려주고 있는지를 조사한 연구에서 "강아지가 동물원성 질병을 옮길 수 있다는 사실을 손님에게 알려준 상점 주인/관리인은 23%에 불과"한 것으로 나타났다. 강아지에게 회충약을 먹이는 것은 기본적인 사육 방법으로 널리 권장되고 있지만 이 조사에 따르면 "네 곳의 상점만이 개의 기생충 감염을 예방하기 위해 개를 기르는 사람 및/혹은 자녀가 기생충 약을 먹도록" 이야기한 것으로 나타났다.[63]

한마디로 인간과 동물의 관계는 모순적이다. 가축은 먹을 것과 입을 것, 기타 필수품을 제공함으로써 인간이 문명을 이룩할 수 있게 해주었다. 그와 동시에 인간에게 미생물을 전파해 끔찍한 질병을 일으켰으며, 지금도 일으키고 있다. 우리는 유두동물문 척추동물아문 포유류—다시 말해 지구상의 모든 짐승—에 속하는 다른 어느 구성원보다도 자신이 훨씬 우월하다고 생각하지만 애완동물을 기를 때만큼은 그들을 우리와 똑같은 사람으로 생각한다.

동물이 전파하는 질병이 앞으로도 유행할 것은 틀림없어 보인다. 이런 전염병이 돌 때마다 흔히 아프리카 정글이나 남아메리카 우림에서 모든 것이 시작된 것처럼 이야기되곤 한다. 방송에서는 에볼라, 라싸, 마르부르크, 마추포 등을 하나같이 무섭고 위험한 '안드로메다 균주'처럼 묘사하며 사람들은 과도하게 겁을 집어먹는다. 하지만 사실 다가올 전염병은 뉴욕의 킨카주너구리 같은 희귀 애완동물이나 시카고의 프레리도그나 로스앤젤레스의 새끼고양이가 똑같은 확률로 유발할 수 있다. 문제는 전염병이 '나타나느냐, 마느냐'가 아니라, '언제' 그리고 '얼마나 자주' 나타나느냐이다.

11

네발짐승을 통해 본 역사

A Four-Footed View of History

인간이 역사에서 많은 교훈을 얻지 못한다는 사실이 역사
가 가르쳐주는 가장 중요한 교훈이다.

—올더스 헉슬리Aldous Huxley

호모 사피엔스의 역사는 독특하다. 거의 100만 년 동안 사냥꾼으
로 세계를 떠돌며 소집단으로 생활했을 뿐 영구적인 문명은 건설
하지 않았다. 약 1만 년 전부터는 식물과 동물을 기르기 시작했
다. 그리고 이후 8,000년 동안 우리는 도시를, 기념비를, 중앙 정
부를, 예술을, 건축을, 문학을, 철학을 창조했다. 결국 우리가 방랑
유목민을 벗어나 아리스토텔레스나 키케로와 엇비슷한 존재가
된 기간은 하나의 종으로서 살아온 시간의 1%도 되지 않는다.

이집트의 피라미드나 그리스의 조각상, 로마의 신전 같은 초
기 문명의 유적은 확실히 대단하다. 인더스 밸리에 있는 하랍빠의
도시들은 5,000년 전에 이미 정교한 하수 체계를 갖추고 있었다.
모헨조다로 같은 유적지에서는 지금도 그 사실을 확인할 수 있다.
2,000년도 더 된 로마의 도시들은 물을 끌어오는 수도관과 수백
명이 들어갈 수 있는 공중목욕탕, 그리고 "대리석 변기를 갖추었
으며 약간의 요금만 내면 이용할 수 있는" 공중 화장실을 갖추고
있었다. 런던 최초의 공중 화장실은 1851년에야 생겼는데 말이다.
"청결함이나 위생 시설, 물 공급이라는 측면에서 볼 때, 중세 파리
나 18세기의 비엔나보다는 고대 로마가 20세기 런던이나 뉴욕과
훨씬 가까웠다"고 한다.[1]

문명의 진화에서 가축은 큰 역할을 했다. BC 2600년에서 2400

년 사이에 그 규모가 6배로 불어난 텔 레일란Tell Leilan은 메소포타미아 북부의 정치 중심지였으며 거주민들은 돼지나 양, 염소, 소를 키웠고 말과 노새를 교통수단으로 사용했다.[2] 이 초기 문명의 도기 파편이나 그림, 프리즈frieze, 기둥과 지붕 사이의 좁고 기다란 장식벽면, 기타 유물에서는 가축—수메르의 양과 돼지, 페르시아의 말과 물소, 중국의 오리와 거위, 이집트의 소와 고양이, 미노스의 황소와 염소, 로마의 사냥개와 닭—의 중요성이 생생하게 드러난다. 고기와 옷, 교통수단을 제공하고 양과 곡식을 지키는 가축이 없었더라면 초기 문명은 진화하지 못했으리라고 보아도 무방하다.

이들 문명은 발흥만큼이나 몰락도 극적이었다. 메소포타미아에서는 BC 2200년경 "아카드 제국이 급작스럽게 붕괴했다." 텔 레일란 발굴 시 이곳은 "일시에 버려졌으며, 하부르Habur와 아시리아 평원에서 발굴된 같은 시기의 거의 모든 유적지에서도 유사한 탈출이 있었던 듯하다."[3] 대부분의 고대 문명들이 아카드 제국처럼 가파르게 몰락하지는 않았지만 몰락의 패턴만큼은 예외 없이 그 뒤를 잇고 있다고 이야기할 수 있겠다. 문명이 발전해 수백 년 동안 번성하다가 어느 시점에서 시들더니 마침내는 사멸하는 것이다.

역사학자들은 고대 문명이 몰락한 이유를 순전히 논리로만 추측해냈다. 가뭄을 비롯한 기상 현상은 당연히 정답에 포함된다. 기상현상은 아카드 제국이 급작스럽게 사멸한 주요 이유로 거론된다.[4] 같은 시기에 비슷한 기후 변화가 이집트와 인더스 강 유역, 에게 해 지역에도 영향을 미쳤다. 시민 소요와 전쟁, 기근, 홍수나 지진, 화산 폭발, 메뚜기 떼의 습격과 같은 자연 재해도 제 나름대로 역할을 했으며, 이는 몇 가지가 동시에 작용하는 경우가 많았다.

하지만 고대 문명의 몰락에서 가장 중요한 이유는 아마도 전염병의 확산이었을 것이다. 그 대부분은 가축에서 사람으로 옮아간 미생물이 원인이었다. 고대 문명의 막내인 로마 제국이 끝내 몰락해버린 6세기 무렵에는 홍역, 수두, 결핵, 림프절 페스트, 발진티푸스, 이질, 뎅기열, 디프테리아, 인플루엔자, 황열, 말라리아, 백일해, 소아마비, 콜레라, 주혈흡충증, 나병이 이미 모두 존재하고 있었다.

파편적인 증거들을 모아볼 때 전염성 질환은 분명히 중요한 역할을 했다. BC 480년 크세르크세스 1세Xerxes I가 페르시아 제국을 확장하기 위해 그리스를 침공했을 때에는 병사들 사이에 이질이 퍼지면서 1/3 이상이 목숨을 잃었다. 브레이R. S. Bray는 《전염병과 군대Armies of Pestilence》에서 이질이 "그리스와 지중해 지역에 대한 페르시아의 패권에 종지부를 찍은 최후의 일격이었다. 그리스와 유럽 문화가 목숨을 부지할 수 있었던 것은 그리스 병사들과 이질 덕분이었다고 봐도 무방하다"고 주장했다. 이 패배로 인해 페르시아 제국은 "무기력 상태에 빠졌고, 다시는 이 상태에서 헤어나지 못했다."[5]

50년 뒤인 BC 430년, 정점에 도달한 아테네 문명은 스파르타와 전쟁 중이었다. 무엇인지 정확히 밝혀지지는 않았으나 심각한 질환이 아테네인들과 군대를 덮치면서 인구의 최소 1/3이 사망했는데, 그중에는 페리클레스Pericles를 비롯한 여러 정치, 군사 지도자들이 포함되어 있었다. 투키디데스의 묘사에 따르면 병에 걸린 사람들은 기침, 구토, 설사에 끔찍한 피부 궤양까지 나타냈다. "옷이나 이불이 스치는 것도 참지 못하게 된 사람들은 벌거벗은 채 비틀거리며 거리를 헤매 다녔다. 사람들은 길이나 신전에서 숨을 거두었고, 우물에 빠져 죽기도 했다." 투키디데스 자신도 이 병에 걸리고 말았다. "이 병을 설명하고자 해도 설명할 길이 없다. 환자의 고통이 인간이 참아낼 수 있는 한계를 넘어서기 때문이다."[6]

아테네에서는 이 돌림병에 이어 결핵이 확산되었다. BC 400년 히포크라테스Hippocrates의 기록에서 이 사실을 확인할 수 있다. 이 병으로 아테네는 결국 패배했으며 더 이상은 강국의 면모를 유지할 수 없게 되었다. 아노 칼렌의 《인간과 미생물》에 따르면 "아테네는 정치적·문화적 영광을 다시는 회복하지 못했다. 2,000년도 넘게 흐른 뒤에야 서양의 뛰어난 지성들은 전염병이 몰락을 재촉했던 황금시대의 재창조를 또 다시 꿈꾸게 된다."[7]

이집트 역시 전염병을 경험했고 이로 인해 몰락의 속도가 빨라졌다. 이집트의 미라를 살펴보면 수두와 결핵, 말라리아, 주혈흡충증, 소아마비의 흔적이 모두 발견된다.[8] 구약성서에도 이집트 소떼가 "매우 심한 역병을" 앓고 "사람과 짐승의 피부에 종기가 나는" 또 다른 역병이 발생했다는 구절이 등장한다.[9] 출애굽기에 의하면 다시 역병이 발생하면서 "이집트 땅에서 처음 난 모든 것과 처음 난 모든 소가" 죽었다.[10] 사실인지 아닌지 확인할 길은 없지만 이러한 기록들은 고대 이집트에서 전염병이 중요한 사건이었음을 알려준다.

동양에서는 BC 3000년경부터 1800년경까지 인더스 강 유역에서 하랍빠 문명이 꽃을 피웠다가 빠르게 쇠퇴해갔다. 전쟁과 가뭄이 주된 역할을 했지만 폴 이왈드Paul Ewald에 따르면 콜레라 확산도 중요한 요인이었다.[11] 중국에서는 "한나라 시대의 기록에 유례없는 질병의 발발에 대한 언급이 많다. 그중 일부는 전염병과 비슷한 양상을 보였다."[12] 홍역과 수두도 존재했을 것으로 생각되며

"BC 200년에서 AD 200년 사이에는 새로운 역병으로 인해 중국 인구가 급감했다."[13] 310~312년에는 역병이 돌기 전에 "메뚜기 떼가 덮치고 기근이 들어 중국 북서부 지역에서는 100명 중 한두 사람이 목숨을 건졌을 정도였다. 그리고 10년이 지난 322년, 또 다시 역병이 돌아 이전보다 더 넓은 지역에서 열 명 중 두세 사람이 죽어나갔다."[14] 이러한 역병의 유행으로 인해 한나라는 "돌풍 앞의 썩은 나무처럼 쓰러지고 말았다."[15]

하지만 전염병과 몰락의 관계가 가장 분명하게 기록된 곳은 누가 뭐라 해도 로마 제국이다. 역사가 리비Livy는 "공화정 시대에만 최소 11건의 대규모 역병이 있었고, 최초로 발생한 해는 BC 387년이라는 이른 시기였다"고 기록했다.[16] 그중 가장 심했던 것이 "안토니누스 역병"plague of Antoninus으로서 165년에 시작된 것이 180년까지도 기승을 부렸다. 시리아에서 로마로 귀환한 병사가 처음 퍼트렸으며 마르쿠스 아우렐리우스 황제Marcus Aurelius를 포함해 로마 인구의 1/4~1/3이 목숨을 잃었을 것으로 추측된다. 일부 역사가는 이 역병을 "로마 제국의 쇠퇴가 시작된 전환점"으로 꼽기도 한다.[17]

250년에 시작되어 265년까지 계속되었던 키프로스 섬의 전염병은 그보다 더 심해서, 에드워드 기번Edward Gibbon은 "로마 제국 내의 모든 속주, 모든 도시, 거의 모든 가정에서 중단 없이 날뛰었다. 한때는 로마에서 날마다 5,000명이 죽어나갔고, 인적을 찾아볼 수 없는 시가지가 여럿이었다"고 기술했다.[18] 전염병은 로마 제국만 강타한 것이 아니라 전 유럽으로 퍼져나갔고 유럽 인구의 절반이 이로 인해 목숨을 잃었다고 한다. "목숨을 부지하는 자보다 잃는 자가 더 많았고, 사람이 없어 시신을 묻지 못했다."[19] 한

자료에 의하면, 키프로스 섬의 역병이 "서유럽 역사의 방향을 바꾸어 놓았다는 주장에는 반론의 여지가 없다."[20]

로마 시대 전염병이 천연두와 홍역이라는 주장도 있지만 정확히 집어내기는 어렵다. 하지만 로마 제국을 파멸로 몰아넣었던 최후의 전염병, 즉 유스티니아누스 1세 시대 역병의 원인이 림프절 페스트를 유발하는 박테리아, 즉 예르시니아 페스티스였던 것만은 틀림없다. 6장에서 설명했듯이 이 전염병은 6세기에 50년에 걸쳐 그 맹위를 떨쳤다. 처음에는 지중해 동부를 초토화했고 이어 이탈리아로 번져가면서, 에드워드 기번에 따르면 "잘 익은 곡식과 포도가 땅에서 시들어 죽었다."[21] 역병은 이탈리아에서 시작해 배를 타고 이동한 쥐를 통해서 지중해 해안의 도시에서 도시로 확산되다가 마침내 영국에 도달했다. 이 역병으로 총 1억 명 이상이 사망했을 것으로 추정되지만 실제 수치는 알 수 없다.[22] 페스트는 지중해 지역의 상업과 경제를 마비시켰고, 역사의 방향을 바꾸었다. 유스티니아누스 1세 시대의 역병으로 인해 "전염병으로 인한 피해가 상대적으로 적었던 유목민과 이방인들이 이 땅에 정착하거나 방목의 터전으로 삼았다." "광대한 지역이 이슬람의 땅이 되었다." "유럽의 문학과 예술이 암흑기에 접어들었다." "은둔 생활이 기독교 세계의 지적 흐름을 옮죄었다."[23]

한스 진서의 《쥐, 이 그리고 역사》에 따르면 유스티니아누스 역병은 "고대 제국에 가한 최후의 일격"이었다. 진서는 "정치적 격변기에 로마 제국을 거듭 휩쓸었던 끔찍한 전염병은 최종적인 결과에 결정적이지는 않았을지라도 분명히 실질적인 영향을 미쳤음에는 틀림없다"고 말했다.[24]

전염병이 고대 문명의 몰락을 단독으로 초래했다고 주장하는

우리는 모두 짐승이다—동물, 인간, 질병

것은 아니다. 요컨대 자연재해와 기근, 전쟁이 미생물과 더해지면서 최종 결과를 빚어낸 것이다. 예를 들어 전쟁과 자연재해는 가축과 농작물을 망가트리며, 이로 인해 기근이 든다. 그 결과 사람들의 면역력이 약화되고 쉽게 전염병에 쉽게 걸리게 된다. 이와 반대의 경우에는 전염성 질환, 특히 유행의 파도를 타고 있는 전염병이 2차 결과를 가져온다. 즉, 사람들이 혼란에 빠지고 권위가 훼손된다. 무법천지는 전 세계 대역병의 공통분모다. 진서의 지적대로, "연속된 전염병이 국가에 미치는 영향을 사망률만으로 측정할 수는 없다. 전염병이 위력을 발휘해 사람들을 공포로 몰아넣을 때마다 2차적인 결과는 단순히 산술적인 인구 감소에서 비롯될 수 있는 그 어떤 결과보다도 훨씬 광범위하고 해체적이기 때문이다."[25]

역사가 중에는 고대의 전염병이 기독교 및 다른 종교의 발흥에 기여했다고 주장하는 사람도 있다. 전염병이 미생물에서 비롯된다는 사실을 몰랐던 시대였기에 당시에는 모든 것을 신의 섭리로 돌렸다는 것이다. 윌리엄 맥닐이 《전염병과 인간》에서 지적했듯이, 기독교는 "갑작스럽고 충격적인 죽음의 한가운데에서도 삶을 의미 있게 만들어주는 믿음"이라는 점에서 다른 종교들보다 유리했다.[26] 사후 육체의 부활과 영생의 약속이 수많은 사람이 죽어가던 시대에는 크나큰 위안이 되어주었다.

전염병이 창궐하거나 자연재해가 발생하는 시기에는 기독교로 개종하는 사람이 늘어났다. 이러한 사정을 카르타고 주교였던 성 키프리아누스St. Cyprian의 이름을 딴 로마의 '키프리아누스 역병'의 사례에서 짐작해볼 수 있다. 키프리아누스와 그를 따르는 사제들은 한창 때면 "하루에도 200~300명에게 세례를 주었다.[27] 그는 역병을 극찬하는 글을 썼다.

> 많은 이들이 피할 수 없는 죽음을 맞이하고 있습니다. 이는
> 곧 많은 이들이 세상에서 해방됨을 의미합니다. 이 피할 수
> 없는 죽음이 유대인과 이교도와 그리스도의 적에게는 파
> 멸이지만 주의 종에게는 유익한 벗어남입니다. 죽음은 인
> 간을 차별하지 않으므로 의로운 자가 불의한 자와 함께 죽
> 지만 악한 자에게나 선한 자에게나 파멸이 공통으로 찾아
> 온다고 생각해서는 안 됩니다. 의로운 자는 부름을 받아 원
> 기를 회복하나 불의한 자는 끌려가 고문을 받습니다. 믿는
> 자에게는 가호가, 불의한 자에게는 형벌이 찾아옵니다. 우
> 리에게 이 역병이란 얼마나 다행스럽고 고마운 존재인지
> 요. 끔찍하고 무섭게 보이지만 모든 이의 정의를 샅샅이 추
> 적하고 인간의 마음을 감시하고 있으니까요.[28]

카트라이트Cartwright와 비디스Biddiss는 《질병과 역사Disease and History》
에서 "그리스도가 일생을 마친 직후의 시기에 로마 제국이 치료
불가능한 질병으로 황폐해지지만 않았더라면 기독교가 세계의
지배적인 힘으로 우뚝 서는 데 성공하기는 어려웠을 것"이라고
말했다. 진서 역시 비슷하게 지적했다. "기독교는 지진과 화산 폭
발 못지않게 림프절 페스트와 천연두에 어마어마한 빚을 지고 있
다."[29]

　네 발 달린 짐승을 통해 본 이 역사 이야기에서는 역사에 기록
될 만큼 중대한 사건들인 천연두, 홍역, 페스트 같은 전염병에 초
점을 맞추고 있다. 하지만 이에 못지않게 파괴적인 다른 질병들

성 키프리아누스

역시 동물에서 유래했다. 결핵이나 이질, 백일해를 비롯한 여러 질병이 소규모로 발생하면서, 도시에 음식을 공급하는 농부와 정부 지도자와 군 사령관과 장인과 철학자의 목숨을 앗아갔다. 이와 같은 인구의 지속적인 감소 또한 고대 문명의 몰락에 중요한 요인으로 작용했다. 다만 역사에 기록되지 않은 탓에 쉽게 눈에 띄지 않을 뿐이다.

결론적으로 말하자면 이러하다. 고대의 위대한 문명은 식물과 동물을 길들인 이후에도 수백 년 동안 존재할 수 있었다. 양, 염소, 돼지, 소, 말, 기타 가축이 그러한 문명의 성립에 중요한 역할을 했다. 가축은 미생물을 데려왔고, 그 미생물 중 다수가 인간에게 적응하면서 전염성 질환을 유발했다. 도시와 교통이 발달함에 따라 전염성 질환은 고대 문명 세계로 널리 퍼져가면서 일부는 돌림병이 되기도 했다. 그리고 이러한 질병이 문명의 몰락에 중요한 역할을 했다. 결국 동물은 오늘날의 눈으로 보아도 놀라울 정도인 문명의 창조와 해체에 기여한 동력이자 폐해였던 셈이다.

보론

미생물, 동물 그리고 인간이 그리는 삼각 균형

— 손한경, 에버딘 대학교 보건경제연구소 연구위원

2010년 5월, 후천성면역결핍증AIDS을 일으키는 인간 면역 결핍 바이러스HIV의 유행이 천연두 박멸과 연관되어 있다는 가설을 지지하는 논문이 발표되었다.[1] 그동안 1950년대부터 아프리카에서 시작되어 퍼져나간 HIV의 유행을 두고 아프리카에 잦았던 전쟁 때문이라거나 오염된 주삿바늘 같은 의료 기구나 생산 과정에서 오염된 소아마비 백신이 문제였다는 주장도 있었지만, 폭발적으로 퍼져나간 HIV바이러스의 유행을 설명하기에는 부족했다. 이 논문은 우두 바이러스에 면역을 가진 세포는 HIV에 감염되지 않거나 감염되더라도 HIV의 진행이 더디다는 사실을 실험을 통해 증명하고, 천연두가 근절根絕[2]된 후 더 이상 천연두 백신을 접종하지 않게 되었기 때문에 천연두 접종으로 얻을 수 있었던 부수적인 효과, 즉 HIV에 대한 면역도 사라졌다고 주장했다.

흔히 인류가 정복한 질병으로 묘사되는 천연두는 현대 의과학 승리의 상징이다. 이미 뿌리 뽑힌 천연두가 현재의 심각한 질병 중 하나인 AIDS에 영향을 주고 있다는 주장은 앞으로 많은 연구를 통해 입증해야 할 가설에 불과하다. 그러나 천연두라는 이름조차 잊혀질 즈음에 나온 이 주장이, 질병과 종種으로서의 인간의 관계를 지켜보는 입장에서는 참으로 흥미롭다.

질병의 발생은 숙주인 사람, 질병의 원인이 되는 미생물, 그리고 이 둘을 둘러싼 환경의 상호관계에 의해 결정된다. 이 셋은 변화하고 균형을 이루는 역동적 관계를 맺는데 인간의 면역 작용과 미생물의 생존 능력은 이 삼각관계의 역사적 경험을 통해 발달해왔다. 약 2만 5,000년 전쯤 현 인류의 조상이라고 여겨지는 종이 나타났는데, 그로부터 1,000년의 시간 묶음이 예닐곱 개쯤 지난 시기에 그렸다고 하는 라스코 벽화에는 들소, 야생마, 사슴, 소 같은 동물이 등장한다.[3] 그 시절, 동물은 중요한 단백질 공급원이면서도 다가서기 어려운 경외의 대상이었다. 먹어도 죽지 않는 식물을 가려내는 데에도 오랜 시간이 걸렸다.

　수렵과 채집만으로 살아가던 인류가 마침내 한곳에 머물러 농사를 짓고 동물을 길들이기 시작하면서 동식물과의 관계는 새로운 국면에 접어든다. 눈에 잘 보이지 않는 미생물(균류, 원생동물, 세균, 바이러스)이 동식물을 타고 인류에게 더 가까이 다가왔기 때문이다. 윌리엄 맥닐은 이와 같은 인간의 정착 외에 종으로서의 인간을 생물학적으로 재통합한 주요 국면으로 고대의 유럽과 아시아 대륙을 넘나드는 정복과 교류 그리고 16세기 근대 세계 체제의 형성을 들었고,[4] 20세기 이후의 사람들은 여기에 신자유주의 세계화를 보태곤 한다. 미생물의 입장에서 이런 변화는 기생의 대상이 되는 인간과 동식물이 지리적 장벽을 넘어 상호 교환되는 계기였다. 예를 들어, 기원후 첫 번째 천 년의 시간 묶음이 중반 즈음에 이르렀을 때 페스트 바이러스는 사람을 따라 지중해 동부에서 출발해 지금의 이탈리아를 거쳐 배를 타고 지중해 해안 도시를 지나 영국까지 옮겨갔고, 16세기 유럽에서는 홍역 바이러스가 스페인 사람의 배를 타고 남아메리카 대륙으로 건너갔다. 비행기는 1999년 웨스트 나일 바이러스를 이스라엘에서 미국으로 옮겨주었고 2002년에는 중증급성호흡기증후군SARS 바이러스를 홍콩에서 하노이, 싱가포르, 토론토, 중국으로 전했다.[5]

인간은 신과 같은 절대자에 기대 죽음과 질병의 고통을 면해 보려 했지만 별다른 성과는 없었다. 축적된 경험에 입각해 시도했던 치료와 예방은 의술로서 자리를 잡았다. 기원전 수십 세기까지 거슬러 올라가는 오래된 기록에서도 역병과 의술에 대한 내용을 찾아볼 수 있지만 1928년에 플레밍이 페니실린을 발견하기 전까지는 인간이 질병과의 싸움에서 이겼다고 자부할 수가 없었다. 1945년의 대량생산을 거치면서 페니실린은 세균을 죽이는 항생제의 대표 명사가 되었고, 20세기 말 잇단 자연과학과 현대 서양 의학의 발전으로 인류가 감염성 질환의 시대에서 만성 질환의 시대로 넘어왔다고까지 단언하게 되었다.[6] 즉, 인구집단 전체로 볼 때 전염병과 굶주림의 시대는 가고 노화와 인간 자체의 문제가 일으키는 질환이 문제가 되는 단계에 이르렀다는 것이다. 그렇지만 토마스 맥퀸과 같은 사회의학자들은 현대 서양 의학의 발전 덕분이라기보다는 생활환경이 깨끗해지고 식생활이 나아지면서 영양 상태가 좋아졌기 때문에 감염성 질환이 줄고 평균수명이 늘어났다고 주장했다. 더불어 질병의 임상적인 요인뿐 아니라 사회적 경제적 요인을 함께 고려해야 한다고 강조했다.

한편, 제국의 식민에서 해방된 후에도 전쟁과 정치 혼란으로 빈곤이 만성화된 아프리카와 아시아, 그리고 정치 체제의 변화가 경제와 사회의 대변혁으로 이어진 동유럽에서는 이미 해결했다고 여겼던 감염성 질환이 다시 전면에 등장했다. 동시에 각종 질병의 유병율과 사망률이 증가하면서, 인간과 미생물을 둘러싼 사회경제 환경이 불안정하면 어떤 결과가 나타나는지를 보여주었다. 다른 한편에서는 만성 질환으로 여겨지던 악성신생물질환(암) 중 자궁암이 인간 유두종 바이러스human papilloma virus 감염 때문임이 밝혀지고 뒤이어 예방 백신이 개발되었다. 또 위암은 헬리코박터 파일로리Helicobacter pylori와, 간암은 B형 간염 바이러스와 관련이 있다는 따위의 연구에 힘입어 감염 질환과 만성 질환의 경계가 흐릿해지고 있다. 게다가 소의 광우병이나 가금류의 질병이었던 조류 독감이 인간에게 발병하자 종을 넘나드는 감염력을 가진 바이러스에 대한 공포를 자아냈고 같은 공간에서 숨을 쉬기만 해도 감염되는 것으로 밝혀진 중증급성호흡기증후군과 신종 조류 독감 때문에 인간의 사회경제 활동까지 위축되었다.

북극에서 남극까지, 북미 대륙에서 아프리카까지, 제한 없는 자본과 노동의 교류를 기본으로 하는 신자유주의 세계화 덕분에 미생물, 인간, 환경의 삼각관계는 과거의 그 어떤 시기보다 급격한 변화를 겪는 중이다. 질병의 국제화에 조응해 질병의 예방과 치료를 위한 국가간 협력이 중요해졌고, 국제보건기구World Health Organization, WHO와 국가의 공중 보건 의료 제도가 중요한 역할을 해야 한다는 데 의견이 모아졌다. 2009년 가을에 시작된 신종 조류 독감의 전 세계적 유행에 대해 WHO는 인구 전체를 치료할 수 있는 분량의 항바이러스 약품을 비축하라고 각 국가에 권고했다. 최악의 상황에는 5억 명을 감염시키고 5,000만 명을 죽음으로 몰아갔던 1918년의 독감보다도 더 강력한 독력을 가진 바이러스가 전 세계적으로 유행할지 모른다는 과학자들과 공중보건학자들의 경고에 근거를 둔 지침이었다. 이런 상황에서 신약 개발 후 10~15년 동안 독점을 보호하는 특허 때문에 조류 독감의 위협을 앞두고 값비싼 약품을 구매했던 나라나 국가가 국민의 건강을 보호하기 위해 쓸 수 있는 돈 자체가 거의 없는 나라에 살고 있는 사람들은 커다란 불만과 박탈감을 느낄 수밖에 없었다. 백혈병 치료제 글리벡Gleevec, 폐암 치료제 이레사Iressa, 후천성면역결핍증 치료제로 사용되는 여러 종류의 항바이러스제제, 자궁암 예방 백신인 세르바릭스Cervarix와 가다실Gardasil 등의 사례와 마찬가지로 돈이 없는 사람들에게는 예방/치료제가 별 희망이 될 수 없기 때문이다. 효과가 좋지만 이윤이 크지 않기 때문에 생산하겠다고 나서는 사람이 없어 고아가 되어버린 의약품(orphan drugs)은 정반대의 예라고 하겠지만, 어쨌든 자본의 이윤율이 질병 치료 능력을 결정짓는 시대가 된 것이다. 다행스럽게도 유행은 예상보다 작은 피해를 남기고 누그러들었지만, 이번에는 WHO가 국가 차원의 대응 지침을 마련하는 데에 초국적 제약회사와 경제적 이해를 함께 하는 사람들의 참여했으며 이것이 1999년까지 거슬러 올라간다는 의혹이 제기되고 있다.[7] 그동안 여러 국가의 경제 위기와 경기 불황의 국면에서 특정 국가와 자본의 편을 들어온 국제통화기금IMF이나 세계은행World Bank과는 달리 인류의 공통 이해인 질병 극복과 건강 향상을 위해 노력해왔다고 생각되던 WHO마저 자본의 그늘에서 벗어나지 못하고 있는 것 아닌가 하는 안타까움에 바탕을 둔 비난 또한 일고 있다.

한 도시의 자연사박물관에서 어린이에게 사람을 둘러싼 환경을 친숙하게 소개하는 전시실에 들어간 적이 있다. "너의 집은 나의 집"(Your house is our house)이라는 팻말이 붙어 있는 방 모형에는 바닥에 융단이 깔려 있었고 침대와 창문과 애완동물이 자리를 잡고 있었다. 사람이 꾸며놓은 방에서 잘 먹고 잘 사는 미생물 입장에서는 스스로를 주인이라고 착각하는 사람이 그저 고맙기만 하다. 사람 눈에 보이지 않는 작은 미생물을 확대해서 이름표를 붙여놓은 전시 기획의 재치에 웃을 수밖에 없었다. 만약 그 미생물이 일으킬 수 있는 질병의 이름까지 함께 붙여놓았더라면 관람객은 어떻게 느꼈을까? 집으로 돌아가는 즉시 거실과 침실의 융단을 치우고 침대와 이불을 소독하고 애완동물을 없애려 들지는 않았을까? 하지만 처음 태어나던 그 순간, 어머니의 자궁에서 빠져나온 직후부터 인간은 미생물의 영향에서 완전하게 벗어날 수가 없다.

질병의 원인이 되는 미생물을 무력화하려는 인간 때문에, 미생물은 유전자형을 바꾸거나 약물에 대한 감수성을 바꾸거나 사람 대신에 다른 종을 숙주로 선택하는 식으로 미생물, 인간, 환경의 삼각관계를 지속하기 위해 애쓰고 있다. 이 삼각관계가 어느 정도의 균형을 이루고 있는 상태에서는 인간의 면역 기능이 급격히 떨어지거나 미생물의 감염력이 특별히 높아지지 않는 한 인간이든 미생물이든 커다란 재앙 없이 살아갈 수 있을지도 모른다. 어쩌면 새롭게 나타나는 질병은 이미 이 균형 관계에 내재되어 밝혀지지 않거나 드러나지 않았을 뿐이었을지도 모른다. 그렇다면 균형이 파괴되고 새로운 균형을 찾아가는 과정에서 얼마든지 새로운 질병이나 오래된 질병의 새 형태가 나타날 것이다. 미생물도 친근하고 익숙한 숙주인 인간이 사라지기를 바라지는 않을 것이다. 자신이 미생물과 마찬가지로 수많은 생물들 중에서 한 종에 지나지 않는다는 사실을 인간 스스로가 깨달았으면 좋겠다. 미생물을 없앨 수는 없다. 설혹 그럴 수 있다고 해도 미생물 근절이 인간에게 꼭 좋기만 할까? 앞서 보았던 천연두 근절과 HIV의 대유행에 대한 가설을 다시 한 번 생각해보자. 인간이 오랫동안 살아남기 위해서는 적어도 미생물과 인간을 지구에서 생명을 이어가고 있는 동등한 주체로 바라보아야 하지 않을까? 지구라는 집의 공동 소유자인 미생물에 대한 생각을 넓혀가는 데 이 책이 도움이 되었으면 좋겠다.

용어 해설

DNA 디옥시리보핵산. 뉴클레오티드 사슬과 인산 결합으로 연결된 당으로 구성된 이중 나선 모양의 거대 분자다. DNA에는 유전자 정보가 모두 담겨 있다. DNA에서 RNA가, RNA에서 단백질이 만들어지며 이것이 모든 인체 구조 및 기능의 구성 요소가 된다.

RNA 리보핵산. DNA에서 만들어지며 DNA와 구조가 비슷하지만 구성 요소 일부가 DNA와 다른 거대 분자다. 단백질을 만들어내며 여러 가지 조절 기능을 담당한다.

공생체 동물과 함께 살지만 질병은 유발하지 않는 미생물.

균류 식물에 가깝지만 녹색을 띠지 않는 대규모 유기체 집단. 히스토플라스마증 같은 질병을 유발하는 종류도 있다.

독성 특정 미생물의 상대적인 힘. 대부분의 바이러스, 박테리아, 원생동물은 여러 개의 균주를 보유하는데, 그중에는 다른 균주보다 독성이 더 강한 것이 있다.

돌연변이 DNA 뉴클레오티드 패턴에 드물게 발생하는 변화. 이로 인해 세포가 발현하는 단백질에 변화가 생기기도 한다. 일부 돌연변이는 질병을 유발한다.

동물 세 가지의 복잡한 생명체 중 하나. 나머지 둘은 식물과 균류이다. 약 3,000만 종의 동물이 존재하는데 그중 포유류가 차지하는 비율은 0.1% 미만이다.

동물원성 질병 동물이 인간에게 전파한 미생물이 유발하는 질병.

우리는 모두 짐승이다―동물, 인간, 질병

동질이상同質異像 인체에서 흔히 발생하는 DNA 뉴클레오티드 패턴의 변화. 일부는 질병에 맞서 싸우는 능력의 개인차와 관련이 있다.

미생물 말 그대로 아주 작은 생물. 보통 박테리아와 바이러스, 원생동물을 의미한다. 흔히 '세균'이라고 부른다.

바이러스 단백질이나 지질단백질 외피로 둘러싸인 DNA 혹은 RNA. 바이러스는 살아 있는 세포 내로 들어가지 않으면 번식할 수 없다.

박테리아 핵이 없으나 번식은 가능한 단세포. 지구상에서 가장 오래된 생명체로 추측된다.

벡터 벼룩, 파리, 진드기, 모기처럼 미생물을 동물에서 동물로 옮기는 곤충이나 절지동물. 예를 들어 진드기는 사슴에서 사람으로 라임병을 옮긴다.

병원균 질병을 유발할 수 있는 미생물.

병원소 다수의 미생물이 발견되는 동물. 미생물이 다른 동물로 전파되는 출발점 역할을 한다.

숙주 감염된 동물.

원생동물 핵과 미토콘드리아가 있기 때문에 박테리아보다는 복잡한 단세포. 아메바, 편모충, 섬모충, 포자충, 진구충, 미포자충이 이에 속한다.

유전자 긴 DNA 가닥. 세포 내의 염색체에 존재하며 한 세포가 어느 시점에 어떤 단백질을 발현할 것인지를 결정한다. 일부 바이러스는 DNA 대신 RNA를 유전자로 사용하기도 한다.

유행병 이환율이 높고, 광범위하게 분포하며, 빠르게 확산되는 질병.

인간 인간 영장류. 공식 명칭은 호모 사피엔스이다. 영장류이기 때문에 포유류로 분류되며 따라서 동물이다.

풍토병 특정 동물 혹은 지역에 많은 질병.

20억 년 전	박테리아, 바이러스, 원생동물 진화
10억 년 전	최초의 동물 진화
1억 5,500만 년 전	포유류 진화
6,000만 년 전	영장류 진화
600만 년 전	영장류에서 인류의 조상이 떨어져 나옴
170만 년 전	인류의 조상이 최초로 아프리카를 벗어남
100만 년 전	인류의 조상이 고기를 먹는 사냥꾼이 됨
13만 년 전	해부학적으로 현대인에 가까운 호모 사피엔스 진화
10만 년 전	호모 사피엔스 아프리카 탈출
3만 년 전	구석기인이 프랑스와 스페인의 동굴에 동물을 그림
1만 4,000년 전	개를 기름
1만 1,000년 전	양을 기름
1만 년 전	염소를 기름
1만~8,000년 전	돼지와 소를 기름. 초기 정착촌 형성.
5,000년 전	말을 기름. 최초의 문명 중심지 발달.

문헌 출처

1 노아의 방주에 오른 초미니 승객

1. L. K. Altman, "Patient May Have Transmitted Monkeypox", *New York Times*, June 13, 2003; "An Ounce Of Prevention: Some Early Lessons and Legacies of SARS", *Economist*, June 7, 2003, 79; ProMED-mail, "West Nile Virus, Human: USA (South Carolina)", June 15, 2003, accessed at http://www.promedmaiJ.org; ProMED-mail, "West Nile Virus Update 2003: USA", June 13, 2003; ProMED-mail, "Hantavirus Pulmonary Syndrome: USA", June 2, 2003; "Notifiable Diseases/Deaths in Selected Cities Weekly Information", *Morbidity and Mortality Weekly Report* 52 (2003): 551~559; D. G. McNeil Jr., "Researchers Have New Theory on Origin of AIDS Virus", *New York Times*, June 13, 2003; S. Blakeslee, "Mad Cows, Sane Cats: Making Sense of the 'Species Barrier'", *New York Times*, June 3, 2003; R. Stein, "Infections Now More Widespread: Animals Passing Them to Humans", *Washington Post*, June 15, 2003.

2. Lynn Margulis and Karlene V Schwartz, *Five Kingdoms: An Illustrated Guide to the Phyla of Life on Earth* (New York: W. H. Freeman, 200 I), 208.

3. Stephen Jay Gould, Foreword, in Margulis and Schwartz, *Five Kingdoms*.

4. Rita Colwell, quoted in Laurie Garrett, *The Coming Plague* (New York: Penguin, 1994), 561.

5. K. Sawyer, "Oldest Living Bacteria Are Revived", *Washington Post*, October 19, 2000.

6. G. L. Simon and S. L. Gorbach, "Intestinal Flora in Health and Disease", *Gastroenterology* 86 (1984): 174~193; M. N. Swartz, "Human Diseases Caused by Foodborne Pathogens of Animal Origin", *Human Disease and Foodborne Pathogens* 34 (supp, 3) (2002): sui-sizz

7. F. Guarner and J.-R. Malagelada, "Gut Flora in Health and Disease", *Lancet* 360 (2003): 512~519.

8. Tony McMichael, *Human Frontiers, Environments, and Disease* (Cambridge: Cambridge University Press, 2001), 376n11.

9. P. A. Mackowiak, "The Normal Microbial Flora", *New England Journal of Medicine* 307 (1982): 83~93.

10. J. O. Andersson, W. F. Doolittle, and C. L. Nesbe, "Are There Bugs in Our Genome?" *Science* 292 (2001): 1848~1850.

11. Robin Marantz Henig, *A Dancing Matrix: How Science Confronts Emerging Viruses* (New York: Vintage Books, 1994), 76; A. J. Nahmias and D. C. Reanney, "The Evolution of Viruses", Annual Reviews in *Ecology and Systematics* 8 (1977): 29~49.

12. Lewis Thomas, *The Lives of a Cell* (New York: Penguin, 1978), 5.

13. Mark Twain, *Letters from the Earth* (New York: Harper and Row, 1962), letter 7.

14. L. D. Martin, "Earth History, Disease, and the Evolution of Primates", in Charles Greenblatt and Mark Spigelman, eds., *Emerging Pathogens* (New York: Oxford University Press, 2003), 13~24.

15. Hans Zinsser, *Rats, Lice, and History* (1934; repr. Boston: Little, Brown, 1963), 57.

16. Jared Diamond, *Guns, Germs, and Steel* (New York: W. W. Norton, 1999), 209.

17. Arno Karlen, *Man and Microbes: Disease and Plagues in History and Modern Times* (New York: Simon and Schuster, 1996), 16, 18.

18. Paul W. Ewald, "Evolution and Ancient Diseases: the Roles Of Genes, Germs, and Transmission Modes", in Charles Greenblatt and Mark Spigelman, eds., *Emerging Pathogens* (New York: Oxford University Press, 2003), 117~124. For a complete discussion of this topic, see Paul W. Ewald, *Evolution of Infectious Disease* (New York: Oxford University Press, 1994).

19. Richard Fiennes, *Man, Nature, and Disease* (New York: Signet, 1964), 91.

20. M. Hocker and P. Hohenberger, "Helicobacter pylori Virulence Factors: One Part of a Big Picture", *Lancet* 362 (2003): 1231~1233.

21. R. Bellamy, C. Ruwende, T. Corrah et al., "Variations in the NRAMPI Gene and Susceptibility to Tuberculosis in West Africans", *New England Journal of Medicine* 338 (1998): 640~644; R. J. Wilkinson, M. Llewelyn, Z. Toossi et al., "Influence of Vitamin D Deficiency and Vitamin D Receptor Polymorphisms on Tuberculosis among Gujarati Asians in West London: A Case-Control Study", *Lancet* 355 (2000): 618~621.

22. E. Pennisi, "Close Encounters: Good, Bad, and Ugly", *Science* 290 (2000): 1491~1493.

23. Fiennes, Man, *Nature and Disease*, 88.

24. W. Plowright, "The Effects of Rinderpest and Rinderpest Control on Wildlife in Africa", *Symposia of the Zoological Society of London* 50 (1982): 1~28.

25. A. Dobson and J. Foufopoulos, "Emerging Infectious Pathogens: of Wildlife", *Philosophical Transactions of the Royal Society of London*, Series B, 356 (2001): 1001~1012.

26. C. D. Harvell, K. Kim, J. M. Burkholder et al., "Emerging Marine Diseases: Climate Links and Anthropogenic Factors", *Science* 285 (1999): 1505~1510.

27. R. Stone, "Canine Virus Blamed in Caspian Seal Deaths", *Science* 289 (2000): 2017~2018.

28. M. A. Miller, J. A. Gardner, C. Kreuder et al., "Coastal Freshwater Runoff Is a Risk Factor for Toxoplasma gondii Infection of Southern Sea Otters (Enhydra lutris nereis)", *International Journal for Parasitology* 32 (2002): 997~1006.

29. N. D. Wolfe, A. A. Escalante, W. B. Karesh et al., "Wild Primate Populations in Emerging Infectious Disease Research: The Missing Link?", *Emerging Infectious Diseases* 4 (1998): 149~158; J. Wallis and D. R. Lee, "Primate Conservation: The Prevention of Disease Transmission", *International Journal of Primatology* 20 (1999): 803~826; D. Ferber, "Human Diseases Threaten Great Apes", *Science* 289 (2000): 1277~1278.

30. M. T. Oughton, H. L. N. Dick, B. M. Willey et al., "Methicillin-resistant *Staphylococcus aureus* as a Cause of Infections in Domestic Animals: Evidence for a New Humanotic Disease?", Presented at the American College for Microbiology, December 2001.

31. Dobson and Foufopoulos, "Emerging Infectious Pathogens of Wildlife."

32. L. H. Taylor, S. M. Latham, and M. E. J. Wool house, "Risk Factors for Human Disease Emergence", *Philosophical Transactions of the Royal Society of London, Series B*, 356 (2001): 983~989.

33. S. Cleaveland, M. K. Laurenson, and L. H. Taylor, "Diseases of Humans and Their Domestic Mammals: Pathogen Characteristics, Host Range, and the Risk of Emergence", *Philosophical Transactions of the Royal Society of London, Series B*, 356 (2001): 991~999.

34. Taylor et al., "Risk Factors."

35. F. A. Murphy, "Emerging Zoonoses", *Emerging Infectious Diseases* 4 (1998): 429~435.

36. Taylor et al., "Risk Factors."

37. Cleaveland et al., "Diseases of Humans."

38. ProMED-mail, "Avian Influenza, Human: East Asia", January 29, 2004.

39. Joshua Lederberg, Robert E. Shope, and Stanley C. Oaks, eds., *Emerging Infections: Microbial Threats to Health in the United States* (Washington, D.C.: National Academy Press, 1992), 43.

40. Cleaveland et al., "Diseases of Humans."

41. E. C. Holmes, "Molecular Epidemiology and Evolution of Emerging Infectious Diseases", *British Medical Bulletin* 54 (1998): 533~543.

42. R. M. Krause, quoted in Charles Greenblatt and Mark Spigelman, eds., *Emerging Pathogens* (New York: Oxford University Press, 2003), vii.

2 상속 감염 — 인류 이전의 미생물

1. Ronald Hare, *Pomp and Pestilence: Infectious Disease, Its Origins and Conquest* (London: Camelot Press, 1973), 33; Frank Ryan, *The Forgotten Plague* (Boston: Little, Brown, 1992), 4.

2. J. F. A. Sprent, "Evolutionary Aspects of Immunity in Zooparasitic Infections", in G. J. Jackson, ed., *Immunity to Parasitic Animals* (New York: Appleton, 1964), 3~64.

3. A. Cockburn, "Where Did Our Infectious Diseases Come From? The Evolution of Infectious Disease", in *Ciba Foundation Symposium* 49 (new series), *Health and Disease in Tribal Societies* (New York: Elsevier/Excerpta Medica/North-Holland, 1977), 103~113

4. Richard Fiennes, *Zoonoses of Primates: The Epidemiology and Ecology of Simian Diseases in Relation to Man* (Ithaca: Cornell University Press, 1967), 67~68.

5. R. Hare, "The Antiquity of Diseases Caused by Bacteria and Viruses: A Review of the Problem from a Bacteriologist's Point of View", 128, in D. Brothwell and A. T. Sandison, eds., *Diseases in Antiquity* (Springfield, Ill.: Charles C. Thomas, 1967), 115~131.

6. D. J. McGeoch and A. J. Davison, "The Molecular Evolutionary History of the Herpesviruses", 459, in E. Domingo, R. Webster, and J. Holland, eds., *Origin and Evolution of Viruses* (New York: Academic Press, 1999), 441~465; see also D. J. McGeoch, S. Cook, A. Dolan et al., "Molecular Phylogeny and Evolutionary Timescale for the Family of Mammalian Herpesviruses", *Journal of Molecular Biology* 247 (1995): 443~458.

7. B. H. Robertson, "Viral Hepatitis and Primates: Historical and Molecular Analysis of Human and Nonhuman Primate Hepatitis A, B, and the GB-related Viruses", *Journal of Viral Hepatitis* 8 (2001): 233~242.

8. R. E. Lanford, D. Chavez, K. M. Brasky et al., "Isolation of a Hepadnavirus from the' Woolly Monkey, a New World Primate", *Proceedings of the National Academy of Sciences USA* 95 (1998): 5757~5761; X. Hu, H. S. Margolis, R. H. Purcell et al., "Identification of Hepatitis B Virus Indigenous to Chimpanzees", *Proceedings of the National Academy of Sciences USA* 97 (2000): 1661~1664.

9. Richard Fiennes, *Zoonoses and the Origins and Ecology of Human Disease* (New York: Academic Press, 1978), 10~12.

10. D. J. Conway, C. Fanello, J. M. Lloyd et al., "Origin of Plasmodium [alciparum Malaria Is Traced by Mitochondrial DNA", *Molecular and Biochemical Parasitology* III (2000): 163~171; McMichael, Human Frontiers, 79.

11. F.E.G. Cox, "Babesiosis and Malaria", in S. R. Palmer, E. J. L. Soulsby, and D.I.H. Simpson, eds., *Zoonoses: Biology, Clinical Practice, and Public Health Control* (New York: Oxford, 1998), 604.

12. Michael B. A. Oldstone, *Viruses, Plagues, and History* (New York: Oxford, 1998), 51.

13. W. W. Stead, "Genetics and Resistance to Tuberculosis: Could Resistance Be Enhanced by Genetic Engineering?", *Annals of Internal Medicine* 116 (1992):937~941.

3 사냥하는 인간—동물원성 미생물을 이용한 바이오테러리즘

1. Jane van Lawick Goodall, *In the Shadow of Man* (Boston: Houghton Mifflin, 1971), 198~199, 281~282.
2. Donald Johnson and Maitland Edey, *Lucy: The Beginnings of Humankind* (New York: Simon and Schuster, 1981), 358.
3. McMichael, *Human Frontiers*, 47.
4. Ibid., 44, 47~48.
5. M. P. Richards, P. B. Pettitt, E. Trinkaus et al., "Neanderthal Diet at Vindija and Neanderthal Predation: The Evidence from Stable Isotopes", *Proceedings of the National Academy of Sciences* 97 (2000): 7663~7666.
6. S. B. Eaton and M. Konner, "Paleolithic Nutrition: A Consideration of Its Nature and Current Implications", *New England Journal of Medicine* 312 (1985): 283~289.
7. Eaton and Kenner, "Paleolithic Nutrition."
8. Richard Klein, *The Dawn of Human Culture* (New York: John Wiley and Sons, 2002).
9. Frans De Waal, *The Ape and the Sushi Master* (New York: Basic Books, 2001), 63.
10. J.-P. Rigaud, "Lascaux Cave: Art Treasures from the Ice Age", *National Geographic* 174 (1988): 482~499.
11. K. Turner, "Art with a Dark Past", *Washington Post*, July 30, 2000.
12. Miguel Angel Garcia Guinea, *Altamira and Other Cantabrian Caves* (Madrid: Silex, 2001), 46.
13. Garcia Guinea, *Altamira*, 64.
14. E. P. Hoberg, N. L. Alkire, A. de Queiroz et al., "Out of Africa: Origins of the Taenia Tapeworms in Humans", *Proceedings of the Royal Society of London, Series B* 268 (2001): 781~787.
15. H. H. Garcia, E. J. Pretell, R. H. Gilman et al., "A Trial of Antiparasitic Treatment to Reduce the Rate of Seizures due to Cerebral Cysticercosis", *New England Journal of Medicine* 350 (2004): 249~258.
16. A. C. Evans, M. B. Markus, R. I. Mason et al., "Late Stone-Age Coprolite Reveals Evidence of Prehistoric Parasitism" (letter), *South African Medical Journal* 86 (1996): 274~275.
17. "Human Anthrax Associated with an Epizootic among Livestock: North Dakota, 2000", *Morbidity and Mortality Weekly Report* 50

(2001): 677~680.

18. C. D. McGilvray, "The Transmission of Glanders from Horse to Man", *Journal of the American Veterinary Medical Association* 104 (1944): 255~263.

19. "The Civil War Quartermaster's Glanders Stable", http://www. lynchburgbiz.com/occ/Glanders/glanders.html, accessed December 10, 2003.

20. G. T. Sharrer, "The Great Glanders Epizootic, 1861~1866: A Civil War Legacy", *Agricultural History* 69 (1995): 79~97.

21. M. Quigley, "Veterinary Medicine and the American Civil War", *Veterinary Heritage* 24 (2001): 33~37.

22. Sharrer, "The Great Glanders Epizootic."

23. M. Rosenbloom, I. B. Leikin, S. N. Vogel et al., "Biological and Chemical Agents: A Brief Synopsis", *American Journal of Therapeutics* 9 (2002): 5~14.

24. Madeline Drexler, *Secret Agents: The Menace of Emerging Infections* (New York: Penguin Books, 2002), 236, 237.

25. T. I. Marrie, "Q Fever", in S. R. Palmer, E.J.L. Soulsby, and D.I.H. Simpson, eds., *Zoonoses: Biology. Clinical Practice and Public Health Control* (New York: Oxford, 1998), 180.

26. Jules Witcover, *Sabotage at Black Tom: Imperial Germany's Secret War in America, 1914-1917* (Chapel Hill: Algonquin Books, 1989), 126~127.

27. H. I. McGeorge II, "Chemical and Biological Terrorism. Analyzing the Problem", *ASA Newsletter* 42 (1994): I, 12~13.

28. Witcover, *Sabotage at Black Tom*, 137.

29. Henry Landau, *The Enemy Within: The Inside Story of German Sabotage in America* (New York: G. P. Putnam's Sons, 1937); M. Wheelis, "First Shots Fired in Biological Warfare", *Nature* 395 (J 998): 213.

30. Witcover, *Sabotage at Black Tom*, 248.

31. Landau, *The Enemy Within*, 194.

32. J. Bender, "Animals and Bioterrorism", http://www.cvm.umn.edu/ anhlth_foodsafety/ Bioagroterrorism.pdf, accessed November 14, 2002.

33. C. Howe and W. R. Miller, "Human Glanders: Report of Six Cases", *Annals of Internal Medicine* 26 (1947): 93~115.

34. A. Srinivasan, C. N. Kraus, D. DeShazer et al., "Glanders in a Mili-

tary Research Microbiologist", *New England Journal of Medicine* 345 (2001): 256~258; C. Georgiades and E. K. Fishman, "Glanders Disease of the Liver and Spleen: CT Evaluation", *Journal of Computer Assisted Tomography* 25 (2001): 91~93.

4 경작하는 인간─미생물이 집 안으로 들어오다

1. A. Vekua, D. Lordkipanidze, G. P. Rightmire et al., "A new Skull of Early Homo from Dmanisi, Georgia", *Science* 297 (2002): 85~89.
2. McMichael, *Human Frontiers*, 188.
3. Ibid., 137.
4. Steve Olson, *Mapping Human History* (New York: Houghton Mifflin, 2003), 100.
5. S. Lev-Yadun, A. Gopher, and S. Abbo, "The Cradle of Agriculture", *Science* 288 (2000): 1602~1603.
6. Sonia Cole, *The Neolithic Revolution* (London: British Museum, 1970), 4~20.
7. Mark Nathan Cohen, *Health and the Rise of Civilization* (New Haven: Yale University Press, 1989), 22.
8. Cole, *The Neolithic Revolution*, 4, 38.
9. William H. McNeil, *Plagues and People* (New York: Anchor Books, 1977), 57.
10. Francis Galton, "The First Steps Towards the Domestication of Animals", *Transactions of the Ethnological Society of London*, N.S. 3, 122~138, quoted in Juliet CluttonBrock, *Domesticated Animals from Early Times* (Austin: University of Texas Press, 1981), 15~16, 25.
11. P. Savolainen, Y. Zhang, J. Luo et al., "Genetic Evidence for an East Asian Origin of Domestic Dogs", *Science* 298 (2002): 1610~1613.
12. Stephen Budiansky, *The Covenant of the Wild: Why Animals Chose Domestication* (New York: William Morrow, 1992), 96.
13. Clutton-Brock, *Domesticated Animals*, 12.
14. Stephen Budiansky, *The Truth about Dogs* (New York: Penguin Books, 2000), 24.
15. Budiansky, *The Covenant of the Wild*, 24.
16. Rudyard Kipling, "The Cat That Walked by Himself", in *Just So Stories for Little Children* (New York: Weathervane Books, 1978), 170.

17. Cole, *The Neolithic Revolution*, 25; Clutton-Brock, Domesticated Animals, 56; M. A.
Zeder and B. Hesse, "The Initial Domestication of Goats (capra hircus) in the Zagros Mountains 10,000 Years Ago", *Science* 287 (2000): 2254~2257.

18. Clutton-Brock, *Domesticated Animals*, 57~58.

19. E. Pennisi, "Horses Domesticated Multiple Times", *Science* 291 (2001): 412.

20. D. Perkins [r., "Fauna of Catal Huyuk: Evidence for Early Cattle Domestication in Anatolia", *Science* 164 (1969): 177~179.

21. Frederick E. Zeuner, *A History of Domesticated Animals* (London: Hutchinson, 1963), 240~241.

22. Clutton-Brock, *Domesticated Animals*, 84.

23. C. Vila, J. A. Leonard, A. Cotherstrorn et al., "Widespread Origins of Domestic Horse Lineages", *Science* 291(2001): 474~477.

24. Jared Diamond, *The Third Chimpanzee* (New York: HarperCollins, 1992), 237.

25. Clutton-Brock, *Domesticated Animals*, 26.

26. Cole, *The Neolithic Revolution*, 21.

27. James Serpell, *In the Company of Animals* (Oxford: Basil Blackwell, 1986), 5.

28. Nancy K. Sandars, *Prehistoric Art in Europe* (London: Penguin Books, 1985), 435.

29. Keith Thomas, *Man and the Natural World: A History of Modern Sensibility* (New York: Pantheon Books, 1983), 95, 96.

30. Joanna Swabe, *Animals, Disease, and Human Society* (New York: Routledge, 1998), 51.

31. Paul G. Balm, *The Cambridge Illustrated History of Prehistoric Art* (Cambridge: Cambridge University Press, 1998).

32. R. E. Pounder, "Helicobacter pylori and NSAIDs: The End of the Debate?", *Lancet* 358 (2002): 3~4.

33. M. Kidd and I. M. Modlin, "A Century of Helicobacter pylori", *Digestion* 59 (1998): 1~15.

34. S. Suerbaum and P. Michetti, "Helicobacter pylori Infection", *New England Journal of Medicine* 347 (2002): 1175~1186.

35. M. A. Mendall, P. M. Goggin, N. Molineaux et al., "Childhood Living Conditions and Helicobacter pylori Seropositivity in Adult Life", *Lancet* 339 (1992): 896~897.

36. S. Dimola and M. L. Caruso, "Helicobacter pylori in Animals Affecting the Human Habitat through the Food Chain", *Anticancer Research* 19 (1999): 3889~3894.
37. J. G. Fox, "Non-human Reservoirs of Helicobacter pylori", *Alimentary Pharmacology and Therapeutics* 9 (supp. 2) (1995): 93~103.
38. M. P. Dore, M. Bilotta, D. Vaira et al., "High Prevalence of Helicobacter pylori Infection in Shepherds", *Digestive Diseases and Sciences* 44 (1999): 1161~1164.
39. M. P. Dore, A. R. Sepulveda, H. EI-Zimaity et al., "Isolation of Helicobacter pylori from Sheep: Implications for Transmission to Humans", *American Journal of Gastroenterology* 96 (2001): 1396~1401.
40. M. P. Dore, H. M. Malaty, D. Y. Graham et al., "Risk Factors Associated with Helicobacter pylori Infection among Children in a Defined Geographic Area", *Clinical Infectious Diseases* 35 (2002): 240~245.
41. M. P. Dore and D. Vaira, "Sheep Rearing and Helicobacter pylori Infection: An Epidemiological Model of Anthropozoonosis", *Digestive and Liver Disease* 35 (2003): 7~9; K. J. Goodman, P. Correa, H. J. Tengana Aux et al., "Helicobacter pylori Infection in the Colombian Andes: A Population-Based Study of Transmission Pathways", *American Journal of Epidemiology* 144 (1996): 290~299.
42. Dore, Sepulveda et al., "Isolation of Helicobacter pylori."
43. A. van der Zee, H. Groenendijk, M. Peeters et al., "The Differentiation of Bordetella parapertussis and Bordetella bronchiseptica from Humans and Animals as Determined by DNA Polymorphism Mediated by Two Different Insertion Sequence Elements Suggests Their Phylogenetic Relationship", *International Journal of Systematic Bacteriology* 46 (1996): 640~647.
44. J. M. Musser, D. A. Bemis, H. Ishikawa et al., "Clonal Diversity and Host Distribution in Bordetella bronchiseptica", *Journal of Bacteriology* 169 (1987): 2793~2803; B. Arico, R. Gross, J. Smida et al., "Evolutionary Relationships in the Genus Bordetella", *Molecular Microbiology* 1 (1987): 301~308; M. Muller and A. Hildebrandt, "Nucleotide Sequences of the 23S rRNA Genes from Bordetella pertussis, B. paraoertussis, B. bronchiseptica, and B. avium, and Their Implications for Phylogenetic Analysis", *Nucleic Acids Research* 21 (1993): 3320.
45. McNeil, *Plagues and People*, 257.

46. N. Douglass and K. Dumbell, "Independent Evolution of Monkey-pox and Variola Viruses", *Journal of Virology* 66 (1992): 7565~7567; S. N. Shchelkunov, A. V Totmenin, I. V Babkin et al., "Human Monkeypox and Smallpox Viruses: Genomic Comparison", *FEBS Letters* 509 (2001): 66~70, 2001.

47. D. Baxby and M. Bennett, "Cowpox: A Re-evaluation of the Risks of Human Cowpox Based on New Epidemiological Information", *Archives of Virology* (supp.) 13 (1997): 1~12.

48. R. M. Kolhapure, R. P. Deolankar, C. D. Tupe et al., "Investigation of Buffalo pox Outbreaks in Maharashtra State during 1992-1996", *Indian Journal of Medical Research* 106 (1997): 441~446.

49. Zeuner, *A History of Domesticated Animals*, 251.

50. R. Hare, "The Antiquity of Diseases Caused by Bacteria and Virus-es: A Review of the Problem from a Bacteriologist's Point of View", 128, in D. Brothwell and A. T. Sandison, eds., *Diseases in Antiquity* (Springfield, Ill.: Charles C. Thomas, 1967), 127.

51. T. R. Frieden, T. R. Sterling, S. S. Munsiff et al., "Tuberculosis", *Lancet* 362 (2003): 887~899.

52. John Bunyan, *The Life and Death of Mr. Badman*, 1680, quoted in Rene Dubos and Jean Dubos, *The White Plague: Tuberculosis, Man and Society* (Boston: Little, Brown, 1952; New Brunswick, N.J.: Rutgers University Press, 1987, repr. 1996), 8.

53. A. Scorpio, D. Collins, D. Whipple et al., "Rapid Differentiation of Bovine and Human Tubercle Bacilli Based on a Characteristic Mutation in the Bovine Pyrazinarnidase Gene", *Journal of Clinical Microbiology* 35 (1997): 106~110.

54. T. Garnier, K. Eiglmeier, J.-C. Camus et al., "The Complete Ge-nome Sequence of Mycobacterium bovis", *Proceedings of the National Academy of Sciences USA* 100 (2003): 7877~7882.

55. M. Gutierrez, S. Sarnper, M. Soledad Jimenez et al., "Identification by Spoligotyping of a Carpine Genotype in Mycobacterium bovis Strains Causing Human Tuberculosis", *Journal of Clinical Microbiology* 35 (1997): 3328~3330.

56. L. E. Espinosa de los Monteros, J. C. Galan, M. Gutierrez et al., "Allele-Specific PCR Method Based on pncA and oxyR Sequences for Distinguishing Mycobacterium bovis from Mycobacterium tu-berculosis: Intraspecific M. bovis pncA Sequence Polymorphism", *Journal of Clinical Microbiology* 36 (1998): 239~242.

57. Jacob Van der Hoeden, Zoonoses (Amsterdam, NY: Elsevier, 1964), 22; J. H. Steele and A. F. Ranney, "Animal Tuberculosis", *American Review of Tuberculosis and Pulmonary Diseases* 77 (1958): 908~922.
58. Van der Hoeden, *Zoonoses*, 15.
59. Aidan Cockburn, *The Evolution and Eradication of Infectious Diseases* (Baltimore: Johns Hopkins University Press, 1963), 221.
60. Steele and Ranney, "Animal Tuberculosis."
61. L. F. Ayvazian, "History of Tuberculosis", in L. B. Reichman and E. S. Hershfield, eds., *Tuberculosis: A Comprehensive International Approach* (New York: Marcel Dekker, 1993), 2.
62. Mirko D. Grmek, *Diseases of the Ancient Greek World* (Baltimore: Johns Hopkins University Press, 1989), 193. W. L. Salo, A. C. Aufderheide, J. Buikstra et al., "Identification of Mycobacterium tuberculosis DNA in a Pre-Columbian Peruvian Mummy", *Proceedings of the National Academy of Sciences USA* 91 (1994): 2091~2094.
63. Thomas M. Daniel, *Captain of Death: The Story of Tuberculosis* (Rochester, NY: University of Rochester Press, 1997), 24.
64. Frederick F. Cartwright and Michael Biddiss, *Disease and History*, 2nd ed. (Stroud, Englancl: Sutton, 2000), 137.
65. Lee B. Reichman and Janice H. Tanne, *Timebomb. The Global Epidemic of Multi-Drug-Resistant Tuberculosis* (New York: McGraw Hill, 2002), 17.
66. Daniel, *Captain of Death*, 25.
67. Reichman and Tanne, *Timebomb*, 16.
68. Daniel, *Captain of Death*, 30.
69. Dubos ancl Dubos, *The White Plague*, 9.
70. Rene Dubos, *Mirage of Health: Utopias, Progress, and Biological Change* (New York: Harper, 1959), 204.
71. Daniel, *Captain of Death*, 104, quoting W. Hale-White, *Keats as Doctor and Patient* (London: Oxford, 1938), no page given; 105, quoting W. A. Wells, *A Doctor's Life of John Keats* (New York: Vantage Press, 1959), 1198~1199.
72. John Keats, Ode to a Nightingale, 1820, www.bbc.co.uk/nature/poetry/nightingale.shtml, accessed December 15, 2003.
73. Daniel, *Captain of Death*, 34.
74. Edgar Allan Poe, "The Masque of the Red Death", 1842, http://bau2.uibk.ac.atlsg/poe/works/reddeath.html, accessed December 15, 2003.

75. Dubos and Dubos, *The White Plague*, 19.

76. Lewis J. Moorman, *Tuberculosis and Genius* (Chicago: University of Chicago Press, 1940), 21, 17.

77. D. H. Lawrence, "The Ship of Death", 1928, in R. Aldington, ed., *Last Poems* (London: Martin Seeker, 193 3), http://eir.library.utoronto.ca/rpo/display/poemI251.html, accessed December 15, 2003.

78. Frieden et al., "Tuberculosis."

79. S. E. Kline, L. L. Hedernark, and S. F. Davies, "Outbreak of Tuberculosis among Regular Patrons of a Neighborhood Bar", *New England Journal of Medicine* 333 (1995): 222~227.

80. C. R. Braden and the Investigative Team, "Infectiousness of a University Student with Laryngeal and Cavitary Tuberculosis." *Clinical Infectious Diseases* 21 (1995): 565~570.

81. "Public Health Dispatch: Tuberculosis Outbreak among Homeless Persons-King County, Washington, 2002-2003", *Morbidity and Mortality Weekly Report* 52 (2003): 1209~1210.

5 모여 사는 인간—약속의 땅에 나타난 미생물

1. Karlen, *Man and Microbes*, 25.

2. Cole, *The Neolithic Revolution*, 55~56 (see chap. 4, n. 6).

3. F. Fenner, "Sociocultural Change and Environmental Diseases", in N. F. Stanley and R. A. Joske, eds., *Changing Disease Patterns and Human Behaviour* (New York: Academic Press, 1980).

4. Glyn Daniel, *The First Civilizations* (New York: Thomas Y. Crowell, 1968), 69.

5. Colin McEvedy, *The Penguin Atlas of Ancient History* (Baltimore: Penguin Books, 1967), 26.

6. Karlen, *Man and Microbes*, 52.

7. Cohen, *Health*, 117 (see chap. 4, 11. 7).

8. McMichael, *Human Frontiers*, 377 (see chap. 1, 11. 8).

9. M. J. Rodrigo and J. Dopazo, "Evolutionary Analysis of the Picornavirus Family", *Journal of Molecular Evolution* 40 (1995): 362~371.

10. Andrew Cliff, Peter Haggett, and Matthew Smallman-Raynor, *Measles: An Historical Geography of a Major Human Viral Disease* (Oxford: Blackwell, 1993), 46.

11. Cliff et al., *Measles*, xiii, 4.

12. Oldstone, *Viruses, Plagues, and History*, 76~77 (see chap. 2, n. 12).
13. F. A. Gibbs, E. L. Gibbs, P. R. Carpenter et al., "Electroencephalographic Abnormality in 'Uncomplicated' Childhood Diseases", *Journal of the American Medical Association* 171 (1959): 1050~1055.
14. Oldstone, *Viruses, Plagues, and History*, 78~79.
15. T. Barrett and P. B. Rossiter, "Rinderpest: The Disease and Its Impact on Humans and Animals", *Advances in VinLS Research* 53 (1999): 89~110; M. Shiotani, R. Miura, K. Fujita et al., "Molecular Properties of the Matrixprotein (M) Gene of the Lapinized Rinderpest Virus", *Journal of Veterinary Medical Science* 63 (2001): 801~805; K. M. Westover and A. L. Hughes, "Molecular Evolution of Viral Fusion and Ma-trix Protein Genes and Phylogenetic Relationships among the Paramyxoviridae", *Molecular Phylogenetics and Evolution* 21 (2001): 128~134; T. Barrett, I.K.G. Visser, L. Mamaev et al., "Dolphin and Porpoise Morbilliviruses Are Genetically Distinct from Phocine Distemper Virus", *Virology* 193 (1993): 1010~1012.
16. Thomas, *Man and the Natural World*, 94, 95.
17. On Al-Razi and Fuller, Cliff et al., *Measles*, 52, 61.
18. Karlen, *Man and Microbes*, 102.
19. McNeil, *Plagues and People*, 219.
20. P. J. Bianchine and T. A. Russo, "The Role of Epidemic Infectious Diseases in the Discovery of America", *Allergy Proceedings* 13 (1992): 225~232.
21. Karlen, *Man and Microbes*, 103.
22. McNeil, *Plagues and People*, 212~213.
23. Cliff et al., *Measles*, 65.
24. McNeil, *Plagues and People*, 213~214.
25. Cliff et al., *Measles*, 113.
26. R. J. Wolfe, "Alaska's Great Sickness, 1900: An Epidemic of Measles and Influenza in a Virgin Soil Population", *Proceedings of the American Philosophical Society* 126 (1982): 91~121.
27. Cliffetal., *Measles*, 116~117.
28. Ibid., 85, 211~212.
29. Ibid, 125~126, 127.
30. Oldstone, *Viruses, Plagues, and History*, 74.
31. Cliff et al., *Measles*, 133.
32. Ibid., 104.
33. Oldstone, *Viruses, Plagues, and History*, 81, 80, found in Robert E.

Lee, *The War of the Rebellion: A Compilation of the Official Records of the Union and Confederate Armies* (Washington, D.C., 1880~1902), 657.

34. Cliff et al., *Measles*, 103, 104.
35. Margaret Mitchell, *Gone with the Wind* (New York: Macmillan, 1936), 134~135.

6 장사하는 인간—미생물, 여권을 발급받다

1. Daniel, *The First Civilizations*, 72.
2. McMichael, *Human Frontiers*, 178; C. S. Troy, D. E. MacH ugh, J. F. Bailey et al., "Genetic Evidence for Near-Eastern Origins of European Cattle", *Nature* 410 (200 I): 1088~1091.
3. Martin, "Earth History" (see chap. I, n. 14).
4. McMichael, *Human Frontiers*, 103.
5. 2 Sam. 24:15
6. Is. 37: 36.
7. Archeology, Online News, Nikos Axarlis, "Plague Victims Found: Mass Burial in Athens", http://www.archaeology.org/online/news/kerameikos.html. accessed April 15, 1998.
8. R. S. Bray, *Armies of Pestilence: The Impact of Disease on History* (New York: Barnes and Noble Books), 7.
9. L. L. Jacobs and D. Pilbeam, "Of Mice and Men: Fossil-Based Divergence Dates and Molecular 'Clocks'", *Journal of Human Evolution* 9 (1980): 551~555.
10. Zinsser, *Rats, Lice, and History*, 192 (see chap. I, n. 15).
11. II. M. Achtman, K. Zurth, G. Morelli et al., "Yersuiia pestis, the Cause of Plague, Is a Recently Emerged Clone of Yersinia pseudotuberculosis", *Proceedings of the National Academy of Sciences USA* 96 (1999): 14043~14048.
12. M. B. Prentice, K. D. James, J. Parkhill et al., "Yersinia pestis pFra Shows Biovar-Specific Differences and Recent Common Ancestry with a Salmonella enierica Serovar Typhi Plasmid", *Journal of Bacteriology* 183 (2001): 2586~2594.
13. Edward Marriott, *Plague: A Story of Science, Rivalry, and a Scourge That Won't Go Away* (New York: Henry Holt, 2002), 252.
14. C. LeDuff, "Up, Down, In, and Out in Beverly Hills", *New York*

Times, September 17, 2002.

15. Karlen, *Man and Microbes*, 75.
16. Bray, *Armies of Pestilence*, 23.
17. Zinsser, *Rats, Lice and History*, 199.
18. William Shakespeare, Hamlet 3.4.23, in William G. Clark and William A. Wright, eds., *The Complete Works of William Shakespeare* (London: Spring Books, n.d.), 966.
19. Miguel de Cervantes, *Don Quixote de la Mancha*, 4.10.319.
20. Barbara Tuchman, *A Distant Mirror: The Calamitous Fourteenth Century* (New York: Alfred A. Knopf, 1978), 93.
21. Norman F. Cantor, *In the Wake of the Plague: The Black Death and the World It Made* (New York: Free Press, 2001), 172.
22. Tuchman, *A Distant Mirror*, 92.
23. John Findlay Drew Shrewsbury, *A History of Bubonic Plague in the British Isles* (Cambridge: Cambridge University Press, 1971), 21.
24. Giovanni Boccaccio, *The Decameron*, M. Rigg, trans., vol. 1 (London: David Camp-bell, 1921), 5~11 (http://www.fordham.edu/halsalllsource/boccacio2.html).
25. Petrarch quoted in Cartwright and Biddiss, *Disease and History*, 40.
26. Tuchman, *A Distant Mirror*, 94.
27. Cantor, *In the Wake of the Plague*, 157.
28. Tuchman, *A Distant Mirror*, 94.
29. Ibid, 95.
30. Shrewsbury, *A History*, 93.
31. *Annals of Ireland*, quoted in Shrewsbury, A History, 47.
32. Cantor, *In the Wake of the Plague*, 6.
33. Shrewsbury, *A History*, 480.
34. Dubos, *Mirage of Health*, 157 (see chap. 4, n. 70).
35. An excellent account of the San Francisco epidemic can be found in Marilyn Chase, *The Barbary Plague: The Black Death in Victorian San Francisco* (New York: Random House, 2003).
36. "Pneumonic Plague: Arizona, 1992", *Morbidity and Mortality Weekly Report* 41 (1992): 739.
37. C. M. Vega and T. Kelley, "Couple from New Mexico Remain Hospitalized in New York with Plague", *New York Times*, November 9, 2002.
38. LeDuff, "Up, Down, In and Out."
39. ProMED-mail, "Plague: Algeria (Oran) (04)", July 4, 2003.

40. LeDuff, "Up, Down, In and Out."
41. J. Gillis, "A Nose for Gene Data", *Washington Post*, January 21, 2002.
42. Marriott, *Plague*, 231.
43. J.-C. Affray, E. Tchernov, and E. Nevo, "Origine du commensalisme de la souris domestique (Mus musculus domesticus) vis-à-vis de l'homme", *Comptes Rendus Acad Sci* 307 (1988): 517~522.
44. N. Nathanson and S. Nichol, "Korean Hemorrhagic Fever and Hantavirus Pulmonary Syndrome: Two Examples of Emerging Hantaviral Diseases", in R. Krause, ed., *Emerging Infections: Biomedical Research Reports* (New York: Academic Press, 2000), 371.
45. ProMED-mail, "Hantavirus Pulmonary Syndrome: USA (New Mexico)", December 5, 2003.
46. I. N. Mills, A. Corneli, J. C. Young et al., "Hantavirus Pulmonary Syndrome: United States: Updated Recommendations for Risk Reduction", *Morbidity and Mortality Weekly Report* 51 [RR-9] (2002): 1~5.
47. Nathanson and Nichol, "Korean Hemorrhagic Fever", 369.

7 애완동물을 키우는 인간—미생물이 침실에 자리 잡다

1. Zeuner, *A History of Domesticated Animals*, 108 (see chap. 4, n. 21).
2. J. A. Serpell, "The Domestication and History of the Cat", in D. C. Turner and P. Bate-son, eds., *The Domestic Cat* (Cambridge: Cambridge University Press, 1988), 154.
3. Serpell, *In the Company of Animals*, 34~37 (see chap. 4, n. 27).
4. Swabe, *Animals, Disease and Human Society*, 162~163 (see chap.rl, n. 30).
5. Thomas, *Man and the Natural World*, 103~104 (see chap. 4, no. 29).
6. Ibid.
7. William Shakespeare, *Cymbeline*, 2.1.7; *The Merchant of Venice*, 4.1.133; *The Tempest*, 1.1.21, in William C. Clark and William A. Wright, eds., *The Complete Works of William Shakespeare* (London: Spring Books, n.d.).
8. Thomas, *Man and the Natural World*, 105.
9. Swabe, *Animals, Disease, and Human Society*, 158.
10. "The Middle Ages", http://62.108.6.218/~roos/dotkom/pages/

frames_eng/dogs_history.html, ©1996 Melody Underwood Hobbs, revised February 1997, accessed August 29, 2002.

11. Budiansky, *The Truth about Dogs*, 34 (see chap. 4, n. 14).

12. Kathleen Kete, *The Beast in the Boudoir: Petkeeping in Nineteenth-Century Paris* (Berkeley: University of California Press, 1994), 53, 33.

13. Zeuner, *A History of Domesticated Animals*, 396.

14. Kete, *The Beast in the Boudoir*, 124.

15. Harriet Ritvo, *The Animal Estate* (Cambridge: Harvard University Press, 1987), 129.

16. Kete, *The Beast in the Boudoir*, 115.

17. Frances Simpson, *The Book of the Cat* (New York: Cassell, 1903), 14.

18. William Rush, "Thoughts on Insanity", *Knick* 7 (1836): 33-36.

19. J. L. Lynnlee, *Purrrfection: The Cat* (West Chester, Pa.: Schiffer, 1990), 26~28.

20. Lyn Murfin, *Popular Leisure in the Lake Counties* (Manchester: Manchester University Press, 1990), 14. Kete, *The Beast in the Boudoir*, 3.

21. A. Repplier, "Agrippina", *Atlantic Monthly* 69 (1892): 753~763.

22. A. M. Beck and N. M. Myers, "Health Enhancement and Companion Animal Ownership", *Annual Review of Public Health* 17 (1996): 247~257.

23. Swabe, *Animals, Disease, and Human Society*, 187.

24. Forbes.com, Markets: PETsMART, Inc., http://www.forbes.com/finance/mktguideapps/compinfoICompanyTearsheet.jhtml?repno=A07E3, accessed March 17, 2003; Yahoo! Finance, "Petco Quarterly Earnings Rise 36 Percent", http://biz.yahoo.com/rb/030313/retail_petco_earns_2.html, accessed March 17, 2003.

25. B. R. Hundley, "Introduction to Market Size", from abstract of a paper presented at the South African Society for Animal Science Conference, July 2000, www.afma.co.za/AFMA_Templatell, 2491,6552_1645,00.html, accessed October 28, 2002.

26. J. Pomfret, "Dog Fight Bares Marks of Civil Society in China", *Washington Post*, December 3, 2000. A. A. Avery, "U.S. Farming in the 21st Century", *Proceedings, Southern Weed Science Society 2002*, lxxvii.

27. "Fun Pet Statistics", American Pet Association, www.apapets.com/petstats2.htm.accessed October 28, 2002; E. F. Torrey and R. H.

Yolken, "A Survey ofInfectious Agents in Cats and Their Owners", unpublished, 2003; F. Kunkle, "A Swanky Spa Where Fur Is De Rigueur", *Washington Post*, December 22, 2002.

28. Kunkle, "A Swanky Spa."
29. C. Loose, "Travels with Cinnamon", *Washington Post*, October 12, 2003; J. Miller, "Take Your Pet on Vacation", *Washington Post*, June 8, 2003.
30. Kunkle, "A Swanky Spa."
31. B. Bilger, "The Last Meow", *New Yorker*, September 8, 2003, 46~53.
32. M. Mott, "Cat Cloning Offered to Pet Owners", http://news.nationalgeographic.com/news/2004/03/0324_040324_catclones.html, accessed April 1, 2004.
33. "In the Company of Dogs" catalog, Spring 2003 (P.O. Box 3330, Chelmsford, MA 01824-0955), 2, 36; "Care-A-Lot Pet Supply Warehouse" catalog, Holiday 2002 (1617 Diamond Springs Rd., Virginia Beach, VA 23455), 3, 64.
34. "Critters", *Seattle Times*, December 25, 2002.
35. "Pet Memorials", www.ferretstore.com/pet-memorials.html accessed June 16, 2003.
36. Bilger, "The Last Meow"; "Gross National Product by Country: 1990 and 2000", in *Statistical Abstract of the United States: 2002* (Washington, D.C.: U.S. Government Printing Office, 2002), 833.
37. M. Rich, "Pet Therapy Sets Landlords Howling", *New York Times*, June 26, 2003.
38. M. Sink, "Colorado: Pets as Companions", *New York Times*, February 11, 2003.
39. K. Allen and J. Blascovich, "The Value of Service Dogs for People with Severe Ambulatory Disabilities", *Journal of the American Medical Association* 275 (1996): 1001~1006.
40. J. M. Siegel, F. J. Angulo, R. Detels et al., "AIDS Diagnosis and Depression in the Multicenter AIDS Cohort Study: The Ameliorating Impact ofP.et Ownership", *AIDS Care* 11 (1999): 157~170.
41. Rich, "Pet Therapy."
42. L. K. Bustad and L. M. Hines, "Placement of Animals with the Elderly: Benefits and Strategies", in A. H. Katcher and A. M. Beck, eds., *New Perspectives on Our Lives with Companion Animals* (Philadelphia: University of Pennsylvania Press, 1983), 291.

43. M. M. Baun and B. W. McCabe, "Companion Animals and Persons with Dementia of the Alzheimer's Type", *American Behavioral Scientist* 47 (2003): 42~51.
44. K. M. Allen, J. Blascovich, J. Tomaka et al., "Presence of Human Friends and Pet Dogs as Moderators of Autonomic Responses to Stress in Women", *Journal of Personality and Social Psychology* 61 (1991): 582~589.
45. R. L. Zasloff and A. H. Kidd, "Loneliness and Pet Ownership among Single Women", *Psychological Reports* 75 (1994): 747~752.
46. A. H. Kidd and R. M. Kidd, "Benefits and Liabilities of Pets for the Homeless", *Psychological Reports* 74 (1994): 715~722. B. Williams, "Dogs in Words: Quotes about Canines", American Kennel Club Web site, http://wwwakc.orgllife/words/quotes.cfm, accessed July 7, 2003.
47. Allen et al., "Presence of Human Friends"; K. Allen, J. Blascovich, and W. B. Mendes, "Cardiovascular Reactivity and the Presence of Pets, Friends, and Spouses: The Truth about Cats and Dogs", *Psychosomatic Medicine* 64 (2002): 727~739.
48. E. Friedmann, A. H. Katcher, J. J. Lynch et al., "Animal Companions and One-Year Survival of Patients after Discharge from a Coronary Care Unit", *Public Health Reports* 95 (1980): 307~312; E. Friedmann and S. A. Thomas, "Pet Ownership, Social Support, and One-Year Survival after Acute Myocardial Infarction in the Cardiac Arrhythmia Suppression Trial (CAST)", *American Journal of Cardiology* 76 (1995): 1213~1217.
49. J. Serpell, "Beneficial Effects of Pet Ownership on Some Aspects of Human Health and Behaviour", *Journal of the Royal Society of Medicine* 84 (1991): 717~720.
50. J. M. Siegel, "Stressful Life Events and Use of Physician Services among the Elderly: The Moderating Role of Pet Ownership", *Journal of Personality and Social Psychology* 58 (1990): 1081~1086.
51. B. M. Levinson, "The Dog as a 'Co-Therapist'", *Mental Hygiene* 46 (1962): 59~65.
52. J. Riedler, C. Braun-Fahrlander, W. Eder et al., "Exposure to Farming in Early Life and Development of Asthma and Allergy: A Cross-Sectional Survey", *Lancet* 358 (2001): 1129~1133.
53. D. R. Ownby, C. Cole Johnson, and E. L. Peterson, "Exposure to Dogs and Cats in the First Year of Life and Risk of Allergic Sensi-

tization at 6 to 7 Years of Age", *Journal of the American Medical Association* 288 (2002): 963~972.

54. McNeil, *Plagues and People*, 70 (see chap. 4, n. 9).
55. D. A. Talan, D. M. Citron, F. M. Abrahamian et al., for *the Emergency Medicine Animal Bite Infection Study Group*, "Bacteriologic Analysis ofInfected Dog and Cat Bites", *New England Journal of Medicine* 340 (1999): 85~92.
56. Talan et al., "Bacteriologic Analysis."
57. E.J.C. Goldstein, "Household Pets and Human Infections", *Infectious Disease Clinics of North America* 5 (1991): 117~130.
58. M. Plaut, E. M. Zimmerman, and R. A. Goldstein, "Health Hazards to Humans Associated with Domestic Pets", *Annual Review of Public Health* 17 (1996): 221~245.
59. D. G. McNeil Jr., "Hundreds of U.S. Troops Infected by Parasite Borne by Sand Flies, Army Says", *New York Times*, December 6, 2003.
60. R. S. Desowitz, *Who Gave Pinta to the Santa Maria?* (New York: W. W. Norton, 1997), 40.
61. R. Fisa, M. Gallego, S. Castillejo et al., "Epidemiology of Canine Leishmaniasis in Catalonia (Spain): The Example of the Priorat Focus", *Veterinary Parasitology* 83 (1999): 87~97; J. Moreno and J. Alvar, "Canine Leishmaniasis: Epidemiological Risk and the Experimental Model", *Trends in Parasitology* 18 (2002): 399~405.
62. D. W. Chen, "A New Epidemic Proves Fatal to 21 Foxhounds", New York Times, August 25, 2000, http://www.remnantoEgod.org/nat-142.htm. accessed September 4, 2002.
63. R. B. Tesh, "Ecological Sources of Zoonotic Diseases", in T. Burroughs, S. Knobler, and J. Lederberg, eds., The Emergence of Zoonotic Diseases (Washington, D.C.: National Academy Press, 2002), 44~45.
64. ProMED-mail, "Leptospirosis, Fatal- USA: Background", April 12, 2004, accessed at http://www.promedmail.org.
65. ProMED-mail, "Rabies, Human: China (Nationwide)", November 25, 2003.
66. P. M. Schantz, "Of Worms, Dogs, and Human Hosts: Continuing Challenges for Veterinarians in Prevention of Human Disease", *Journal of the American Veterinary Medical Association* 204 (1994): 1023~1028.

67. I. D. Robertson and R. C. Thompson, "Enteric Parasitic Zoonoses of Domesticated Dogs and Cats", *Microbes and Infection* 4 (2002): 867~873.

68. A. Steiner, "Environmental Studies on Multiple Sclerosis", *Neurology* 2 (1952): 260~262. S. D. Cook and P. C. Dowling, "A Possible Association between House Pets and Multiple Sclerosis", *Lancet* I (1977): 980~982.

69. S. Jotkowitz, "Multiple Sclerosis and Exposure to House Pets" (letter), *Journal of the American Medical Association* 238 (1977): 854. M. Alter, M. Berman, and E. Kahana, "The Year of the Dog", *Neurology* 29 (1979): 1023~1026.

70. S. D. Cook, C. Rohowsky-Kochan, S. Bansil et al., "Evidence for Multiple Sclerosis as an Infectious Disease", *Acla Neurologica Scandinavica* Suppl 161 (1995): 34~42.

71. Cook et al., "Evidence for Multiple Sclerosis."

72. S. D. Cook and P. C. Dowling, "Distemper and Multiple Sclerosis in Sitka, Alaska", *Annals of Neurology* II (1982): 192~194.

73. M. J. Hodge and C. Wolfson, "Canine Distemper Virus and Multiple Sclerosis", *Neurology* 49 (supp. 2) (1997): S62~S69.

74. J. D. Kravetz and D. G. Federman, "Cat-Associated Zoonoses", *Archives of Internal Medicine* 162 (2002): 1945~1952.

75. K. L. Gage, D. T. Dennis, K. A. Orloski et al., "Cases of Cat-Associated Human Plague in the Western US, 1977-1998", *Clinical Infectious Diseases* 30 (2000): 893~900. See also M. Eidson, L. A. Tierney, O. J. Rollag et al., "Feline Plague in New Mexico: Risk Factors and Transmission to Humans", *American Journal of Public Health* 78 (1988): 1333~1335.

76. S. Uga, T. Minami, and K. Nagata, "Defecation Habits of Cats and Dogs and Contamination by Toxocara Eggs in Public Park Sandpits", *American Journal of Tropical Medicine and Hygiene* 54 (1996): 122~126.

77. G. Desmonts, J. Couvreur, F. Alison et al., "Etude Epiderniologique sur la Toxoplasmose: De l'Influence de la Cuisson des Viands de Boucherie sur la Frequence de l'Infection Hurnaine", *Revue Française d'Etudes Cliniques et Biologiques* 10 (1965): 952~958.

78. G. D. Wallace, "Experimental Transmission of Toxoplasma gondii by Filth-Flies", *American Journal of Tropical Medicine and Hygiene* 20 (1971): 411~413. G. D. Wallace, "Experimental Transmission

of Toxoplasma gondii by Cockroaches", *Journal of Infectious Diseases* 126 (1972): 545~547.

79. J. P. Dubey and C. P. Beattie, *Toxoplasmosis of Animals and Man* (Boca Raton, Fla.: CRC Press, 1988), 120.

80. G. Kapperud, P. A. [enum, B. Stray-Pedersen et al., "Risk Factors for Toxoplasma gondii Infection in Pregnancy: Results of a Prospective Case-Control Study in Norway", *American Journal of Epidemiology* 144 (1996): 405~412.

81. J. L. Jones, D. Kruszon-Moran, M. Wilson et al., "Toxoplasma gondii Infection in the United States: Seroprevalence and Risk Factors", *American Journal of Epidemiology* 154 (2001): 357~365.

82. G. Desmonts and J. Couvreur, "Toxoplasmosis in Pregnancy and Its Transmission to the Fetus", *Bulletin of the New York Academy of Medicine* 50 (1974): 144~159.

83. J. K. Frenkel and A. Ruiz, "Human Toxoplasmosis and Cat Contact in Costa Rica", *American Journal of Tropical Medicine and Hygiene* 29 (1980): 1167~1180.

84. C. Soto, "Toxoplasmosis in Pregnancy", *Clinician Reviews* 12 (2002): 51~56.

85. W. Kramer, "Frontiers of Neurological Diagnosis in Acquired Toxoplasmosis", *Psychiatria, Neurologia, Neurochirurgia* 69 (1966): 43~64.

86. D. M. Israelski and J. S. Remington, "Toxoplasmic Encephalitis in Patients with AIDS", *Infectious Disease Clinics of North America* 2 (1988): 429~445.

87. G. N. Holland, "Reconsidering the Pathogenesis of Ocular Toxoplasmosis", *American Journal of Ophthalmology* 128 (1999): 502~505; Israelski and Remington, "Toxoplasmic Encephalitis."

88. Israelski and Remington, "Toxoplasmic Encephalitis."

89. P.-A. Witting, "Learning Capacity and Memory of Normal and Toxoplasma-Infected Laboratory Rats and Mice", *Zeitschrift Jür Parasitenkunde* 61 (1979): 29~51; G. Piekarski, "Behavioral Alterations Caused by Parasitic Infection in Case of Latent Toxoplasma Infection", *Zentralblatt fur Bakteriologie, Mikrobiologie und Hygiene. J. Abt. Originale A* 250 (1981): 403~406.

90. J. P. Webster, "Rats, Cats, People, and Parasites: The Impact of Latent Toxoplasmosis on Behaviour", *Microbes and Infection* 3 (2001): 1037~1045.

91. E. M. Betin, "Concerning the Study of Toxoplasmosis in Mentally Disturbed Patients", Zhurnalnevropatologii i psikhiatrii imeni 5.5. Korsakova 69 (1969): 909~913; P. Bossi, E. Caumes, L. Paris et al., "Toxoplasma gondii-Associated Cuillain-Barre Syndrome in an Immunocompetent Patient", *Journal of Clinical Microbiology* 36 (1998): 3724~3725; P. Ryan, S. F. Hurley, A. M. Johnson et al., "Tumours of the Brain and Presence of Antibodies to Toxoplasma gondii", *International Journal of Epidemiology* 22 (1993): 412~419.

92. J. Flegr and J. Havlicek, "Changes in the Personality Profile of Young Women with Latent Toxoplasmosis", *Folia Parasitologica* 46 (1999): 22~28; J. Havlicek, Z. Casova, A. P. Smith et al., "Decrease of Psychomotor Performance in Subjects with Latent 'Asymptomatic' Toxoplasmosis", *Parasitology* 122 (2001): 515~520; J. Flegr, M. Preiss, J. Klose et al., "Decreased Level of Psychobiological Factor Novelty Seeking and Lower Intelligence in Men Latently Infected with the Protozoan Parasite Toxoplasma gondii: Dopamine, a Missing Link between Schizophrenia and Toxoplasmosis?", *Biological Psychiatry* 63 (2003): 253~268.

93. Kramer, "Frontiers of Neurological Diagnosis." See also E. Aeffner, L. Schmidtke H. J. Seeberger et al., *Kasuistischer Beitrag zur akuten Erwachsenen Toxoplasmose* (Encephalitis, Myositis Ossificans, Symptomatische Psychose), *Nervenarzi* 26 (1955): 161~166; W. Kretschmer Jr. and E. E. Schmid, "Komplizierte Psychose bei Toxoplasma-Encephalitis", *Archiv für Psychiatrie und Nervenkrankheiten* 193 (1955): 38~47; A. Minto and F. J. Roberts, "The Psychiatric Complications of Toxoplasmosis", *Lancet* 1 (1959): 1180~1182.

94. E. F. Torrey and R. H. Yolken, "Toxoplasma gondii and Schizophrenia", *Emerging Infectious Diseases* 9 (2003): 1375~1380.

95. S. L. Buka, R. H. Yolken, E. F. Torrey et al., "Viruses, Fetal Hypoxia, and Subsequent Schizophrenia: A Direct Test of Infectious Agents Using Prenatal Sera (Abstract)", *Schizophrenia Research* 36 (1999): 38.

96. E. F. Torrey and R. H. Yolken, "Could Schizophrenia Be a Viral Zoonosis Transmitted from House Cats?", *Schizophrenia Bulletin* 21(1995): 167~171; E. F. Torrey, R. Rawlings, and R. H. Yolken, "The Antecedents of Psychoses: A Case-Control Study of Selected Risk Factors", *Schizophrenia Research* 46 (2000): 17~23.

97. N. L. Gottlieb, N. Ditchek, J. Poiley et al., "Pets and Rheumatoid Arthritis: An Epidemiologic Survey", *Arthritis and Rheumatism* 17 (1974): 229~234.

98. C. Bond and L. G. Cleland, "Rheumatoid Arthritis: Are Pets Implicated in Its Etiology?", *Seminars in Arthritis and Rheumatism* Z5 (1996): 308~317.

99. G. Morrison, "Zoonotic Infections from Pets: Understanding the Risks and Treatment", *Postgraduate Medicine* 110 (2001): 24~48.

100. Ibid.

101. K. Ryan-Poirier, P. Y. Whitehead, and R. J. Leggiadro, "An Unlucky Rabbit's Foot?", *Pediatrics* 85 (1990): 598~600; R. Horwick, "Tularemia Revisited", *New England Journal of Medicine* 345 (2001): 1637~1639.

102. D. Vanrornpay, R. Ducatelle, and F. Haesebrouck, "Chlamydia psittaci Infections: A Review with Emphasis on Avian Chlarnydiosis", *Veterinary Microbiology* 45 (1995): 93~119.

103. B. Crosse, "Psittacosis: A Clinical Review", *Journal of Infection* 21 (1990): 251~259.

104. J. F. Moroney, R. Guevara, C. Iverson et al., "Detection of Chlamydiosis in a Shipment of Pet Birds, Leading to Recognition of an Outbreak of Clinically Mild Psittacosis in Humans", *Clinical Infectious Diseases* 26 (1998): 1425~1429.

105. Moroney et al., "Detection of Chlamydiosis."

106. J. Ito, T. Ishida, M. Mishima et al., "Familial Cases of Psittacosis: Possible Person-to-Person Transmission", *Internal Medicine* 41 (2002): 580~583.

107. D. W. Gregory and W. Schaffner, "Psittacosis", *Seminars in Respiratory Infections* 12 (1997): 7~11.

108. P. E. Verweij, J.F.G.M. Meis, R. Eijk et al., "Severe Human Psittacosis Requiring Artificial Ventilation: Case Report and Review", *Clinical Infectious Diseases* 20 (1995): 440~442.

109. J. T. Kirchner, "Psittacosis", *Postgraduate Medicine* 102 (1997): 181~194.

110. Vanrornpay et al., "Chlamydia psittaci Infections."

111. F. Bonnet, P. Morlat, J. Delevaux et al., "A Possible Association between Chlamydiae psutacci Infection and Temporal Arteritis", *Joint Bone Spine* 67 (2000): 550~552; Paul W. Ewald, *Plague Time: How Stealth Infections Can Cause Cancer, Heart Disease, and Other*

Deadly Ailments (New York: Free Press, 2000), 123.

112. R. Ackerman, "Epidemiologic Aspects of Lymphocytic Choriome-
     nirigitis in Man", in F. Lehmann-Grube, ed., *Lymphocytic Chorio-
     meningitis Virus and Other Arenavinlses* (New York: Springer-Verlag,
     1973), 233~237.

113. R. J. Biggar, . J. P. Woodall, P. D. Walter et al., "Lymphocytic
     Choriomeningitis Outbreak Associated with Pet Hamsters: Fifty-
     seven Cases from New York State", *Journal of the American Medical
     Association* 232 (1975): 494~500.

114. M. S. Hirsch, R. C. Moellering Jr., H. G. Pope et al., "Lympho-
     cytic-Choriomeningitis-Virus Infection Traced to a Pet Hamster",
     New England Journal of Medicine 291 (1974): 610~612.

115. J. Hotchin, E. Sikora, W. Kinch et al., "Lymphocytic Choriomen-
     ingitis in a Hamster Colony Causes Infection of Hospital Person-
     nel", *Science* 185 (1974): 1173~1174. R. J. Biggar, T. J. Schmidt,
     and J. P. Woodall, "Lymphocytic Choriomeningitis in Laboratory
     Personnel Exposed to Hamsters Inadvertently Infected with LCM
     Virus", *Journal of the American Veterinary Medical Association* 171
     (1977): 829~832.

116. G. M. Komrower, B. L. Williams, and P. B. Stones, "Lymphocytic
     Choriomeningitis in the Newborn: Probable Transplacental Infec-
     tion", *Lancet* 1 (1955): 697~698; Biggar et al., "Lymphocytic cho-
     riomeningitis."

117. H. H. Skinner, E. H. Knight, and M. C. Lancaster, "Lymphomas
     Associated with a Tolerant Lymphocytic Choriomeningitis Virus
     Infection in Mice", *Laboratory Animals* 14 (1980): 117~121; M.
     Kohler, B. Ruttner, S. Cooper et al., "Enhanced Tumor Susceptibil-
     ity of Immunocompetent Mice Infected with Lymphocytic Cho-
     riomeningitis Virus", *Cancer Immunology, Immunotherapy* 32 (1990):
     117~124.

118. J. Ginsburg, "Dinner, Pets, and Plagues by the Bucketful", http://
     www.the-scientist.com/yr2004/apr/research2_040412.html,
     accessed June 2, 2004.

119. S. Hartwell, "The American Feral Cat Problem", 1994, accessed
     November 5, 2002, at http://messybeast.com/usferal.htm.

120. J. Gorman, "Bird Lovers Hope to Keep Cats on a Very Short
     Leash", *New York Times*, March 18, 2003.

121. Dobson and Foufopoulos, "Emerging Infectious Pathogens" (see

chap. I, n. 25).

122. "Petting Zoo Directory", www.pettingzoofarrn.com, accessed November 26, 2002.

123. Zoo-to-You Web site, www.zoo-to-you.com/page5.htm. accessed November 26, 2002.

124. "In College Football, a Struggle for Fans", *New York Times*, November 23, 2002.

125. J. A. Crump, A. C. Sulka, A. J. Langer et al., "An Outbreak of Escherichia coli O157: H7 Infections among Visitors to a Dairy Farm", *New England Journal of Medicine* 347 (2002): 555~560.

126. "Outbreaks of Escherichia coli O157:H7 Infections among Children Associated with Farm Visits: Pennsylvania and Washington, 2000", *Morbidity and Mortality Weekly Report* 50 (2001): 293~297.

127. "Inside Edition Investigates Petting Zoos to Report on Possible Dangers for Some Children When They Are Exposed to Bacteria from Farm Animals", aired May 6, 2002, www.insideedition.coml-investigative/pet-zoo.htm. accessed November 26, 2002.

128. A. L. Cowan, "Drawing a Line at Pets with Long Scaly Tails", *New York Times*, April 25, 2003.

129. D. Oldenburg, "Born to Be Wild", *Washington Post*, July 30, 2003.

130. "National Alternative Pet Association", http.z/www.altpet.net, accessed June 16, 2003.

131. C. E. Rupprecht, J. Gilbert, K. R. Marshall et al., "Evaluation of an Inactivated Rabies Virus Vaccine in Domestic Ferrets", *Journal of the American Veterinary Medical Association* 196 (1990): 1514~1616.

132. C. L. Besch-Williford, "Biology and Medicine of the Ferret", Veterinary Clinics of North America: Small Animal Practice 17 (1987): 1155~1183; R. P. Marini, J. A. Adkins, and J. G. Fox, "Proven or Potential Zoonotic Diseases of Ferrets", *Journal of the American Veterinary Medical Association* 195 (1989): 990~994.

133. "NYPD Officer: Tranquilized Tiger Came at Me", CNN.com/ US., October 6, 2003, http://www.cnn.com/2003/US/Northeast II 0106/cnna.duffylindex.html.

134. "Price List and Availability", Exotic Pets 4 Sale Web site, http:// members.tripod.com/ladysreddragonlid24_lll.htm, accessed June 16, 2003.

135. "Family Keeps Pet Eel in Tub for 33 Years", *USA Today*, January 8, 2003, 4A.

136. B. B. Chomel, "Less Common House Pets", in D. Schlossberg, ed., *Infections of Leisure* (Washington, D.C.: American Society for Microbiology, 1999), 238.

137. "Reptile-Associated Salmonellosis: Selected States, 1998-2002", *Morbidity and Mortality Weekly Report* 52 (2003): 1206~1209.

138. A. Goodnough, "Forget the Gators: Exotic Pets Run Wild in Florida", *New York Times, February* 29, 2004.

139. Cowan, "Drawing a Line."

140. "Reptile-Associated Salmonellosis: Selected States, 1994-1995", *Morbidity and Mortality Weekly Report* 44 (1995): 347~350.

141. D. M. Ackman, P. Drabkin, G. Birkhead et al., "Reptile-Associated Salmonellosis in New York State", *Pediatric Infectious Disease Journal* 14 (1995): 955~959.

142. "Reptile-Associated Salmonellosis: Selected States, 1996-1998."

143. D. L. Woodward, R. Khakhria, and W. M. Johnson, "Human Salmonellosis Associated with Exotic Pets", *Journal of Clinical Microbiology* 35 (1997): 2786~2790.

144. "Reptile-associated Salmonellosis — Selected States, 1996-1998", *Morbidity and Mortality Weekly Report* 48 (1999): 1009~1013.

145. Woodward et al., "Human salmonellosis associated with exotic pets."

146. "Iguana-Associated Salmonellosis: Indiana, 1990", *Morbidity and Mortality Weekly Report* 41 (1992): 38~39.

147. C. Dalton, R. Hoffman, and J. Pape, "Iguana-Associated Salmonellosis in Children", *Pediatric Infectious Disease Journal* 14 (1995): 319~320.

148. J. Merrnin, B. Hoar, and F. J. Angulo, "Iguanas and Salmonella marina Infection in Children: A Reflection of the Increasing Incidence of Reptile-Associated Salmonellosis in the United States", *Pediatrics* 99 (1997): 399~402.

149. G. J. Moran, "Dogs, Cats, Raccoons, and Bats: Where Is the Real Risk for Rabies?", *Annals of Emergency Medicine* 39 (2002): 541~543.

150. A. Dobson, "Raccoon Rabies in Space and Time", *Proceedings of the National Academy of Sciences* 97 (2000): 14041~14043.

151. S. R. Jenkins, B. D. Perry, and W. G. Winkler, "Ecology and Epidemiology of Raccoon Rabies", Reviews of Infectious Diseases 10 (supp. 4) (1988): S620~S625; V F. Nettles, "Rabies in Translocated Raccoons", *American Journal of Public Health* 69 (1979): 601~602.

152. Jenkins et al., "Ecology and Epidemiology."
153. "Rabies in a Beaver: Florida, 2001", *Morbidity and Mortality Weekly Report* 51 (2002): 481~482.
154. B. A. Woodruff, J. L. Jones, and T. R. Eng, "Human Exposure to Rabies from Pet Wild Raccoons in South Carolina and West Virginia, 1987 through 1988", *American Journal of Public Health* 81 (1991): 1328~1330.
155. L. D. Rotz, J. A. Hensley, C. E. Rupprecht et al., "Large-Scale Human Exposures to Rabid or Presumed Rabid Animals in the United States: 22 Cases (1990-1996)", *Journal of the American Veterinary Medical Association* 212 (1998): 1198~1200.
156. "First Human Death Associated with Raccoon Rabies: Virginia, 2003", *Morbidity and Mortality Weekly Report* 52 (2003): 1102~1103.
157. J. Wilgoren, "Monkeypox Casts Light on Rule Gap for Exotic Pets", *New York Times*, June 10, 2003.
158. ProMED-mail, "International Animal Movement: Veterinary Control", June II, 2003.
159. "The African Gambian Pouch Rat", Petite Paws Exotics, http://members.shaw.ca/petitepaws/gpr.html, accessed June 16, 2003.
160. ProMED-mail, "Monkeypox, Human, Prairie Dogs: USA (12)", June 19, 2003. See also K. D. Reed, J. W. Melski, M. B. Graham et al., "The Detection of Monkeypox in Humans in the Western Hemisphere", *New England Journal of Medicine* 350 (2004): 342~350.

8 포식하는 인간—미친 소와 미치지 않은 닭

1. Drexler, Secret Agents, 113 (see chap. 3, n. 24).
2. "Hepatitis A Outbreak Associated with Green Onions at a Restaurant: Monaca, Pennsylvania", *Morbidity and Mortality Weekly Report*, 52 (2003): 1~3.
3. "Preliminary FoodNet Data on the Incidence of Foodborne Illnesses: Selected Sites, United States, 2002", *Morbidity and Mortality Weekly Report*, 52 (2003): 340~343.
4. V J. Cirillo, "Fever and Reform: The Typhoid Epidemic in the Spanish-American War", *Journal of the History of Medicine* 55 (2000): 363~397.

5. P. S. Mead, L. Slutsker, V Dietz et al., "Food-Related Illness and Death in the United States", *Emerging Infectious Diseases* 5 (1999): 607~625.

6. US. Department of Agriculture, *Salmonella Enteritidis Risk Assessment: Shell Eggs and Egg Products* (Washington, D.C.: USDA Food Safety and Inspection Service, 1998), http://www.fsis.usda.gov/ophslrisk, accessed August 13, 2002; J. M. Cowden, "Salmonellosis and Eggs: Public Health, Food Poisoning and Food Hygiene", *Current Opinion in Infectious Diseases* 3 (1990): 246~249; D. C. Rodrigue, R. V Tauxe, and B. Rowe, "International Increase in Salmonella enteritidis: A New Pandemic?", *Epidemiology and Infection* 105 (1990): 21~27.

7. W. C. Levine, J. F. Smart, D. L. Archer et al., "Foodborne Disease Outbreaks in Nursing Homes", *Journal of the American Medical Association* 266 (1991): 2105~2109; B. Mishu, J. Koehler, L. A. Lee et al., "Outbreaks of Salmonella enteritidis Infections in the United States, 1985-1991", *Journal ofInfectious Diseases* 169 (1994): 547~552.

8. S. Umasankar, E. U. Mridha, M. M. Hannan et al., "An Outbreak of Samonella enteritidis in a Maternity and Neonatal Intensive Care Unit", *Journal of Hospital Infection* 34 (1996): 117~122.

9. US. Department of Agriculture, *Salmonella Enteritidis Risk Assessment.*

10. "Outbreak of Multidrug-Resistant Salmonella Newport: United States, JanuaryApril 2002", *Journal of the American Medical Association* 288 (2002): 951~953.

11. M. Helms, P. Vastrup, P. Gerner-Smidt et al., "Excess Mortality Associated with Antimicrobial Drug-Resistant Salmonella typhunurium", *Emerging Infectious Diseases* 8 (2002): 490~495.

12. S. M. Graham, "Salmonellosis in Children in Developing and Developed Countries and Populations", *Current Opinion in Infectious Diseases* 15 (2002): 507~512.

13. US. Department of Agriculture, Food Safety and Inspection Service, "Proposed Rules", Federal Register 63 (96) (1998): 27502~27511, http://www.fsis.usda.gov/ OPPDElrdad/FRPubs/96-035A.pdf, accessed August 13, 2002.

14. "Outbreaks of Salmonella Serotype enteritidis Infection Associated with Eating Shell Eggs: United States, 1999-2001", *Morbidity and Mortality Weekly Report* 51 (2003): 1149~1152.

15. E. F. Coyle, S. R. Palmer, C. D. Ribeiro et al., "Salmonella enteritidis Phage Type 4 Infection: Associated with Hens' Eggs", *Lancet* 2 (1988): 1295~1297.
16. Cowden, "Salmonellosis and Eggs."
17. Coyle et al., "Salmonella enteritidis."
18. B. Mishu, P. M. Griffin, R. V Tauxe et al., "Salmonella enteritidis Gastroenteritis Transmitted by Intact Chicken Eggs", *Annals of Internal Medicine* 115 (1991): 190~194.
19. Cowden, "Salmonellosis and Eggs."
20. S. L. Mawer, G. E. Spain, and B. Rowe, "Salmonella enteritidis Phage Type 4 and Hens' Eggs" (letter), *Lancet* 1 (1989): 280~281.
21. U.S. Department of Agriculture, Food Safety and Inspection Service, "Proposed Rules."
22. E. A. Ager, K. E. Nelson, M. M. Galton et al., "Two Outbreaks of Egg-Borne Salmonellosis and Implications for Their Prevention", *Journal of the American Medical Association* 199 (1967): 372~378.
23. Ibid.
24. Cowden, "Salmonellosis and Eggs."
25. C. W. Hedberg, M. J. David, K. E. White et al., "Role of Egg Consumption in Sporadic Salmonella enteritidis and Salmonella typhunurium Infections in Minnesota", *Journal of Infectious Diseases* 167 (1993): 107~111.
26. M. E. St. Louis, D. L. Morse, M. E. Potter et al., "The Emergence of Grade A Eggs as a Major Source of Salmonella enteritidis Infections", *Journal of the American Medical Association* 259 (1988): 2103~2107.
27. A. S. Kessel, I. A. Gillespie, S. J. O'Brien et al., "General Outbreaks ofInfectious Intestinal Disease Linked with Poultry, England and Wales, 1992-1999", *Communicable Disease and Public Health* 4 (2001): 171~177.
28. T. Kistemann, F. Dangendorf, L. Krizek et al., "GIS-Supported Investigation of a Nosocomial Salmonella Outbreak", *International Journal of Hygiene and Environmental Health* 203 (2000): 117~126.
29. S. Sivapalasingam, E. Barrett, A. Kimura et al., "A Multistate Outbreak of Salmonella enterica Serotype Newport Infection Linked to Mango Consumption: Impact of WaterDip Disinfestations Technology", *Clinical Infectious Diseases* 37 (2003): 1585~1590.
30. "Salmonellosis Associated with Chicks and Ducklings: Michigan

and Missouri, Spring 1999", *Morbidity and Mortality Weekly Report* 49 (2000): 297~299.

31. "Salmonella hadar Associated with Pet Ducklings: Connecticut, Maryland, and Pennsylvania, 1991", *Morbidity and Mortality Weekly Report* 41 (1992): 185~187, in *Journal of the American Medical Association* 267 (1992): 2011.

32. H. J. Shivaprasad, "Fowl Typhoid and Pullorum Disease", *Revue Scientifique et Technique* (International Office of Epizootics) 19 (2000): 405~424.

33. J. Li, N. H. Smith, K. Nelson et al., "Evolutionary Origin and Radiation of the AvianAdapted Non-motile Salmonellae", *Journal of Medical Microbiology* 38 (1993): 129~139.

34. W. Rabsch, B. M. Hargis, R. M. Tsolis et al., "Competitive Exclusion of Salmonella enteritidis by Salmonella gallinannn in Poultry", *Emerging Infectious Diseases* 6 (2000): 443~448; A. J. Baumler, B. M. Hargis, and R. M. Tsolis, "Tracing the Origins of Salmonella Outbreaks", *Science* 287 (2000): 50~52.

35. Rodrigue et al., "International Increase."

36. U.S. Department of Agriculture, Food Safety and Inspection Service, "Proposed Rules."

37. U.S. Department of Agriculture, *Salmonella Enteritidis Risk Assessment.*

38. P. A. Barrow, "The Paratyphoid Salmonellae", *Revue Scientifique et Technique* (International Office of Epizootics) 19 (2000): 351~375.

39. Kessel et al., "General Outbreaks."

40. C. S. DeWaal, "Playing Chicken: The Human Cost of Inadequate Regulation of the Poultry Industry", Food Safety Program, Center for Science in the Public Interest, March 1996, http://www.cspinet. orgireports/polt.html. accessed July 30, 2002.

41. "Chicken: What You Don't Know Can Hurt You", *Consumer Reports*, March 1998,7.

42. Kessel et al., "General Outbreaks."

43. S. I. Miller, E. L. Hohmann, and D. A. Pegues, "Salmonella (Including Salmonella typhi)", in G. L. Mandell, J. E. Bennett, and R. Dolin, eds., *Principles and Practice of Infectious Diseases*, 4th ed., vol. 2 (New York: Churchill Livingstone, 1995), 2013~2033.

44. "Salmonella typhimurium Outbreak in Sweden from Contaminated Jars of Helva (or Halva)", *Communicable Diseases Intelligence* 25

(2001): 183.

45. "Outbreak of Multidrug-Resistant Salmonella Newport: United States, JanuaryApril 2002", *Journal of the American Medical Association* 288 (2002): 951~953; ProMED-mail, "Salmonella hiambu, beef jerky: USA (New Mexico)", October 2, 2003.

46. P. C. Craven, D. C. Mackel, W. B. Baine et aI., "International Outbreak of Salmonella eastbourne Infection Traced to Contaminated Chocolate", *Lancet* I (1975): 788~792.

47. D. N. Taylor, I. K. Wachsmuth, Y. Shangkuan et aI., "Salmonellosis Associated with Marijuana: A Multistate Outbreak Traced by Plasmid Fingerprinting", *New England Journal of Medicine* 306 (1982): 1249~1253.

48. Mead et aI., "Food-Related Illness."

49. W. H. van der Poel, J. Vinje, R. van der Heide et aI., "Norwalk-like Calicivirus Genes in Farm Animals", *Emerging Infectious Diseases* 6 (2000): 36~41.

50. J. McLauchlin and N. Van der Mee-Marquet, "Listeriosis", in S. R. Palmer, E.J.L. Soulsby, and D.I.H. Simpson, eds., *Zoonoses: Biology, Clinical Practice, and Public Health Control* (Oxford: Oxford University Press, 1998), 127~140.

51. "Outbreak of Listeriosis: Northeastern United States, 2002", *Journal of the American Medical Association* 288 (2002): 2260.

52. E. Becker, "Consumer Groups Accuse U.S. of Negligence on Food Safety, Leading to Meat Recalls", *New York Times*, October 15, 2002.

53. M. B. Skirrow, "Campylobacteriosis", in S. R. Palmer, E.J.L. Soulsby, and D.I.H. Simpson, eds., *Zoonoses: Biology, Clinical Practice, and Public Health Control* (Oxford: Oxford University Press, 1998), 37~46.

54. M. Lecuit, E. Abachin, A. Martin et aI., "Immunoproliferative Small Intestinal Disease Associated with Campylobacter ieiuni", *New England Journal of Medicine* 350 (2004): 239~248.

55. Skirrow, "Campylobacteriosis."

56. G. M. Pupo, R. Lan, and P. R. Reeves, "Multiple Independent Origins of Shigella Clones of Escherichia coli and Convergent Evolution of Many of Their Characteristics", *Proceedings of the National Academy of Sciences USA* 97 (2000): 10567~10572.

57. S. Nelson, R. C. Clarke, and M. A. Karmali, "Verocytotoxin-

Producing Escherichia coli (VTEC) Infections", in S. R. Palmer, E.J.L. Soulsby, and D.I.H. Simpson, eds., *Zoonoses: Biology, Clinical Practice, and Public Health Control* (Oxford: Oxford University Press, 1998), 89~104.

58. Ibid.
59. J. R. Brandt, L. S. Fouser, S. L. Watkins et aI., "Escherichia coli 01 57: H7-Associated Hemolytic-Uremic Syndrome after Ingestion of Contaminated Hamburgers", *Journal of Pediatrics* 125 (1994): 519-526; B. P Bell, M. Goldoft, P M. Griffin etal., "A Multistate Outbreak of Escherichia coli O157: H7-Associated Bloody Diarrhea and Hemolytic Uremic Syndrome from Hamburgers: The Washington Experience", *Journal of the American Medical Association* 272 (1994): 1349~1353.
60. P. R. Cieslak, S. J. Noble, D. J. Maxson et al., "Hamburger-Associated Escherichia coli O157:H7 Infection in Las Vegas: A Hidden Epidemic", *American Journal of Public Health* 87 (1997): 176~180.
61. ProMED-mail, "E. coli O157, Salad: USA (California)", October 10, 2003.
62. "Excerpts from the Agriculture Secretary's News Conference", *New York Times*, December 24, 2003.
63. ProMED-mail, "CJD (New VaL), Carrier Frequency Study: UK", May 21, 2004.
64. D. Crady, "Mad Cow Quandary: Making Animal Feed", *New York Times*, February 6, 2004.
65. N. Nathanson, K A. McCann, J. Wilesmith et al., "The Evolution of Virus Diseases: Their Emergence, Epidemicity, and Control", *Virus Research* 29 (1993): 3~20.
66. S. Blakeslee and M. Burros, "Danger to Public Is Low, Experts on Disease Say", New York Times, December 24, 2003.
67. P. J. Bosque, "Bovine Spongiform Encephalopathy, Chronic Wasting Disease, Scrapie, and the Threat to Humans from Prion Disease Epizootics", *Current Neurology and Neuroscience Reports* 2 (2002): 488~495.
68. Z. Davanipour, M. Alter, E. Sobel et al., "Transmissible Virus Dementia: Evaluation of a Zoonotic Hypothesis", *Neuroepidemiology* 5 (1986): 194~206; E. D. Belay, P. Gambetti, L. B. Schonberger et al., "Creutzfeldt-Jakob Disease in Unusually Young Patients Who Consumed Venison", *Archives of Neurology* 58 (2001): 1673~1678.

69. N. Bons, N. Mestre-Frances, P. Belli et al., "Natural and Experimental Oral Infection of Nonhuman Primates by Bovine Spongiform Encephalopathy Agents", *Proceedings of the National Academy of Sciences USA* 96 (1999): 4046~4051.
70. ProMED-mail, "Feline Spongiform Encephalopathy, Cat: Switzerland", August 24, 2003.
71. G. Zanusso, E. Nardelli, A. Rosati et al., "Simultaneous Occurrence of Spongiform Encephalopathy in a Man and His Cat in Italy", *Lancet* 352 (1998): 1116~1118.
72. Blakeslee, "Mad Cows, Sane Cats" (see chap. I, n. I).
73. Henig, *A Dancing Matrix*, III (see chap. I, n. II).
74. "Study Examines Venison Eaters' Risk of Contracting Brain Disease", *Rocky Mountain News of Colorado*, July I, 2002.
75. J. C. Bartz, R. F. Marsh, D. I. McKenzie et al., "The Host Range of Chronic Wasting Disease Is Altered on Passage in Ferrets", *Virology* 251 (1998): 297~301.

9 현대의 먹이사슬이 전파하는 미생물 —SARS, 인플루엔자, 조류 독감이 주는 교훈

1. R. C. Webster, "Wet Markets: A Continuing Source of Severe Acute Respiratory Syndrome and Influenza?" *Lancet* 363 (2004): 234~236.
2. ProMED-mail, "SARS Worldwide (164): Etiology", July 23, 2003.
3. F. Zeng, KY.C. Chow, and F. C. Leung, "Estimated Timing of the Last Common Ancestor of the SARS Coronavirus" (letter), *New England Journal of Medicine* 349 (2003): 2469~2470.
4. ProMED-mail, "SARS Worldwide (03): Etiology", January 6, 2004.
5. S.K.C. Ng, "Possible Role of an Animal Vector in the SARS Outbreak at Amoy Gardens", *Lancet* 362 (2003): 570~572.
6. Y. Ding, L. He, Q. Zhang et al., "Organ Distribution of Severe Acute Respiratory Syndrome (SARS) Associated Coronavirus (SARS-CoV) in SARS Patients: Implications for Pathogenesis and Virus Transmission Pathways", *Journal of Pathology* 203 (2004): 622~630.
7. J.S.M. Peiris, K Y. Yuen, AD.M.E. Osterhaus et al., "The Severe Acute Respiratory Syndrome", *New England Journal of Medicine* 349 (2003): 2431~2441.

8. PCY Woo, S.K.P. Lau, H. Tsoi et al., "Relative Rates of Non-pneumonic SARS Coronavirus Infection and SARS Coronavirus Pneumonia", *Lancet* 363 (2004): 841~845.

9. N. Wade, "New SARS Study Stresses Need to Act Fast against Epidemics", *New York Times*, January 30, 2004.

10. R. G. Webster, W. J. Bean, O. T. Gorman et al., "Evolution and Ecology ofInfluenza A Viruses", *Microbiological Reviews* 56 (1992): 152~179.

11. Y. Suzuki and M. Nei, "Origin and Evolution of Influenza Virus Hemagglutinin Genes", *Molecular Biology and Evolution* 19 (2002): 501~509.

12. Edwin D. Kilbourne, *Influenza* (New York: Plenum, 1987), 242.

13. C. Scholtissek and E. Naylor, "Fish Farming and Influenza Pandemics", *Nature* 331 (1988): 215.

14. McMichael, *Human Frontiers*, 147 (see chap. I, n. 8).

15. J. H. Brown, "The Epidemiology and Evolution of Influenza Viruses in Pigs", *Veterinary Microbiology* 74 (2000): 29~46.

16. Webster et al., "Evolution and Ecology."

17. Lynette Iezzoni, *Influenza 1918* (New York: TV Books, 1999), 41.

18. William Ian Beveridge, *Influenza: The Last Great Plague*, rev. ed. (New York: Prodist, 1978), 25, 27.

19. Lederberg et al., *Emerging Infections*, 18 (see chap. I, n. 39).

20. Alfred W. Crosby, *America's Forgotten Pandemic: The Influenza of 1918* (Cambridge: Cambridge University Press, 1990), 31.

21. A. H. Reid, T. G. Fanning, J. V. Hultin et al., "Origin and Evolution of the 1918 'Spanish' Influenza Virus Hemagglutinin Gene", *Proceedings of the National Academy of Sciences USA* 96 (1999): 1651~1656.

22. Crosby, *America's Forgotten Pandemic*, 53.

23. N. R. Grist, "Pandemic Influenza 1918" (letter written September ·29, 1918), reprinted in *British Medical Journal 2*: 1632~1633, 1979, www.hibernianhealth.comlflu_letter.html, accessed July 3, 2002.

24. Crosby, *America's Forgotten Pandemic*, 140.

25. Ibid., 77, 82.

26. Iezzoni, *Influenza* 1918, 158.

27. Gina Kolata, *Flu: The Story of the Great Influenza Pandemic of 1918 and the Search for the Virus That Caused It* (New York: Touchstone, 1999), 53.

28. Crosby, *America's Forgotten Pandemic*, 324.
29. Ibid., 102, 105.
30. Iezzoni, *Influenza* 1918,69.
31. Crosby, *America's Forgotten Pandemic*, 228.
32. Iezzoni, *Influenza* 1918, 167.
33. Mary McCarthy, *Memories of a Catholic Girlhood* (New York: Harcourt, Brace and World, 1946), 35.
34. Thomas Wolfe, *Look Homeward Angel* (New York: Collier Books, 1929), 488.
35. Crosby, *America's Forgotten Pandemic*, 317.
36. Katherine Anne Porter, *Pale Horse, Pale Rider* (New York: New American Library, 1936), 126.
37. J. Pickrell, "Killer Flu with a Human-Pig Pedigree?", *Science* 292 (2001): 1041.
38. R. G. Webster, "Influenza Virus: Transmission between Species and Relevance to Emergence of the Next Human Pandemic", *Archives of Virology* 13 (supp.) (1997): 105~113.
39. ProMED-mail, "Avian Influenza, WHO Fact Sheet", January 16, 2004.
40. ProMED-mail, "Avian Influenza, Human: East Asia (15)", February 6, 2004.
41. ProMED-mail, "Avian Influenza, Human: Vietnam (11)", January 22, 2004.
42. ProMED-mail, "Avian Influenza, Eastern Asia (72): Thailand", May 15, 2004.
43. M. S. Klempner and D. S. Shapiro, "Crossing the Species Barrier: One Small Step to Man, One Giant Leap to Mankind", *New England Journal of Medicine* 350 (2004): 1171~1172.
44. L. K. Altman, "Human Spread, a First, Is Suspected in Bird Flu in Vietnam", *New York Times*, February 2, 2004.
45. R. J. Webby and R. C. Webster, "Are We Ready for Pandemic Influenza?", *Science* 302 (2003): 1519~1522.
46. Editorial, "Avian Influenza: The Threat Looms", *Lancet* 363 (2004): 257.
47. ProMED-mail, "Avian Influenza H5N2, Poultry: USA (Texas)", February 21, 2004; Avian Influenza: Canada (23)", May 7, 2004.
48. Perez-Pen a and L. K. Altman, "With Rare Case of Avian Flu, a Troubling Medical Mystery", *New York Times*, April 20, 2004.

49. Webster, "Wet Markets."
50. ProMED-mail, "Avian Influenza: Eastern Asia (14)", January 30, 2004.

10 다가오는 전염병—에이즈, 웨스트 나일 바이러스, 라임병이 주는 교훈

1. Henig, *A Dancing Matrix*, xii (see chap. 1, n. 11).
2. ProMED-mail, accessed May to June 2003, at http://www.promeclinail.org, archive numbers 20030522.1250 and 2003050!.1088 (Venereal Disease), 20030630.1611 (Akabane Virus), 20030606.1391 and 20030503.1106 (Kyasanur Forest Disease), 20030527.1299 (Catarrhal Fever), 20030522.1254 (Trout Disease), 20030510.1161 (Gastroenteritis), 20030513.1190 (Bluetongue Virus Disease), 20030603.1350 (African Swine Fever), and 20030528.1305 (Avian Influenza).
3. E. Bailes, F. Gao, F. Bibollet-Ruche et aI., "Hybrid Origin of SIV in Chimpanzees", *Science* 300 (2003): 1713.
4. J. J. Brooks, E. W. Rud, R. G. Pilon et al., "Cross-Species Retroviral Transmission from Macaques to Human Beings", *Lancet* 360 (2002): 387~388.
5. S. Van Dooren, M. Salemi, and A.-M. Vandamme, "Dating the Origin of the African Human TCell Lymphotropic Virus Type-I (HTLV-l) Subtypes", *Molecular Biology and Evolution* 18 (2001): 661~671.
6. Diamond, *The Third Chimpanzee*, 23 (see chap. 4, n. 24).
7. D. M. Hillis, "Origins of HIV", *Science* 288 (2000): 1757~1760; B. Korber, M. Muldoon, J. Theiler et al., "Timing the Ancestor of the HIV-1 Pandemic Strains", *Science* 288 (2000): 1789~1796; N. D. Wolfe, W. M. Switzer, J. K. Carr et al., "Naturally Acquired Simian Retrovirus Infection in Central African Hunters", *Lancet* 363 (2004): 932~937.
8. Peter Lamprey, Merywen Wigley, Dara Carr, and Yvette Collymore, "Facing the HIVI AIDS Pandemic", *Population Bulletin*, vol. 57, no. 3 (Washington, D.C.: Population Reference Bureau, 2002), I.
9. "Update: AIDS: United States, 2000", *Morbidity and Mortality Weekly Report* 51 (2002): 592~595. H. Jaffe, "Whatever Happened to the U.S. AIDS Epidemic?", *Science* 305 (2004): 1243~1244.

10. M. C. Layton, "Challenges of Vectorborne Disease Surveillance from the Local Perspective: West Nile Virus Experience", in T. Burroughs, S. Knobler, and J. Lederberg, eds., *The Emergence of Zoonotic Diseases: Understanding the Impact of Animal and Human Health* (Washington, D.C.: National Academy Press, 2002), 86~90.
11. M. Enserink, "New York's Lethal Virus Came from Middle East, DNA Suggests", *Science* 286 (1999): 1450~1451.
12. Dobson and Foufopoulos, "Emerging Infectious Pathogens of Wildlife" (see chap. 1, n.25).
13. "Provisional Surveillance Summary of the West Nile Virus Epidemic: United States, January~November 2002", *Morbidity and Mortality Weekly Report* 51 (2002): 1129~1133.
14. D. Brown, "West Nile Virus Kills Four, Sickens 88 in Three States", *Washington Post*, August 3, 2002.
15. S. J. Olsen, H.-L. Chang, T. Yung-Yan Cheung et al., "Transmission of the Severe Acute Respiratory Syndrome on Aircraft", *New England Journal of Medicine* 349 (2003): 2416~2422.
16. *International Civil Aviation Organization*, ICAO Circular 291-AT/ l23, *The World of Civil Aviation*, 2001-2004 (Montreal: ICAO, 2002), 27.
17. P. J. Irwin, "Companion Animal Parasitology: A Clinical Perspective", *International Journal of Parasitology* 32 (2002): 581~593.
18. ProMED-mail, "Exotic Disease Risk, Traveling pets-UK", May 18, 2004; "Exotic Disease Risk, Traveling Pets-UK (02)", May 19, 2004.
19. L. Simonsen, A. Kane, J. Lloyd et al., "Unsafe Injections in the Developing World and Transmission of Bloodborne Pathogens: A Review", *Bulletin of the World Health Organization* 77 (1999): 789~800.
20. S. van der Geest, "The Illegal Distribution of Western Medicines in Developing Countries", Medical Anthropology 6 (1982): 197~219.
21. Y. J.F. Hutin, A. M. Hauri, and G. L. Armstrong, "Use of Injections in Healthcare Settings Worldwide, 2000: Literature Review and Regional Estimates", *British Medical Journal* 327 (2003): 1075.
22. E. Drucker, P. G. Alcabes, and P. A. Marx, "The Injection Century: Massive Unsterile Injections and the Emergence of Human Pathogens", *Lancet* 358 (2001): 1989~1992.
23. R. S. Boneva, T. M. Folks, and L. E. Chapman, "Infectious Disease Issues in Xenotransplantation", *Clinical Microbiology Reviews* 14

(2001): 1~14.

24. J. S. Allan, "The Risk of Using Baboons as Transplant Donors: Exogenous and Endogenous Viruses", *Annals of the New York Academy of Sciences* 862 (1998): 87~99.

25. D. Butler, "Last Chance to Stop and Think on Risks of Xenotransplants", *Nature* 391 (1998): 320~324.

26. D. Yoo and A. Ciulivi, "Xenotransplantation and the Potential Risk of Xenogeneic Transmission of Porcine Viruses", *Canadian Journal of Veterinary Research* 64 (2000): 193~203.

27. R. A. Weiss, S. Magre, and Y Takeuchi, "Infection Hazards of Xenotransplantation".

28. *Journal of Infection* 40 (2000): 21~25.

29. Rosenbloom et al., "Biological and Chemical Agents" (see chap. 3, n. 23).

30. D. Ferber, "Microbes Made to Order", *Science* 303 (2004): 158~161.

31. Zinsser quoted in Karlen, *Man and Microbes*, 25 (see chap. 1, n. 17).

32. Jonathan R. Davis and Joshua Lederberg, eds., *Emerging Infectious Disease from the Global to the Local Perspective: Workshop Summary* (Washington, D.C.: National Academy Press, 2001).

33. E. Zwingle, "Cities", *National Geographic*, November 2002, 70~99.

34. Murphy, "Emerging Zoonoses" (see chap. 1, n. 35).

35. Garrett, *The Coming Plague*, 567 (see chap. 1, n. 4)

36. McMichael, *Human Frontiers*, 301 (see chap. 1, n. 8).

37. S. S. Morse, "Factors in the Emergence of Infectious Diseases", *Emerging Infectious Diseases* 1 (1995): 7~15.

38. Arno Karlen, *Biography of a Germ* (New York: Knopf, 2001), 138.

39. A. G. Barbour and D. Fish, "The Biological and Social Phenomenon of Lyme Disease", *Science* 260 (1993): 1610~1616.

40. A. C. Revkin, "Out of Control, Deer Send Ecosystem into Chaos", *New York Times*, November 12, 2002.

41. "Lyme Disease: United States, 2000", *Morbidity and Mortality Weekly Report* 51 (2002): 29-31.

42. A. C. Steere, "Lyme Disease", *New England Journal of Medicine* 345 (2001): 115~125. 42. Taylor et al., "Risk Factors" (see chap. 1, n. 29)

43. P. Saikku, M. Leinonen, K. Mattila et al., "Serological Evidence of an Association of a Novel Chlamydia, TWAR, with Chronic Coronary Heart Disease and Acute Myocardial Infarction", *Lancet* 2

(1988): 983~986; W. H. Frishman and A. Ismail, "Role ofInfection in Atherosclerosis and Coronary Artery Disease: A New Therapeutic Target?", *Cardiology in Review* 10 (2002): 199~210; J. B. Muhlestein, E. H. Hammond, J. F. Carlquist et aI., "Increased Incidence of Chlamydia Species within the Coronary Arteries of Patients with Symptomatic Atherosclerotic versus Other Forms of Cardiovascular Disease", *Journal of the American College of Cardiology* 27 (1996): 1555~1561.

44. C. Storey, M. Lusher, P. Yates et aI., "Evidence for Chlamydia pneumoniae of Non-human Origin", *Journal of General Microbiology* 139 (1993): 2621~2626; B. Pettersson, A. Andersson, T Leitner et al., "Evolutionary Relationships among Members of the Genus Chlamydia Based on 16S Ribosomal DNA Analysis", *Journal of Bacteriology* 179 (1997): 4195~4205.

45. D. M. Vail and E. G. MacEwen, "Spontaneously Occurring Tumors of Companion Animals as Models for Human Cancer", *Cancer Investigation* 18 (2000): 781~792.

46. H. zur Hausen, "Proliferation-Inducing Viruses in Non-permissive Systems as Possible Causes of Human Cancers", *Lancet* 357 (2001): 381~384; H. H. Skinner, E. H. Knight, and M. C. Lancaster, "Lymphomas Associated with a Tolerant Lymphocytic Choriomeningitis Virus Infection in Mice", *Laboratory Animals* 14 (1980): 117~121.

47. M. V Viola, "Hematological Malignancies in Patients and Their Pets", *Journal of the American Medical Association* 205 (1968): 95~96.

48. Murphy, "Emerging Zoonoses."

49. Mark S. Smolinski, Margaret A. Hamburg, and Joshua Lederberg, eds., *Microbial Threats to Health: Emergence, Detection, and Response* (Washington, D.C.: National Academy Press, 2003), 245.

50. Smolinski et al., *Microbial Threats to Health*, 165.

51. Ibid., 170.

52. Lederberg et aI., *Emerging Infections*, 131 (see chap. I, n. 36).

53. Tom Burroughs, Stacey Knobler, and Joshua Lederberg, eds., *The Emergence of Zoono tic Diseases* (Washington, D.C.: National Academy Press, 2002), 7.

54. This list is adapted from information in *Animal-Borne Epidemics Out of Control: Threatening the Nation's Health* (Trust for America's Health, 2003), www.healthy americans.org.

55. John Files, "Effort to Coordinate Some Disease Research", *New York Times*, June 3, 2004.
56. Smolinski et al., *Microbial Threats to Health*, 170.
57. L. K. Altman, "As Bird Flu Spreads, Global Health Weaknesses Are Exposed", *New York Times*, February 3, 2004.
58. Smolinski et al., *Microbial Threats to Health*, 170.
59. E. Williamson, "Mad-Cow Fear Raises Concerns in Md. Death", *Washington Post*, January II, 2004.
60. http://www.aphis.usda.gov/vs/ncie/pet-info.html, accessed July 15, 2003.
61. P. M. Schantz, D. Meyer, and L. T. Glickman, "Clinical, Serologic, and Epidemiologic Characteristics of Ocular Toxocariasis", *American Journal of Tropical Medicine and Hygiene* 28 (1979): 24~28.
62. Morrison, "Zoonotic Infections from Pets" (see chap. 7, n. 119).
63. D. Robertson, P. J. Irwin, A. J. Lymbery et al., "The Role of Companion Animals in the Emergence of Parasitic Zoonoses", *International Journal of Parasitology* 30 (2000): 1369~1377.

11 네발짐승을 통해 본 역사

1. Cartwright and Biddiss, *Disease and History*, 8.
2. H. Weiss, M.-A. Courty, W. Wetterstrom et al., "The Genesis and Collapse of Third Millennium North Mesopotamian Civilization", *Science* 261 (1993): 995~1004.
3. Ibid.
4. Ibid.
5. Bray, *Armies of Pestilence*, 4.
6. *Encyclopaedia Britannica* (1954), s.v. Xerxes.
7. Karlen, *Man and Microbes*, 59.
8. Eva Panagiotakopulu, "Pharaonic Egypt and the Origins of Plague", *Journal of Biogeography* 31 (2004): 269~275.
9. Exod. 9:3, 9:9 (RSV).
10. Exodus 12:29~30.
11. Ewald, "Evolution and Ancient Diseases", 117~124.
12. McNeil, *Plagues and People*, 121.
13. Karlen, *Man and Microbes*, 73.
14. McNeil, *Plagues and People*, 146.

15. H. G. Wells, *The Outline of History: Being a Plain History of Life and Mankind* (New York: Macmillan, 1925), 553.

16. McNeil, *Plagues and People*, 130.

17. Bray, *Armies of Pestilence*, 14.

18. Edward Gibbon, *The History of the Decline and Fall of the Roman Empire*, chap. 10, sec. 3, "FamineandPestilence," http://www.cceLorg/g/gibbon/decline/volume1/chap10.htm, accessed May 17, 2004.

19. Zinsser, *Rats, Lice and History*, 139.

20. Cartwright and Biddiss, *Disease and History*, 11.

21. Gibbon, *History of the Decline and Fall*, chap. 43, sec. 3, "Plague", http://www.ccel.org/g/gibbon/decline/volume2/chap43.htm#plague, accessed May 17, 2004.

22. Chase, *The Barbary Plague*, 33.

23. Bray, *Annies of Pestilence*, 47.

24. Zinsser, *Rats, Lice and History*, 133, 131.

25. Ibid., 128.

26. McNeil, *Plagues and People*, 136.

27. Cartwright and Biddiss, *Disease and History*, 18.

28. McNeil, *Plagues and People*, 136~137.

29. Cartwright and Biddiss, *Disease and History*, 15. Zinsser, *Rats, Lice and History*, 139.

보론: 미생물, 동물 그리고 인간이 그리는 삼각 균형

1. Weinstien RS, MM Weinstein, K Alibek, M Bukrinsky and B Brichacek, Significantly reduced CCR5-torpic HIV-1 replication in vitro in cells from subjects previously immunized wit Vaccinia Virus, *BMC Immunology 2010*; 11: 23. doi: 10.1186/1471-2172-11-23. http://www.biomedcentral.com/1471-2172/11/23.

2. 다시 살아날 수 없도록 아주 뿌리째 없애버림. 국립국어원, «표준국어대사전».

3. 사람이 처음 그린 그림은 자신의 모습이라기보다는 동물이었을지도 모르겠다. 존 버저는 인류가 쓴 최초의 물감이 동물의 피였을 수도 있다고 했다. John Berger, *About looking* (London: Writers and Readers Publishing Cooperative, 1980).

4. 윌리엄 H. 맥닐, «전염병과 인류의 역사» [서울: 한울, 1998].

5. 이 글의 저자는, 상품과 노동력의 자유로운 교역은 미생물에게 여권을 발행하는 것과 마찬가지라는 표현을 썼다.

6. Abdel R. Omran, "The epidemiological transition: Atheory of the epidemiology of population change", *The Milbank Quarterly* 83(4):731–57, http://www.milbank.org/quarterly/830418omran.pdf. Reprinted from *The Milbank Memorial Fund Quarterly* 49(No.4,Pt.1), 1971, pp. 509~538.

7. Deborah Cohen and Philip Carter, WHO and pandemic flu "conspiracies", BMJ 2010; 340: c2912.

감사의 글

이 책을 만들 때 도움을 주신 다음 분들께 감사드립니다. 보슈Bosch의 그림 <지상 쾌락의 정원Garden of Earthy Delights>을 [원서의] 표지로 사용하도록 허락해주신 마드리드의 프라도 미술관, 알타미라 동굴을 방문할 수 있도록 도와준 호르디 마시아Jordi Masia 씨 — 거기서 우리는 구석기시대 사람들과 짐승들 사이의 관계를 이해할 수 있게 되었습니다 —, 원고 내용에 대해 심도 있고 건설적인 조언을 해준 바바라 토리Barbara Torrey와 로버트 테일러 박사Dr. Robert Taylor, 뛰어난 편집과 구성, 그리고 세심한 부분까지 신경을 써주셨으며 색인표를 만들어주신 주디 밀러Judy Miller, 이 책에 대한 믿음으로 그 개념에서부터 시작해서 책이 탄생하는 순간까지 산파 역할을 해주신 러트거스 대학교 출판부의 아디 호바브Adi Hovav와 오드라 울프Audra Wolfe, 뛰어난 기술적 도움을 주신 마릴린 켐벨Marilyn Campbell과 니콜 망가나로Nicole Manganaro, 그리고 막 만들어진 원고를 주의 깊게 정리해준 봅 니덤Bobbe Needham.